建筑专业"十三五"规划教材

建筑材料

主　编　张　丹　罗　滢　彭春山
副主编　肖　灿

北京希望电子出版社
Beijing Hope Electronic Press
www.bhp.com.cn

内 容 简 介

本书是依据最新建筑工程技术标准、材料标准，按照高等人才培养目标以及专业教学改革的需要进行编写的。全书共 8 个项目，主要内容包括建筑材料的基本性质、无机胶凝材料、水泥混凝土、建筑砂浆、建筑钢材、防水材料、其他功能材料，以及试验数据统计分析的一般方法。

本书既可作为应用型本科院校、职业院校建筑工程专业及其他相关专业教材，也可供从事建筑工程设计、施工的工程技术人员和概预算人员参考。

图书在版编目（CIP）数据

建筑材料 / 张丹，罗滢，彭春山主编. -- 北京：北京希望电子出版社，2018.2（2023.8 重印）
ISBN 978-7-83002-589-2

Ⅰ. ①建… Ⅱ. ①张… ②罗… ③彭… Ⅲ. ①建筑材料－高等学校－教材 Ⅳ. ①TU5

中国版本图书馆 CIP 数据核字（2018）第 011863 号

出版：北京希望电子出版社　　　　　　　封面：赵俊红
地址：北京市海淀区中关村大街 22 号　　编辑：全　卫
　　　中科大厦 A 座 10 层　　　　　　　校对：薛海霞
邮编：100190　　　　　　　　　　　　开本：787mm×1092mm　1/16
网址：www.bhp.com.cn　　　　　　　　印张：19
电话：010-82626270　　　　　　　　　字数：456 千字
传真：010-62543892　　　　　　　　　印刷：唐山唐文印刷有限公司
经销：各地新华书店　　　　　　　　　版次：2023 年 8 月 1 版 2 次印刷

定价：49.80 元

前　言

建筑业作为国家经济支柱产业之一，近年来迅速发展，因此建筑材料的使用就显得越来越重要。建筑材料是土木工程和建筑工程中使用材料的统称，是建筑工程的物质基础。

本书系统介绍了土建工程施工所涉及的建筑材料的性质和应用知识，将建筑材料与工程应用紧密地联系在一起。本书编写的指导思想是突出"双基"教学内容，优化知识模块结构，不但要重视培养学生的试验技术能力，还要重视培养学生对试验的组织能力和对试验结果的表达能力。

本书在理论方面着重讲解基本的力学概念，简化理论推导，强化应用，加强与工程实际的联系，既提炼了内容，又保证了新体系的科学性和系统性。在内容的表述方面，力求深入浅出，文字简洁，通俗易懂，图文并茂。为便于学习、复习巩固、掌握要点，本书配有足够数量的例题和习题。本书主要有以下几个特点：

（1）适应岗位，强化技能。本书以岗位工作需要为核心，以学生能力培养、技能实训为目标，力求做到岗位工作内容与本书内容有机结合。本书按照教育部、住房和城市建设部有关高职高专人才培养要求进行编写，强化技能培养，内容翔实，示例丰富，既有完整系统的理论知识，又有实用的技能训练。

（2）架构合理、工学融合。本书在组织内容编写时，按照建筑岗位工作的需要，本着"必须、够用"的原则，系统全面地介绍建筑力学的知识体系，强化工学融合，注重岗位工作能力，学生成为社会需要的技能型、复合型技术人才。

（3）就业为本，素质教育。本书以引领就业为宗旨，努力倡导与职业资格考核要求相适应的素质教育。为此，在本书编写过程中，完善了针对职业技能素质的基础考核及能力提升部分，满足了学生为考取建筑五大员、注册建造工程师等职业资格证书中对建筑力学知识体系应用能力的考核要求。

本书由湖南水利水电职业技术学院的张丹、广东省财经职业技术学校的罗滢和河南质量工程职业学院的彭春山担任主编，由湖南水利水电职业技术学院的肖灿担任副主编。本书的相关资料和售后服务可扫本书封底的微信二维码或登录 www.bjzzwh.com 下载获得。

在编写过程中难免有疏漏和不当之处，恳请各位专家及读者不吝赐教。

编　者

前　言

目 录

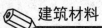

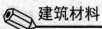

项目 1　建筑材料的基本性质

【项目导读】

各种建筑工程都是由材料构成的，这些材料的性质决定了建筑工程的使用性能。一般来说，建筑工程材料的性质分为三个方面：物理性质、力学性质和耐久性。其中，物理性质包括了基本物理性质、与水有关的性质、与热有关的性质；力学性质包括了强度、弹性与塑性、脆性与韧性、硬度与耐磨性；耐久性包括了抗渗性、抗冻性、大气稳定性、抗化学侵蚀性等。

【项目目标】

- ➢ 掌握材料与质量有关的物理性质，以及材料与水和热有关的物理性质
- ➢ 掌握材料的力学性质、影响因素及其对其他性质的影响
- ➢ 理解材料耐久性的含义

1.1　建筑材料的基本知识

建筑材料的定义有广义与狭义两种。广义的建筑材料是指建造建筑物和构筑物的所有材料的总称，包括使用的各种原材料、半成品、成品等的总称，如黏土、铁矿石、石灰石、生石膏等。狭义的建筑材料是指直接构成建筑物和构筑物实体的材料，如混凝土、水泥、钢筋、黏土砖、玻璃等。

这里把建筑工程中所使用的各种材料及制品，都统称为建筑材料，它是一切建筑工程的物质基础。材料的组成、结构和构造是决定材料性质的内部因素。

1.1.1　材料的组成

材料组成是材料性质的基础，它对材料的性质起着决定性的作用。材料化学组成相同但矿物组成不同也会导致性质有巨大的差异。

（1）化学组成。无机非金属建筑材料的化学组成以各种氧化物含量来表示，金属材料以元素含量来表示。化学组成决定着材料的化学性质，影响其物理性质和力学性质。

（2）矿物组成。材料中的元素和化合物以特定的矿物形式存在并决定着材料的许多

重要性质。矿物组成是无机非金属材料中化合物存在的基本形式。

（3）相组成。材料中结构相近性质相同的均匀部分。

1.1.2 建筑材料的分类

建筑材料的分类如表 1-1 所示。

表 1-1 建筑材料的分类

建筑材料	按化学成分分	无机材料	金属材料	黑色金属	生铁、碳素钢、合金钢
				有色金属	铝，锌，铜及其合金
			非金属材料	天然石材	石子，砂，毛石，料石
				烧土制品	黏土砖，瓦，空心砖，建筑陶瓷
				胶凝材料及其制品	石灰，石膏，水玻璃，各种水泥，混凝土及砂浆，粉煤灰砖、灰砂砖
		有机材料	植物材料		木材，竹材，软木
			沥青材料		石油沥青，煤沥青，沥青防水制品
			高分子材料		塑料，橡胶，涂料
		复合材料	无机非金属材料与有机材料复合		玻璃纤维增强塑料、沥青混合料等
			金属材料与无机非金属材料复合		钢纤维增强混凝土等
			金属材料与有机材料复合		轻质金属夹芯板
	按使用功能分	建筑结构材料	砖混结构		石材，砖，水泥混凝土，钢筋
			钢木结构		建筑钢材，木材
		墙体材料	砖及砌块		普通砖、空心砖，硅酸盐及砌块
			墙板		混凝土墙板、石膏板、复合墙板
		建筑功能材料	防水材料		沥青及其制品
			绝热材料		石棉、矿棉，玻璃棉
			吸声材料		木丝板、毛毡，泡沫塑料
			采光材料		窗用玻璃
			装饰材料		涂料、塑料装饰材料

1.1.3 建筑工程对材料的基本要求

建筑工程对材料的基本要求有如下几点：

（1）必须具备足够的强度，能够安全地承受设计荷载及自重。

（2）轻质。材料自身的质量以轻为宜（即表观密度较小），以减轻下部结构和地基的负荷。

（3）具有与使用环境相适应的耐久，以减少维修费用。

（4）美观。用于装饰的材料，应能美化建筑，产生一定的艺术效果。

（5）特定功能。用于特殊部位的材料，应具有相应的特殊功能，例如屋面材料能隔热、防水，楼板和内墙材料能隔声等。

1.1.4　材料的结构与构造

1. 宏观结构（构造）

材料的宏观结构是指用肉眼和放大镜能够分辨的粗大组织。其尺寸约为毫米级大小，以及更大尺寸的构造情况。宏观构造，按孔隙尺寸可以分为：

（1）致密结构，基本上是无孔隙存在的材料。例如钢铁、有色金属、致密天然石材、玻璃、玻璃钢、塑料等。

（2）多孔结构，是指具有粗大孔隙的结构。如加气混凝土、泡沫混凝土、泡沫塑料及人造轻质材料等。

（3）微孔结构，是指微细的孔隙结构。如石膏制品、粘土砖瓦等。

（4）纤维结构，是指木材纤维、玻璃纤维、矿物棉纤维所具有的结构。

（5）层状结构，采用粘结或其他方法将材料迭合成层状的结构。如胶合板、迭合人造板、蜂窝夹芯板、以及某些具有层状填充料的塑料制品等。

（6）散粒结构，是指松散颗粒状结构。比如混凝土骨料、用作绝热材料的粉状和和粒状的添充料。

2. 微观结构

微观结构是指材料在原子、分子层次的结构。材料的微观结构，基本上可分为晶体、非晶体与胶体结构。

晶体结构是由离子、原子或分子按照规则的几何形状排列而成的固体格子（称为晶格）组成的。晶格组成的每个晶粒具有各向异性，但它们排列起来组成的晶体材料却是各向同性的。晶体结构的特征是其内部质点（离子、原子、分子）按照特定的规则在空间周期性排列，具有固定的熔点和化学稳定性。

非晶体也称玻璃体或无定形体，如无机玻璃。玻璃体结构是无定形结构，其质点的排列是没有规律的，因此它们没有一定的几何外形，而具有各向同性的玻璃体没有一定的熔点，只是出现软化现象。玻璃体结构内部贮存有大量的内能，具有化学不稳定性，在一定条件下易与其他物质起化学反应，如具有玻璃体结构的火山灰、粒化高炉矿渣，与石灰混合后，在有水的条件下会表现出水硬性胶凝材料的性质，在工程中常被用做水泥的掺合材料。

胶体结构粒径为 10.7m～10.9m 的固体微粒（分散相），均匀分散在连续相介质中所形成的分散体系称为胶体。当介质为液体时，称此种胶体为溶胶体；当分散相颗粒极细，具有很大的表面能，颗粒能自发相互吸附并形成连续的空间网状结构时，称此种胶体为凝胶体。溶胶结构具有较好的流动性，液体性质对结构的强度及变形性质影响较大；凝胶结构基本上不具流动性，呈半固体或固体状态，强度较高，变形性较小。

【案例分析】某工程灌浆材料采用水泥净浆，为了达到较好的施工性能，配合比中要求加入硅粉，并对硅粉的化学组成和细度提出要求，但施工单位将硅粉理解为磨细石英粉，生产中加入的磨细石英粉的化学组成和细度均满足要求，可在实际使用中效果不好，水泥浆体成分不均，请分析原因。

【原因分析】硅粉又称硅灰，是硅铁厂烟尘中回收的副产品，其化学组成为 SiO_2，微观结构为表面光滑的玻璃体，能改善水泥净浆施工性能。磨细石英粉的化学组成也为 SiO_2，微观结构为晶体，表面粗糙，对水泥净浆的施工性能有负作用。所以，硅粉和磨细石英粉虽然化学成分相同，但微观结构不同，细度不同，导致材料的性能差异明显。

1.2　材料的物理性质

1.2.1　材料与质量有关的性质

1. 材料的体积构成

自然界中的材料，由于其单位体积中所含孔隙形状及数量不同，因而其基本的物理性质参数——单位体积的质量也有差别。

块状材料在自然状态下的体积是由固体物质体积及其内部孔隙体积组成的。材料内部的孔隙按孔隙特征又分为开口孔隙和闭口孔隙。闭口孔隙不进水，开口孔隙与材料周围的介质相通，材料在浸水时易被水饱和，如图 1-1 所示。

散粒材料是指具有一定粒径材料的堆积体，如工程中常用的砂、石子等。其体积构成包括固体物质体积、颗粒内部孔隙体积及固体颗粒之间的空隙体积，如图 1-2 所示。

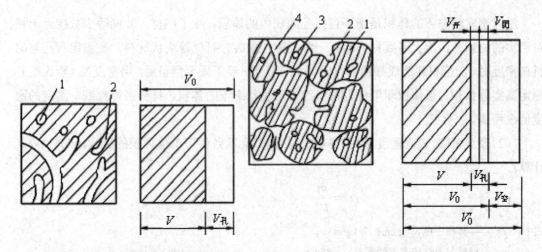

图1-1 块状材料体积构成示意图　　　　图1-2 散粒材料体积构成示意图

1-闭口孔隙；2-开口孔隙　　　　　　　1-颗粒中固体物质；2-颗粒中的开口孔隙；

　　　　　　　　　　　　　　　　　　3-颗粒的闭口孔隙；4-颗粒之间的空隙

2. 材料的含水状态

材料在大气中或水中会吸附一定的水分，根据材料吸附水分的情况，将材料的含水状态分为干燥状态、气干状态、饱和面干状态及湿润状态四种，如图1-3所示。材料的含水状态会对材料的多种性质产生影响。

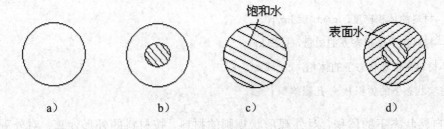

图1-3 材料的含水状态

a）干燥状态；b）气干状态；c）饱和面状态；d）湿润状态

3. 材料的密度、表观密度、体积密度与堆积密度

（1）密度。密度是指材料在绝对密实状态下单位体积的质量，按式（1-1）计算：

$$\rho = \frac{m}{V} \tag{1-1}$$

式中 ρ——材料的密度（g/cm^3 或 kg/m^3）。

　　　m——材料的质量（g 或 kg）。

　　　V——材料在绝对密实状态下的体积，即材料体积内固体物质的实体积（cm^3 或 m^3）。

绝对密实状态下的体积是指不包括孔隙在内的体积。除了钢材、玻璃等少数接近于绝对密实的材料外，绝大多数材料都有一些孔隙，如砖、石材等块状材料。在测定有孔隙的材料密度时，应把材料磨成细粉以排除其内部孔隙，经干燥至恒重后，用密度瓶（李氏瓶）测定其实际体积，该体积即可视为材料绝对密实状态下的体积。材料磨得愈细，测定的密度值愈精确。

（2）表观密度。表观密度是指材料在包括闭口孔隙条件下单位体积的质量，按式（1-2）计算：

$$\rho' = \frac{m}{V'} \tag{1-2}$$

式中：ρ'——体积密度，g/cm3 或 kg/m3。

　　　m——材料在干燥状态下的质量，g 或 kg。

　　　V'——材料的表观体积，cm3 或 m3。

表观体积是指包括内部封闭孔隙在内的体积。其封闭孔隙的多少，孔隙中是否含有水及含水的多少，均可能影响其总质量或体积。

因此，材料的表观密度与其内部构成状态及含水状态有关。

（3）体积密度。体积密度是指材料在自然状态下单位体积所具有的质量，按式（1-3）计算：

$$\rho_0 = \frac{m}{V_0} \tag{1-3}$$

式中：ρ_0——材料的体积密度，g/cm^3 或 kg/m^3。

　　　m——材料在干燥状态下的质量，g 或 kg。

　　　V_0——材料在自然状态下的体积，cm^3 或 m^3。

　　　V_0 = 密实状态下的体积 V + 孔隙体积 $V_孔$。

材料在自然状态下的体积，对外观形状规则的材料，按材料的外形计算；对外观形状不规则的材料，可以加工成规则外形后得到外形体积；对于松散材料，可使材料吸水饱和后，再用排水法求其体积；对于相对比较密实的散粒体材料（如砂石）可直接用排水法求其体积。

（4）堆积密度。堆积密度是指散粒（粒状、粉状或纤维状）材料在自然堆积状态下单位体积的质量，按式（1-4）计算：

$$\rho_0' = \frac{m}{V_0'} \tag{1-4}$$

式中：ρ_0'——材料的堆积密度，kg/m^3。

　　　m——材料在干燥状态下的质量，g 或 kg。

$V_0^{'}$——材料的堆积体积，cm^3 或 m^3。

材料的堆积体积包括固体颗粒体积、颗粒内部孔隙体积和颗粒之间的空隙体积，用既定容积的容器测定。

【例题】如何测定砂和石子的堆积密度？

【解】（1）将试样磨碎，在 105℃～110℃ 的烘箱内烘干，冷却至室温，再称量其质量 m；

（2）采用容量升来测定砂子、石子的堆积体积 $V_0^{'}$，方法如下：

①砂子采用 1L、5L 的容量升来测堆积体积。

②石子采用 10L、20L、30L 的容量升来测定其堆积体积。

（3）利用公式计算堆积密度。

土木工程中在计算材料用量、构件自重、配料计算以及确定堆放空间时，均需要用到材料的上述状态参数。常用土木工程材料的密度如表 1-1 所示。

表 1-1　常用材料的密度、表观密度及堆积密度

材料名称	密度（g/cm³）	表观密度（kg/m³）	堆积密度（kg/m³）
钢材	7.8～7.9	7850	—
花岗岩	2.6～2.8	2500～2700	—
石灰岩	2.4～2.6	1800～2600	1400～1700（碎石）
砂	2.5～2.6	—	1500～1700
粘土	2.5～2.7	—	1600～1800
水泥	2.8～3.1	—	1200～1300
烧结普通砖	2.6～2.7	1600～1900	—
烧结空心砖	2.5～2.7	1000～1480	—
红松木	1.55～1.60	400～600	—

4. 材料的孔隙率与密实度

（1）孔隙率。孔隙率是指材料内部孔隙的体积占材料总体积的百分率，按式（1-5）计算：

$$P = \frac{V_0 - V}{V_0} \times 100\% = (1 - \frac{\rho_0}{\rho}) \times 100\%$$

（1-5）

式中：P——材料的孔隙率（%）。

V——材料的绝对密实体积，cm^3 或 m^3。

V_0——材料的表观体积，cm^3 或 m^3。

ρ_0——材料的表观密度，g/cm^3 或 kg/m^3。

ρ——密度，g/cm^3 或 kg/m^3。

孔隙率的大小直接反映了材料的致密程度。材料的许多性质如强度、热工性质、声学性质、吸水性、吸湿性、抗渗性、抗冻性等都与孔隙率有关。这些性质不仅与材料的孔隙率大小有关，而且还与材料的孔隙特征有关。

（2）密实度。密实度是指材料的固体物质部分的体积占总体积的比例，说明材料体积内被固体物质所充填的程度，即反映了材料的致密程度，按式（1-6）计算：

$$D = \frac{V}{V_0} \times 100\% = \frac{\rho_0}{\rho} \times 100\% \qquad (1-6)$$

对于绝对密实材料，因 $\rho_0 = \rho$，故密实度 $D - 1$ 或 100%。对于大多数土木工程材料，因 $\rho_0 < \rho$，故密实度 $D < 1$ 或 $D < 100\%$。

孔隙率与密实度的关系式：$P + D = 1$

【案例分析】某施工队原使用普通烧结粘土砖，后改为多孔、容量仅 700 kg/m^3 的加气混凝土砌块。在抹灰前往墙上浇水，发觉原先使用的普通烧结粘土砖易吸足水量，但加气混凝土砌块表面看来浇水不少，但实则吸水不多，请分析原因。

【原因分析】加气混凝土砌块虽多孔，但其气孔大多数为"墨水瓶"结构，肚大口小，毛细管作用差，只有少数孔是水分蒸发形成的毛细孔，故吸水及导湿均缓慢。材料的吸水性不仅要看孔数量多少，还需看孔的结构。

5. 材料的空隙率与填充率

（1）空隙率。空隙率是指散粒材料在其堆积体积中，颗粒之间的空隙体积所占的比例。按式（1-7）计算：

$$P' = \frac{V_0' - V_0}{V_0'} \times 100\% = (1 - \frac{V_0}{V'}) \times 100\% = (1 - \frac{\rho_0'}{\rho_0}) \times 100\% \qquad (1-7)$$

式中：P'——材料的空隙率（%）。

V_0'——材料的堆积体积，cm^3 或 m^3。

V_0——材料的表观体积，cm^3 或 m^3。

ρ_0——材料的表观密度，g/cm^3 或 kg/m^3。

ρ_0'——材料的堆积密度，g/cm^3 或 kg/m^3。

空隙率的大小反映了散粒材料的颗粒互相填充的致密程度。空隙率可作为控制混凝土骨料级配与计算砂率的依据。

（2）填充率。填充率是指散粒材料（如砂子、石子等）在某容器的堆积体积中，颗粒体积占总体积的比例。

$$D' = \frac{V_0}{V_0'} \times 100\% = \frac{\rho_0'}{\rho_0} \times 100\% \qquad (1\text{-}8)$$

空隙率与填充率的关系：$P' + D' = 1$

【例题】某工地所用卵石材料的密度为 2.65g/cm³，表观密度为 2.61g/cm³，堆积密度为 1590 kg/m³，计算此石子的孔隙率与空隙率？

【解】

$$(1)\ P = \left(1 - \frac{\rho_0}{\rho}\right) \times 100\% = \left(1 - \frac{2.61}{2.65}\right) \times 100\% = 1.5\%$$

$$(2)\ P' = \left(1 - \frac{\rho_0'}{\rho_0}\right) \times 100\% = \left(1 - \frac{1.59}{2.61}\right) = 39\%$$

1.2.2 材料与水有关的性质

1. 亲水性与憎水性

材料在使用过程中常常遇到水，不同的材料遇水后和水的作用情况是不同的。与水接触时，材料表面能被水润湿的性质称为亲水性；材料表面不能被水润湿的性质称为憎水性。材料的亲水性或憎水性通常以润湿角大小划分。润湿角是在材料、水和空气的交点处，沿水滴表面的切线与水和固体接触面所成的夹角。如图 1-4 所示，润湿角 θ≤90°的材料为亲水性材料，如水泥制品、玻璃、陶瓷、金属材料、石材等无机材料和部分木材等；润湿角 90°<θ<180°的材料为憎水性材料，如沥青、油漆、塑料、防水油膏等。润湿角 θ 越小，材料越易被水润湿。

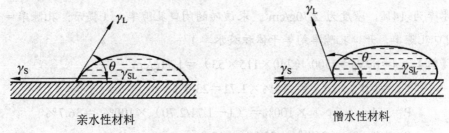

亲水性材料　　　　　　　　　　憎水性材料

图 1-4　材料的润湿角示意图

2. 吸水性与吸湿性

（1）吸水性。材料在水中吸收水分的能力，称为材料的吸水性。吸水性的大小以吸水率来表示。吸水率有质量吸水率和体积吸水率两种。

质量吸水率是指材料吸水饱和时，其吸收水分的质量与材料干燥状态下质量的百分比。按式（1-9）计算：

$$W_{质} = （m_{湿} － m_{干}）/m_{干} × 100\% \quad\quad (1-9)$$

式中：$W_{质}$——质量吸水率（%）。

$m_{湿}$——材料在饱和状态下的质量，g。

$m_{干}$——材料在干燥状态下的质量，g。

体积吸水率是指材料吸水饱和时，所吸收水分的体积与干燥材料自然体积的百分比。按式（1-10）计算：

$$W_{体} = \frac{m_{湿} － m_{干}}{V_0} × \frac{1}{\rho_W} × 100\% \quad\quad (1-10)$$

式中：$W_{体}$——体积吸水率（%）。

V_0——材料在自然状态下的体积，cm^3。

ρ_W——水的密度，g/cm^3，常温下取 $\rho_w = 1.0 g/cm^3$。

材料的吸水性与材料的孔隙率和孔隙特征有关。对于细微连通孔隙，孔隙率愈大，则吸水率愈大。闭口孔隙水分不能进去，而开口大孔虽然水分易进入，但不能存留，只能润湿孔壁，所以吸水率仍然较小。材料吸水后，自重增加，强度降低，保温性能下降，抗冻性能变差，有时还会发生明显的体积膨胀。例如：瓷砖的吸水率越大，抗冻性越差。

各种材料的吸水率很不相同，差异很大，如花岗岩的吸水率只有 0.5%～0.7%，混凝土的吸水率为 2%～3%，粘土砖的吸水率达 8%～20%，而木材的吸水率可超过 100%。

【例题】一块尺寸标准的烧结普通砖（240×115×53cm^3），其干燥质量为 2500g，质量吸水率为 14%，密度为 2.70g/cm^3。求该砖的闭口孔隙率。（提示：孔隙率＝开口孔隙率＋闭口孔隙率，开口孔隙率约等于体积吸水率）

【解】$\rho_0 = m/V_0 = 2500/（240×115×53）= 1.71 g/cm^3$

$= W_{质} × \rho_0 = 14\% × 1.71 = 23.9\%$

$P = （1 － \rho_0/\rho）× 100\% = （1 － 1.71/2.70）× 100\% = 36.7\%$

$P_{闭} = P － P_{开} = 36.7\% － 23.9\% = 12.8\%$

（2）吸湿性。材料的吸湿性是指材料在潮湿空气中吸收水分的性质，吸湿性的大小用含水率表示。含水率是指材料中所含水的质量与材料干燥状态下质量的百分比，按式（1-11）计算：

$$W_含 = （m_含 - m_干）/m_干 \times 100\%$$　　　　　　　　（1-11）

式中：$W_含$——材料的含水率（%）。

　　　　$m_含$——材料含水时的质量，g。

　　　　$m_干$——材料在干燥状态下的质量，g。

材料的含水率大小，除与材料本身的成分、组织构造等因素有关以外，还与周围环境温度、湿度有关。气温越低，相对湿度越大，材料的含水率越大。材料的开口微孔越多，吸湿性越强。在常用的建筑材料中，木材的吸湿性特别强，它能在潮湿的空气中大量吸收水分而增加质量，降低强度和改变尺寸，因此木门窗在潮湿环境中往往不易打开。保温材料如果吸收水分后，会大大降低保温效果，故对保温材料采取有效的防潮措施。

3. 耐水性

材料的耐水性是指材料长期在饱和水的作用下，其强度也没有显著下降的性质。材料的耐水性用软化系数表示，按式（1-12）计算：

$$K_软 = f_饱/f_干$$　　　　　　　　　　　　（1-12）

式中：$K_软$——材料的软化系数。

　　　　$f_饱$——材料在吸水饱和状态下的抗压强度，MPa。

　　　　$f_干$——材料在干燥状态下的抗压强度，MPa。

软化系数反映了材料饱水后强度降低的程度。软化系数越小，说明材料吸水饱和后强度降低得越多，耐水性越差。

软化系数的取值介于0~1之间。工程中通常将$K_软 > 0.85$的材料称为耐水性材料，可以用于水中或潮湿环境中的重要工程。用于一般受潮较轻或次要的工程部位时，材料软化系数也不得小于0.75。

4. 抗渗性

材料的抗渗性是指材料抵抗压力水渗透的能力。材料的抗渗性通常用渗透系数或抗渗等级表示。渗透系数的表达式为：

$$k = \frac{Qd}{AtH}$$　　　　　　　　　　　　（1-13）

式中：K——材料渗透系数，cm/s。

　　　　Q——透水量，cm^3。

d——试件厚度，cm。

A——透水面积，cm^2。

t——透水时间，s。

H——静水压力水头，cm。

K 值愈大，表示材料渗透的水量愈多，即抗渗性愈差。

抗渗等级是以 28 天龄期的标准试件，按标准试验方法进行试验时所能承受的最大水压力来确定的。划分为 P4、P6、P8、P10、P12 五个抗渗等级，分别表示能够承受 0.4MPa、0.6MPa、0.8MPa、1.0MPa、1.2MPa 的水压而不渗水。抗渗等级越高，其抗渗性越好。

材料抗渗性与材料的亲水程度、孔隙率及孔隙特征有关。憎水性材料、孔隙率小而孔隙封闭的材料具有较高的抗渗性；亲水性材料、具有连通孔隙和孔隙率较大的材料的抗渗性较差。对于地下建筑物、屋面、外墙及水工构筑物等，因常受到水的作用，所以要求材料有一定的抗渗性。对于专门用于防水的材料，则要求具有较高的抗渗性。

5. 抗冻性

抗冻性是指材料在含水状态下抵抗多次冻融循环而不被破坏，强度也无显著降低的性质。材料吸水后在负温下受冻，水在毛细孔内结冰，体积膨胀约 9%，冰的冻胀压力将造成材料的内应力，使材料遭到局部破坏。随着冻结和融化的循环进行，材料表面将出现裂纹、剥落等现象，造成质量损失、强度降低。这是材料内部孔隙中的水分结冰使体积增大对孔壁产生很大的压力，冰融化时压力又骤然消失所致的。无论是冻结还是融化都会在材料冻融交界层间产生明显的压力差，并作用于孔壁使之遭到破坏。

材料的抗冻性用抗冻等级来表示。抗冻等级表示吸水饱和后的材料在规定的条件下所能经受的最大冻融循环次数，用符号"F"来表示。n 的数值越大，说明抗冻性能愈好。材料的抗冻等级可分为 F50、F100、F150 等。

材料的抗冻性主要与其孔隙率、孔隙特征、含水率及强度有关。抗冻性良好的材料，抵抗温度变化、干湿交替等破坏作用也较强。实际中选择材料抗冻等级时要综合考虑工程种类、结构部位、使用条件和气候条件等诸多因素。对处于冬季室外温度低于 −10℃ 的寒冷地区，建筑物的外墙及露天工程中使用的材料必须进行抗冻性检验。

1.2.3 材料与热有关的性质

1. 导热性

当材料两面存在温度差时，热量提高建筑材料传递的性质，称为材料的导热性。

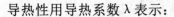

导热性用导热系数 λ 表示：

$$\lambda = \frac{Qd}{FZ(t_2 - t_1)} \qquad (1\text{-}14)$$

式中：λ——材料的导热系数，W/（m·K）。

　　Q——传导的热量，J。

　　F——热传导面积，m^2。

　　d——材料厚度，m。

　　Z——导热时间，h。

　　（$t_2 - t_1$）——材料两侧的温度，K。

　　导热系数 λ 的物理意义是：单位厚度（1m）的材料、两面温度差为 1K 时、在单位时间（1s）内通过单位面积（$1m^2$）的热量。材料导热系数越小，隔热保温效果越好。

　　各种材料的导热系数差别很大，常见建筑材料的导热系数范围是 0.035 W/（m·K）～3.5W/（m·K），工程中通常把 λ＜0.23 W/（m·K）的材料称为绝热材料（保温和隔热材料）。几种常用材料的导热系数如表 1-2 所示。

表 1-2 　常用建筑材料的热工性质指标

材料名称	导热系数 W/（m·K）	比热 J/（g·K）
钢	55	0.46
玻璃	0.9	—
花岗岩	3.49	0.92
普通混凝土	1.51	0.88
水泥砂浆	0.93	0.84
普通粘土砖	0.81	0.84
粘土空心砖	0.64	0.92
松木	0.17～0.35	2.51
泡沫塑料	0.03	1.30

（续表）

冰	2.20	2.05
水	0.60	4.19
静止空气	0.023	-

2. 热容量和比热

　　材料在受热时吸收热量，冷却时放出热量的性质称为材料的热容量。用热容量系数或比热表示。比热的计算式如式（1-15）所示：

$$C = \frac{Q}{m(t_2 - t_1)}$$ （1-15）

式中：Q——材料吸收或放出的热量，J。

C——材料的比热，J/（g·K）。

m——材料的质量，g。

$(t_2 - t_1)$——材料受热或冷却前后的温差，K。

材料的热容量值对保持材料温度的稳定性有很大的作用。热容量值高的材料，对室温的调节作用大。

【案例分析】某工程顶层欲加保温层，以下两图为两种材料的剖面，A 材料为多孔结构，B 材料为密实结构，如图 1-5 所示。请问选择哪种材料？

a） b）

图 1-5 种材料的剖面

a）多孔结构；b）密实结构

【原因分析】保温层的目的是减小外界温度变化对住户的影响，材料保温性能的主要描述指标为导热系数和热容量，其中导热系数越小越好。观察两种材料的剖面，可见 A 材料为多孔结构，B 材料为密实结构，多孔材料的导热系数较小，适于作保温层材料。

3. 热阻和传热系数

热阻是材料层（墙体或其它围护结构）抵抗热流通过的能力，热阻的定义及计算式为：

$$R = d/\lambda$$ （1-16）

式中：R——材料层热阻，（m^2·K）/W。

d——材料层厚度，m。

λ——材料的导热系数，W/（m·K）。

热阻的倒数 $1/R$ 称为材料层（墙体或其它围护结构）的传热系数。传热系数是指材料两面温度差为 1 K 时，在单位时间内通过单位面积的热量。

4. 材料的温度变形性

材料的温度变形是指温度升高或降低时材料的体积变化。用线膨胀系数 α 表示。

$$\Delta L = (t_2 - t_1) \cdot \alpha \cdot L \tag{1-17}$$

式中：ΔL——线膨胀或线收缩量，mm 或 cm。

$(t_2 - t_1)$——材料前后的温度差，K。

α——材料在常温下的平均线膨胀系数，1/K。

L——材料原来的长度，mm 或 m。

材料的线膨胀系数与材料的组成和结构有关，常选择合适的材料来满足工程对温度变形的要求。

5. 耐燃性

耐燃性是指材料对火焰和高温的抵抗能力。是影响建筑物的防火、建筑结构的耐火等级的一项重要因素。建筑材料按其耐燃性分为不燃、难燃、可燃和易燃材料四类。

（1）不燃性材料。指在空气中遇火或高温高热作用下不起火、不炭化、不燃烧的材料。如钢铁、砖、石、混凝土、石棉等。

（2）易燃性材料。指在空气中遇火或高温高热作用下立即起火剧烈燃烧，且火源移走后不易扑灭的材料。如泡沫塑料板等。

（3）可燃性材料。指在空气中遇火或高温高热作用下立即起火或微燃，且火源移走后仍能继续燃烧的材料。如木材等。

（4）难燃性材料。指在空气中遇火或高温高热作用下难起火、难炭化、难燃烧，当火源移走后，已有的燃烧或微燃会立即停止的材料。如经过防火处理的木材、刨花板等。

1.3　材料的力学性质

材料的力学性质又称机械性质。是指材料在外力作用下，抵抗变形和破坏的能力。主要包括强度、弹性与塑性、韧性与脆性、硬度与耐磨等方面性质。

1.3.1 强度与比强度

1. 强度

材料的强度是材料在应力作用下抵抗破坏的能力。通常情况下，材料内部的应力多由外力（或荷载）作用而引起，随着外力增加，应力也随之增大，直至应力超过材料内部质点所能抵抗的极限，即强度极限，材料遭到破坏。

在工程上，通常采用破坏试验法对材料的强度进行实测。将预先制作的试件放置在材料试验机上，施加外力（荷载）直至破坏，再根据试件尺寸和破坏时的荷载值，计算材料的强度。

材料的强度按外力作用方式的不同，分为抗压强度、抗拉强度、抗弯强度（或抗折强度）及抗剪强度等，如图 1-5 所示。

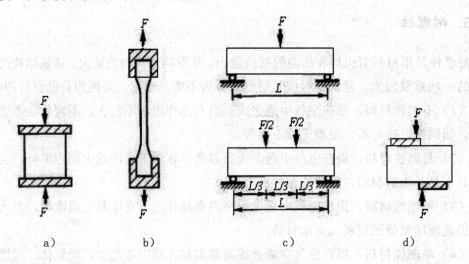

图 1-5　材料受力示意图

a）抗压；b）抗拉；c）抗弯；d）抗剪

材料的抗压强度、抗拉强度、抗剪强度可按下式计算：

$$f = \frac{F_{\max}}{A}$$ （1-18）

式中：f——材料强度，MPa；

$F_{\max}$——材料受压、受拉或受剪破坏时的最大荷载，N。

A——试件受力面积，mm^2。

材料的抗弯强度与受力情况有关，一般试验方法是将条形试件放在两支点上，中间作用一集中荷载，对矩形截面试件，则其抗弯强度按下式计算：

$$f_w = \frac{3F_{max}L}{2bh^2}$$

（1-19）

式中：f_w——材料的抗弯强度，MPa。

　　　　F_{max}——材料受弯破坏时的最大荷载，N。

　　　　A——试件受力面积，mm^2。

　　　　L——两支点的间距，mm。

　　　　b、h——试件横截面的宽度及高度，mm。

试验条件（包括试件的形状、尺寸、表面状态、含水率及环境温度和加荷速度等方面）的不同对材料强度值的测试结果也会产生较大的影响。受试件与承压板表面摩擦的影响，棱柱体长试件的抗压强度较立方体短试件的抗压强度低；大试件由于材料内部缺陷出现机会的增多，强度会较小试件低一些；表面凹凸不平的试件受力面较表面平整试件受力面受力不均，强度较低；试件含水率的增大，环境温度的升高，都会使材料强度降低。由于材料破坏是其变形达到极限变形而被破坏，而应变发生总是滞后于应力发展，故加荷速度越快，所测强度值也越高。

相同种类的材料，由于其内部构造不同，其强度也有很大差异。一般来说，孔隙率越大，材料强度越低。不同种类的材料具有不同的强度特点。如砖、石材、混凝土和铸铁等材料具有较高的抗压强度，而抗拉强度、抗弯强度均较低；钢材的抗拉强度与抗压强度大致相同，而且都很高；木材的顺纹抗拉强度高于抗压强度。常用材料的强度值如表 1-3 所示。

表 1-3　常用材料的强度（单位：MPa）

材料	抗压强度	抗拉强度	抗弯强度
花岗岩	100～250	5～8	10～14
烧结普通砖	7.5～30	—	1.8～4.0
普通混凝土	7.5～60	1～4	—
松木（顺纹）	30～50	80～120	60～100
建筑钢材	235～1600	235～1600	—

2. 强度等级

大多数建筑材料根据其极限强度的大小，把材料划分为若干不同的等级，称为材料的强度等级。材料强度等级划分的标准如下：

（1）脆性材料主要根据其抗压强度来划分强度等级，如混凝土、水泥、粘土砖等，例：混凝土的强度等级划分为 14 级 C15、C20、C25、C30、C35、C40、C45、C50、C55、C60、C65、C70、C75、C80。

（2）韧性材料主要根据其抗拉强度来划分强度等级，如钢材等。

3. 比强度

比强度是按单位质量计算的材料强度，其值等于材料强度与其表观密度之比。比强度是衡量材料轻质高强性能的重要指标。对于不同强度的材料进行比较，可采用比强度这个指标。优质的结构材料，必须具有较高的比强度。几种主要材料的比强度如表1-4所示。

表1-4　钢材、木材和混凝土的强度比较

材料	表观密度 ρ_0（kg/m³）	抗压强度 f_c（MPa）	比强度 f_c/ρ_0
低碳钢	7860	415	0.053
松木	500	34.3（顺纹）	0.069
普通混凝土	2400	29.4	0.012

由表1-4可知，玻璃钢和木材是轻质高强的高效能材料，而普通混凝土为质量大而强度较低的材料，所以努力促进普通混凝土这一当代最重要的结构材料向轻质、高强方向发展，是一项十分重要的工作。

【例题】材料的强度与强度等级间的关系是什么？

【解】强度等级是材料按强度的分级，如硅酸盐水泥按3天、28天抗压、抗折强度值划分水泥的强度等级；强度等级是人为划分的，是不连续的。根据强度划分强度等级时，规定的各项指标都合格，才能定为某强度等级，否则就要降低级别。而强度具有客观性扣随机性，其试验值往往是连续分布的。强度等级与强度间的关系，可简单表述为：强度等级来源于强度，但不等同于强度。

【案例分析】人们在测试混凝土等材料的强度时可以观察到，同一试件，加荷速度过快，所测值偏高。请分析原因。

【原因分析】材料的强度除与其组成结构有关外，还与测试条件有关。当加荷速度快时，荷载的增长速度大于材料裂缝扩展速度，测出的值就会偏高。因此，在材料的强度测试中，一般都规定其加荷速度范围。

1.3.2　弹性与塑性

1. 弹性

材料在外力的作用下会发生形状、体积的改变，即变形。当外力除去后，能完全恢复原有形状的性质，称为材料的弹性，这种变形称为弹性变形。

弹性变形的大小与外力成正比，比例系数 E 称为弹性模量。在材料的弹性范围内，弹性模量是一个常数，用式（1-20）表示：

$$E = \sigma/\varepsilon \qquad\qquad (1\text{-}20)$$

式中：E——材料的弹性模量，MPa；

　　　σ——材料所受的应力，MPa；

　　　ε——材料的应变，无量纲。

弹性模量是衡量材料抵抗变形能力的一个指标。E 值愈大，材料愈不易变形，亦即刚度好。弹性模量是结构设计时的重要参数。

2. 塑性

材料在外力作用下产生变形，但不破坏，除去外力后材料仍保持变形后的形状、尺寸的性质，称为材料的塑性，这种变形称为塑性变形。

实际上纯弹性变形的材料是没有的，通常一些材料在受力不大时，仅产生弹性变形；受力超过一定极限后，即产生塑性变形。有些材料在受力时，如建筑钢材，当所受外力小于弹性极限时，仅产生弹性变形；而外力大于弹性极限后，则除了弹性变形外，还产生塑性变形。有些材料在受力后，弹性变形和塑性变形同时产生，当外力取消后，弹性变形会恢复，而塑性变形不能消失，如混凝土。弹塑性材料的变形曲线如

如图 1-6 所示，图中 ab 为可恢复的弹性变形，bo 为不可恢复的塑性变形。

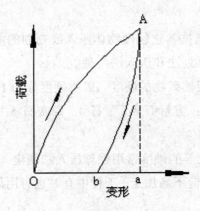

图 1-6　弹塑性材料的变形曲线图

1.3.3　脆性与韧性

1. 脆性

脆性是指材料在外力作用下，无明显塑性变形而突然破坏的性质。具有这种性质的材料称为脆性材料。脆性材料的抗压强度比其抗拉强度往往要高很多倍，这对承受

振动作用和抵抗冲击荷载是不利的，所以脆性材料一般只适用于承受静压力的结构或构件，如砖、石材、混凝土、铸铁等。

2. 韧性

韧性是指材料在冲击或振动荷载作用下，能够吸收较大的能量，同时也能产生一定的变形而不发生破坏的性质。材料的韧性是用冲击试验来检验的，因而又称为冲击韧性。建筑钢材、木材、沥青、橡胶等属于韧性材料。桥梁、路面、吊车梁及某些设备基础等有抗震要求的结构，应考虑材料的冲击韧性。

材料的冲击韧性以试件破坏时单位面积所消耗的功来表示，消耗的功愈多，即被材料吸收的能量愈多，材料的韧性就愈好。按式（1-21）计算：

$$\alpha_K = A_K/A \tag{1-21}$$

式中：α_K——材料的冲击韧性，J/mm^2。

A_K——试件破坏时所消耗的功，J。

A——材料的受力截面积，mm^2。

1.3.4 硬度与耐磨性

1. 硬度

硬度是材料表面能抵抗其它较硬物体压入或刻划的能力。不同材料的硬度测定方法不同，通常采用的有刻划法和压入法两种。

刻划法常用于测定天然矿物的硬度。矿物硬度分为 10 级（莫氏硬度），其递增的顺序为：滑石 1；石膏 2；方解石 3；萤石 4；磷灰石 5；正长石 6；石英 7；黄玉 8；刚玉 9；金刚石 10。

钢材、木材及混凝土等的硬度常用钢球压入法测定（布氏硬度 HB）。材料的硬度愈大，则其耐磨性愈好，但不易加工。工程中有时也可用硬度来间接推算材料的强度。

2. 耐磨性

耐磨性是材料表面抵抗磨损的能力，用磨损率（B）表示，按式（1-22）计算：

$$B = \frac{m_1 - m_2}{A} \tag{1-22}$$

式中：B——材料的磨损率（g/cm^2）。

m_1、m_2——分别为材料磨损前、后的质量（g）。

A——试件受磨损的面积（cm^2）。

材料的耐磨性与材料的组成成分、结构、强度、硬度等有关。在建筑工程中，对于用作踏步、台阶、地面、路面等的材料，应具有较高的耐磨性。一般来说，强度较高且密实的材料，其硬度较大，耐磨性较好。

1.4　材料的耐久性

耐久性是指材料在使用过程中，能长期抵抗各种环境因素作用而不破坏，且能保持原有性质的性能。各种环境因素的作用可概括为物理作用、化学作用和生物作用三个方面。

物理作用包括干湿变化、温度变化、冻融变化、溶蚀、磨损等。这些作用会引起材料体积的收缩或膨胀，导致材料内部裂缝的扩展，长时间或反复多次的作用会使材料逐渐破坏。

化学作用包括酸、碱、盐等物质的溶解及有害气体的侵蚀作用，以及日光和紫外线等对材料的作用。这些作用使材料逐渐变质破坏，例如钢筋的锈蚀、沥青的老化等。

生物作用包括昆虫、菌类等对材料的作用，它将使材料由于虫蛀、腐蚀而破坏，例如木材及植物纤维材料的腐烂等。

实际上，材料的耐久性是多方面因素共同作用的结果，即耐久性是一个综合性质，无法用一个统一的指标去衡量所有材料的耐久性，而只能对不同的材料提出不同的耐久性要求。如水工建筑物常用材料的耐久性主要包括抗渗性、抗冻性、大气稳定性、抗化学侵蚀性等。

实训 1　建筑材料基本性质试验

在各类建筑物中，材料要受到各种物理、化学、力学因素单独及综合作用。因此，对建筑材料性质的要求是严格和多方面的。材料基本性质的试验项目较多，如密度、表观密度，孔隙率和吸水率等，对于各种不同材料及不同用途，测试项目及测试方法视具体要求而有一定差别。

一、密度试验

（一）试验目的

材料的密度是指材料在绝对密实状态下，单位体积的质量。了解材料的品质和性能；用来计算材料的孔隙率。

（二）仪器与设备

李氏瓶（最小刻度值 0.1mL）、天平（感量 0.01g）、温度计、玻璃容器、烘箱、干燥器、小勺和漏斗等。

（三）试验步骤

（1）将石料试样粉碎、研磨、过筛后放入烘箱中，以 100±5℃的温度烘干至恒重。烘干后的粉料储放在干燥器中冷却至室温，以待取用。

（2）在李氏瓶中注入煤油或其他对试样不起反应的液体至突颈下部的零刻度线以上，将李氏比重瓶放在温度为（t±1）℃的恒温水槽内（水温必须控制在李氏比重瓶标定刻度时的温度），使刻度部分浸入水中，恒温 0.5 小时。记下李氏瓶第一次读数 V_1（准确到 0.05mL，下同）。

（3）从恒温水槽中取出李氏瓶，用滤纸将李氏瓶内零点起始读数以上的没有煤油的部分仔细擦净。

（4）取 100g 左右试样，用感量为 0.001g 的天平（下同）准确称取瓷皿和试样总质量 m1。用牛角匙小心将试样通过漏斗渐渐送人李氏瓶内（不能大量倾倒，因为这样会妨碍李氏瓶中的空气排出，或在咽喉部分形成气泡，妨碍粉末的继续下落），使液面上升接至 20mL 刻度处（或略高于 20mL 刻度处），注意勿使石粉粘附于液面以上的瓶颈内壁上。摇动李氏瓶，排出其中空气，至液体不再发生气泡为止。再放入恒温水槽，在相同温度下恒温 0.5 小时，记下李氏瓶第二次读数 V_2。

（5）准确称取瓷皿加剩下的试样总质量 m^2。

（四）试验结果

石料试样密度按式（1-23）计算（精确至 0.01g/cm³）：

$$\rho_t = \frac{m_1 - m_2}{V_1 - V_2} \tag{1-23}$$

式中：ρ_t——石料密度，g/cm³。

m_1——实验前试样加瓷皿总质量，g。

m_2——实验后剩余试样加瓷皿总质量，g。

V_1——李氏瓶第一次读数，mL（cm³）。

V_2——李氏瓶第二次读数，mL（cm³）。

以两次试验结果的算术平均值作为测定值。如两次实验结果相差大于 $0.02g/cm^3$ 时，应重新取样进行试验。

二、表观密度试验

（一）试验目的

表观密度是指材料在自然状态下，单位体积的质量。通过表观密度可以估计材料的强度、导热性及吸水性等性质；用来计算材料的孔隙率、体积、质量及结构自重等。

（二）仪器与设备

天平（称量 1000g，感量 0.1g）、液体天平（阿基米德天平，感量 0.01g）、游标卡尺（精度 0.1mm）、烘箱、干燥器、石蜡、酒精等。

（三）试验步骤

1. 对规则形状材料（如石料等）

（1）将每组 3 块试件放入（105±5）℃的烘箱中烘干至恒质量，取出冷却至室温称质量 m（g）。

（2）用游标卡尺量出各试件的尺寸，并计算出其体积 V（cm³）。

（3）对于六面体试件，量尺寸时，长、宽、高各方向上须测量 3 处，取其平均值的 a、b、c，则：

$$V_0 = abc \tag{1-24}$$

（4）对于圆柱体试件，则在圆柱体上、下、两个平行切面上及试件腰部，按两个互相垂直的方向量其直径，求 6 次的平均值 d，再在互相垂直的两直径与圆周交界的 4 点上量其高度，求 4 次的平均值 h，则：

$$V_0 = \frac{\pi d^2}{4} \times h \tag{1-25}$$

2. 对形状不规则材料（如碎石、卵石等）

（1）加工（或选择）长约 20mm～50mm 的试件 5～7 个，然后放入（105±5）℃的烘箱内烘干至恒质量，并在干燥器内冷却至室温。

（2）取出 1 个试件，称出试件的质量 m（精确至 0.1g，以下同）。

（3）将试件放入熔融的石蜡，1～2 秒后取出，使试件表面沾上一层蜡膜（膜厚不超过 1mm）。

（4）称出封蜡试件的质量 m_1（g）。

（5）称出封蜡试件在水中的质量 m_2（g）。

（6）检定石蜡的密度（一般为 0.93g/cm³）。其他试件的试验步骤同（2）～（5）。

（四）试验结果

1. 对规则形状材料（如石料等）

材料的表观密度按式（1-26）计算（精确至 10kg/m³或 0.01g/cm³）：

$$\rho_t{}' = \frac{m}{V_0} \tag{1-26}$$

试件结构均匀者，以 3 块试件平均值作为试验结果，其结果的误差不得超 20kg/m³或 0.02g/cm³；如试件结构不均匀，应以 5 个试件结果的算术平均值作为测试结果，并注明最大、最小值。

2. 对形状不规则材料（如碎石、卵石等）

材料的表观密度按式（1-27）计算（精确至 10kg/m³或 0.01g/cm³）：

$$\rho_0 = \frac{m}{m_1 - m_2 - \dfrac{m_1 - m_2}{\rho}} \tag{1-27}$$

试件结构均匀时，以 3 个试件结果的算术平均值作为试验结果，其结果不得超过 20kg/m³或 0.02g/cm³；如试件结构不均匀，应以 5 个试件结果的算术平均值作为试验结果，并注明最大、最小值。

三、 吸水率试验

（一）试验目的

材料的吸水率是指材料吸水饱和状态下，水的质量或体积与材料干燥质量或体积的比。材料吸水率的大小对其强度、抗冻性、导热性等性能影响很大，测定材料的吸水率，就可估计其各项性能。现以石料为例，介绍测试方法。

（二）仪器与设备

天平（1Kg，感量 0.1g）、水槽、烘箱及干燥器等。

（三）试验步骤

（1）将石料试件加工成直径和高均为 50mm 的圆柱体或边长为 50mm 的立方体试件;如采用不规则试件，其边长不少于 40mm～60mm，每组试件至少 3 个，石质组织不均匀者，每组试件不少于 5 个。用毛刷将试件洗涤干净并编号。

（2）将试件置于烘箱中，以（100±5）℃的温度烘干至恒重。在干燥器中冷却至室温后以天平称其质量 m_1（g），精确至 0.01g（下同）。

（3）将试件放在盛水容器中，在容器底部可放些垫条如玻璃管或玻璃杆使试件底面与盆底不致紧贴，使水能够自由进入。

（4）加水至试件高度的 1/4 处；以后每隔 2 小时分别加水至高度的 1/2 和 3/4 处；6 小时后将水加至高出试件顶面 20mm 以上，并再放置 48 小时让其自由吸水。这样逐次加水能使试件孔隙中的空气逐渐逸出。

（5）用拧干的湿毛巾轻按试件表面，吸去试件表面的水分（不得来回擦拭），随即称量，称量后仍放回水槽中浸水。以后每隔一昼夜用同样程序称取试件质量，直至试件浸水至恒定质量为止（一昼夜质量相差不超过 0.05g），此时称得的试件质量为 m_2（g）。

（四）试验结果

按式（1-28）计算石料吸水率（精确至 0.01%）：

$$W_m = \frac{m_2 - m_1}{m_1} \times 100\%　\hspace{2cm}(1\text{-}28)$$

式中：W_m——石料吸水率，%。

　　　m_1——烘干至恒重时试件的质量，g。

m_2——吸水至恒重时试件的质量，g。

组织均匀的试件，取三个试件实验结果的平均值作为测定值；组织不均匀的，则取 5 个试件实验结果的平均值作为测定值。

项目小结

本章是学习建筑材料课程应首先具备的基础知识和理论。材料的材质不同，其性质也必有差异。通过本章的学习可以了解、掌握建筑材料所具有的各种基本性能的定义、内涵、参数及计算表达方法，了解材料性能对建筑结构质量的影响作用，为下一步学习材料的性能打下基础。

项目习题

一、单选题

1. 孔隙率增大，材料的（　　　）降低。

A. 密度　　　　　B. 表观密度　　　　　C. 憎水性　　　　D. 抗冻性

2. 软化系数是衡量材料什么性能的指标（　　　）。

A. 耐久性　　　　B. 强度　　　　　　C. 抗渗性　　　　D. 耐水性

3. 将一批混凝土试件，经养护至此 28 天后分别测得其养护状态下的平均抗压强度为 23MPa，干燥状态下的平均抗压强度为 25MPa ，吸水饱和状态下的平均抗压强度为 22MPa，则其软化系数为（　　　）。

A. 0.92　　　　　B. 0.88　　　　　　C. 0.96　　　　　D. 0.13

4. 当材料的润湿角 θ 为（　　　）时，称为憎水性材料。

A. ＞90º　　　　B. ≤90º　　　　　　C. ＝0º　　　　　D＜90º

5. 经常位于水中或受潮严重的重要结构物的材料，其软化系数不宜小于（　　　）。

A. 0.75　　　　　B. 0.70　　　　　　C. 0.85　　　　　D. 0.90

6. 材料的抗渗性是指材料抵抗（　　　）渗透的性质。

A. 水　　　　　　B. 潮气　　　　　　C. 压力水　　　　D. 饱和水

7. 材料的比强度是体现材料哪方面性能的（　　　）。

A. 耐久性　　　　B. 强度　　　　　　C. 抗渗性　　　　D. 轻质高强

8. 材质相同的 A、B 两种材料,已知表观密度 $\rho_A > \rho_B$,则 A 材料的保温效果比 B 材料(   )。

A. 好　　　　　　B. 差　　　　　　C. 完全相同　　　D. 差不多

9. 对于某一种材料来说,无论环境怎样变化,其(   )都是一定值。

A. 表观密度　B. 密度　　　　　C. 导热系数　D. 平衡含水率

10. 材料吸水后将使材料的(   )提高。

A. 耐久性　　　　B. 强度　　　　　C. 密度　　　　　　D. 导热系数

二、填空题

1. 材料的吸湿性是指材料在空气中的_____性质。

2. 材料耐水性的强弱可以用来_____表示;材料的耐水性越好,该数值越_____。

3. 水可以在材料表面展开,即材料表面可以被水浸润,这种性质称为_____。

4. 材料的抗冻性以材料在吸水饱和状态下所能抵抗的_____来表示。

5. 材料含水率增加,导热系数随之_____,当水_____时,导热系数进一步提高。

三、判断题

1. 热容量大的材料导热性大,受外界气温影响室内温度变化比较快。(   )

2. 材料吸水后,将使材料的强度提高。(   )

3. 材料的孔隙率越大,吸水率越大。(   )

4. 某些材料虽然在受力初期表现为弹性,达到一定程度后表现出塑性特征,这类材料称为塑性材料。(   )

5. 材料吸水饱和状态时水占的体积可视为开口孔隙体积。(   )

6. 材料进行强度试验时,加荷速度快的比加荷速度慢的试验结果指标值偏小。(   )

7. 材料的冻融破坏主要是由于材料的水结冰造成的。(   )

四、简答题

1. 简述密度、表观密度、堆积密度三者之间的实质区别。

2. 如何区别亲水性材料和憎水性材料?

3. 什么是材料的强度?影响材料强度的因素有哪些?

4. 试说明材料导热系数的物理意义及影响因素。

5. 何谓材料的抗冻性?提高材料抗冻性的主要技术措施有哪些?

6．一般来说墙体或屋面材料的导热系数越小越好，而热容值却以适度为好，能说明原因吗？

五、计算题

1．已知某砌块的外包尺寸为 240mm×240mm×115mm，其孔隙率为 37%，干燥质量为 2487g，浸水饱和后质量为 2984g，试求该砌块的体积密度、密度、质量吸水率。

2．某种石子经完全干燥后，其质量为 482g，将其放入盛有水的量筒中吸水饱和后，水面由原来的 452cm³ 上升至 630cm³，取出石子，擦干表面水后称质量为 487g，试求该石子的表观密度，体积密度及吸水率。

3．一种材料的密度为 2.7g/cm³，浸水饱和状态下的体积密度为 1.862g/cm³，其体积吸水率为 4.62%，试求此材料干燥状态下的体积密度和孔隙率各为多少？

4．配制混凝土用的某种卵石，其表观密度为 2.65g/cm³，堆积密度为 1560kg/m³，试求其空隙率。若用堆积密度为 1500kg/m³ 的中砂填满 1m³ 上述卵石的空隙，问需要多少砂？

5．某石灰石的密度为 2.70g/cm³，孔隙率为 1.2%，将该石灰石破碎成石子，石子的堆积密度为 1680kg/m³，求此石灰石的表观密度和空隙率。

项目 2 无机胶凝材料

【项目导读】

胶凝材料又称胶结材料，胶凝材料根据其化学组成分为有机胶凝材料和无机胶凝材料。有机胶凝材料（如树脂、沥青、橡胶等）常见的无机胶凝材料有石灰、石膏、水玻璃、水泥等。

【项目目标】

➢ 掌握石灰、石膏及水玻璃的技术性质、用途、应用
➢ 理解石灰、石膏及水玻璃的水化、凝结、硬化原理
➢ 掌握硅酸盐水泥等几种通用水泥的性能、相应的检测方法及选用原则
➢ 理解几种通用水泥的特性

2.1 无机胶凝材料概述

2.1.1 胶凝材料的定义

在建筑工程中，经过自身的物理化学作用后，能将散粒或块状材料粘结成为具有一定强度的整体的材料，统称为胶凝材料。

2.1.2 胶凝材料的分类

胶凝材料根据其化学组成分为有机胶凝材料和无机胶凝材料。胶凝材料的分类如图 2-1 所示。

水硬性胶凝材料不仅能在空气中、而且能更好地在水中硬化，保持和继续发展其强度，如各品种水泥，它们既适用于地上工程，也适用于地下或水中工程。气硬性胶凝材料只能在空气中（干燥条件下）硬化，也只能在空气中保持或继续发展其强度，如石灰、石膏、菱苦土和水玻璃等。这类材料耐水性差，一般只适合用于地上或干燥环境，不宜用于潮湿环境，更不可用于水中。

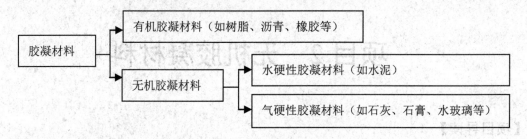

图2-1 胶凝材料的分类

2.2 石 灰

石灰是建筑工程中使用较早的矿物胶凝材料之一。由于其原材料丰富，分布广，生产工艺简单，成本低，所以至今仍广泛应用于建筑工程中。

2.2.1 石灰的生产及分类

1. 石灰的生产

石灰的原料主要有两种：一个是以碳酸钙 $CaCO_3$ 为主要成分的矿物、岩石（如方解石、石灰岩、大理石）或贝壳等的天然原料，经煅烧而得生石灰 CaO；另一个来源是化工副产品，如用碳化钙（电石）制取乙炔时产生的电石渣，其主要成分是 $Ca(OH)_2$。而主要原料是天然的石灰岩。

$$CaCO_3 \xrightarrow{900\sim1200℃} CaO + CO_2\uparrow \tag{2-1}$$

生产过程中会形成两种不利的情况：

（1）生石灰烧制过程中，往往由于石灰石原料的尺寸过大或窑中温度不均匀等原因，生石灰中残留有未烧透的的内核，这种石灰称为"欠火石灰"。欠火石灰中 $CaCO_3$ 尚未完全分解，未分解的 $CaCO_3$，没有活性，从而降低了石灰的有效成分含量，也就是降低了石灰的利用率。

（2）由于烧制的温度过高或时间过长，使得石灰表面出现裂缝或玻璃状的外壳，体积收缩明显，颜色呈灰黑色，这种石灰称为"过火石灰"。过火石灰表面常被粘土杂质融化形成的玻璃釉状物包覆，熟化很慢。当石灰已经硬化后，过火石灰才开始熟化，并产生体积膨涨，引起隆起鼓包和开裂，影响工程质量。为了消除过火石灰的危害，采用"陈伏"措施，也就是生石灰熟化形成的石灰浆应在储灰坑中放置两周以上。陈伏期间，石灰浆表面应保持一层水，隔绝空气，防止 $Ca(OH)_2$ 与 CO_2 发生碳化反应。

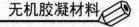

在石灰的原料中，除主要成分碳酸钙外，常含有碳酸镁。

$$MgCO_3 \xrightarrow{700℃} MgO + CO_2\uparrow \qquad (2-2)$$

煅烧过程中碳酸镁分解出氧化镁，存在于石灰中。根据石灰中氧化镁含量多少，将石灰分为钙质石灰（MgO≤5%）、镁质石灰（MgO>5%）。镁质石灰熟化较慢，但硬化后强度稍高。用于建筑工程中的多为钙质石灰。

2. 石灰的分类

（1）按加工方法分。石灰按加工方法不同分类如表 2-1 所示。

表 2-1　石灰按其加工方法分类

石灰种类	加工方法	主要化学成分
生石灰	石灰原料经煅烧而得的块状石灰	CaO
生石灰粉	将块状生石灰破碎、磨细而成的粉状石灰	CaO
消石灰粉	将块状生石灰用适量水熟化而得到的粉状石灰	Ca（OH）$_2$
石灰膏	将生石灰用过量的水经熟化、沉淀而得到的可塑性膏状体	Ca（OH）$_2$+H$_2$O

（2）按石灰中氧化钙和氧化镁的含量分。根据石灰中 MgO 的含量不同，将石灰分为钙质石灰（MgO≤5%） 和镁质石灰（MgO>5%）。

根据石灰中 CaO+MgO 的总含量分类如表 2-2 所示。

表 2-2　石灰按其氧化钙和氧化镁的总含量分类

类别与代号		名称与代号
生石灰块（Q） 生石灰粉（QP）	钙质石灰（CL）	钙质石灰 90（CL90）、钙质石灰 85（CL85）、钙质石灰 75（CL75）
	镁质石灰（ML）	镁质石灰 85（ML85）、镁质石灰 80（ML80）
消石灰（H）	钙质消石灰（HCL）	钙质消石灰 90（HCL90）、钙质消石灰 85（HCL85）、钙质消石灰 75（HCL75）
	镁质消石灰（HML）	镁质消石灰 85（HML85）、镁质消石灰 80（HML80）

2.2.2 石灰的熟化

生石灰（氧化钙）加水生成熟石灰（氢氧化钙）的过程，称为石灰的"熟化"或"消解"，也可称之为"淋灰"。其反应式如下：

$$CaO + H_2O = Ca（OH）_2 + 64.83 \text{ kJ} \qquad (2-3)$$

$$MgO + H_2O = Mg(OH)_2 + 64.83 kJ \hspace{3cm} (2-4)$$

生石灰在熟化过程有两个显著的特点：一是放热量大；二是体积膨胀大（约 1~2.5 倍）。

【案例分析】某单位宿舍楼的内墙使用石灰砂浆抹面。数月后，墙面上出现了许多不规则的网状裂纹。同时在个别部位还发现了部分凸出的放射状裂纹。试分析上述现象产生的原因。

【原因分析】引发的原因很多，但最主要的原因在于石灰在硬化过程中，蒸发大量的游离水而引起体积收缩的结果。

墙面上个别部位出现凸出的呈放射状的裂纹，是由于配制石灰砂浆时所用的石灰中混入了过火石灰。这部分过火石灰在消解、陈伏阶段中未完全熟化，以致于在砂浆硬化后，过火石灰吸收空气中的水蒸汽继续熟化，造成体积膨胀，从而出现上述现象。

2.2.3 石灰的硬化

石灰浆体在空气中的硬化，是由结晶和碳化两个同时进行的过程来完成的。

结晶过程：石灰浆中的游离水分逐渐蒸发或被砌体吸收，$Ca(OH)_2$ 饱和溶液逐渐变成 $Ca(OH)_2$ 晶粒而产生强度。但此阶段强度很低，若遇水，因氢氧化钙微溶于水，其强度将会丧失。

碳化过程：石灰浆表层的 $Ca(OH)_2$ 晶粒与潮湿空气中的 CO_2 反应生成 $CaCO_3$ 晶粒而使石灰浆硬化。其反应式如下：

$$Ca(OH)_2 + CO_2 + H_2O \rightarrow CaCO_3 + (n+1)H_2O \hspace{2cm} (2-5)$$

这个反应实际是二氧化碳与水结合形成碳酸，再与氢氧化钙作用生成碳酸钙。如果没有水，这个反应就不能进行。碳化过程是由表及里，但表层生成的碳酸钙结晶阻碍了二氧化碳的深入，也影响了内部水分的蒸发，所以碳化过程长时间只限于表面。氢氧化钙的结晶作用则主要发生在内部。石灰硬化过程的主要硬化速度慢和体积收缩大两个特点。

从以上的石灰硬化过程可以看出，石灰的硬化只能在空气中进行，也只能在空气中才能继续发展提高其强度，所以石灰只能用于干燥环境的地面上建筑物、构筑物，而不能用于水中或潮湿环境中。

2.2.4 石灰的技术要求及标准

建筑生石灰根据有效氧化钙和有效氧化镁的含量、二氧化碳含量、未消化残渣含量以及产浆量划分为优等品、一等品和合格品。各等级的技术要求如表2-3所示。

表 2-3 建筑生石灰的技术指标（JC/T479-2013）

项目	钙质生石灰			镁质生石灰		
	优等品	一等品	合格品	优等品	一等品	合格品
CaO＋MgO含量 /%，≥	90	85	80	85	80	75
未消化残渣含量（5mm圆孔筛余）/%，≤	5	10	15	5	10	15
CO_2含量 /%，≤	5	7	9	6	8	10
产浆量 /L/kg，≥	2.8	2.3	2.0	2.8	2.3	2.0

建筑消石灰粉根据有效氧化钙和有效氧化镁含量、游离水量、体积安定性及细度划分为优等品、一等品和合格品。各等级的技术要求如表2-4所示。

表 2-4　建筑消石灰粉的技术指标（JC/T481-2013）

项目		钙质生石灰粉			镁质生石灰粉			白云石消石灰粉		
		优等品	一等品	合格品	优等品	一等品	合格品	优等品	一等品	合格品
CaO＋MgO含量 /%，≥		70	65	60	65	60	55	65	60	55
游离水（%）		0.4～2								
体积安定性		合格		—	合格		—	合格		—
细度	0.9mm筛筛余 /%，≤	0	0	0.5	0	0	0.5	0	0	0.5
	0.125mm筛筛余 /%，≤	3	10	15	3	10	15	3	10	15

2.2.5　石灰的特性

石灰的特性主要有以下几个。

1. 具有良好的可塑性和保水性

生石灰熟化成为石灰浆时，能形成颗粒极细（粒径约 1μm）、呈胶体分散状态的 Ca（OH）₂粒子，表面能吸附一层较厚的水膜，颗粒间的摩擦力减小，使石灰具有良好的可塑性和保水性。在水泥砂浆中掺入石灰膏，可显著提高砂浆的和易性。

2. 凝结硬化慢、强度低

由于空气中 CO_2 含量少，且硬化后的表层会对内部的硬化起阻碍作用，使碳化作用减慢，所以硬化时间长。同时，石灰浆中含有较多的游离水，水分蒸发后形成较多的孔隙，降低了石灰的密实度和强度。

3. 吸湿性强、耐水性差

生石灰在存放过程中会吸收空气中的水分而熟化，并且发生碳化致使石灰的活性降低。已硬化的石灰浆体，如果长期受到水的作用，会因 Ca（OH）$_2$ 的逐渐溶解而导致石灰浆体结构破坏，强度降低，甚至引起溃散，因此石灰耐水性差，不宜在高湿环境下使用。

4. 体积收缩大

石灰浆在硬化过程中，蒸发大量的游离水，引起体积显著的收缩，容易产生开裂。一般不宜单独使用，常配成石灰砂浆，也可加入麻筋、纸筋等纤维材料，以减少其收缩，提高其抗拉强度，避免开裂。

5. 化学稳定性差

石灰是碱性材料，与酸性物质接触时，容易发生化学反应生成新的物质。

2.2.6 石灰的应用

石灰的应用主要在以下几个方面。

1. 制作石灰乳涂料

将熟化好的石灰膏或消石灰粉加入过量的水稀释成的石灰乳，是一种传统的涂料，主要用于室内粉刷。掺入少量佛青颜料，可使其呈纯白色；掺入 107 胶或少量水泥、粒化高炉矿渣或粉煤灰，可提高粉刷层的防水性；掺入各种耐碱颜料，可获得更好的装饰效果。

2. 配制砂浆

石灰膏和消石灰粉可以单独或与水泥一起配制成石灰砂浆或混合砂浆，可用于墙体砌筑或抹面工程；也可掺入纸筋、麻刀等制成石灰浆，用于内墙或顶棚抹面。

3. 拌制石灰土和三合土

石灰土为消石灰粉与粘土按 2∶8 或 3∶7 的体积比加少量水拌成。三合土为消石灰粉、粘土、砂按 1∶2∶3 的体积比，或者消石灰粉、砂、碎砖（或碎石）按 1∶2∶4 的体积比加少量水拌成。大量应用于建筑物基础、地面、道路等的垫层，地基的换土处理等。

另外石灰与粉煤灰、碎石拌制的"三渣"也是目前道路工程中经常使用的材料之一。

4. 生产硅酸盐制品

用生石灰粉生产石灰板。将生石灰粉与纤维材料（如玻璃纤维）或轻质骨料（如炉渣）加水搅拌、成型，然后用二氧化碳进行人工碳化，可制成轻质的碳化石灰板材，多制成碳化石灰空心板，它的导热系数较小，保温绝热性能较好，可锯，可钉，宜用作非承重内隔墙板、天花板等。

将生石灰粉或消石灰粉与含硅材料，如天然砂、粒化高炉矿渣、炉渣、粉煤灰等，加水拌合、陈伏、成型后，经蒸压或蒸养等工艺处理，可制得其他硅酸盐制品，如灰砂砖、粉煤灰砖、粉煤灰砌块等。

【案例分析】既然石灰不耐水，为什么由它配制的灰土或三合土却可以用于基础的垫层、道路的基层等潮湿部位？

【原因分析】石灰土或三合土是由消石灰粉和粘土等按比例配制而成的。加适量的水充分拌合后，经碾压或夯实，在潮湿环境中石灰与粘土表面的活性氧化硅或氧化铝反应，生成具有水硬性的水化硅酸钙或水化铝酸钙，所以灰土或三合土的强度和耐水性会随使用时间的延长而逐渐提高，适于在潮湿环境中使用。再者，由于石灰的可塑性好，与粘土等拌合后经压实或夯实，使灰土或三合土的密实度大大提高，降低了孔隙率，使水的侵入大为减少。因此灰土或三合土可以用于基础的垫层、道路的基层等潮湿部位。

2.2.7　石灰的储存

生石灰储存时间不宜过长，一般不超过一个月，作到"随到随化"，不得与易燃、易爆等危险液体物品混合存放和混合运输，要注意防水、防潮。

2.3　石　膏

石膏是一种具有质轻、强度较高、绝热、防火、质地细腻、美观优良特点的装饰材料，易于加工、成品多样的各类石膏线。石膏的品种很多，主要有建筑石膏、无水石膏水泥、高温煅烧石膏等。本书仅介绍建筑石膏。

2.3.1　石膏的生产及种类

1. 原料

生产石膏的原料主要是天然二水石膏（$CaSO_4 \cdot 2H_2O$），还有天然无水石膏（$CaSO_4$）

以及含 $CaSO_4 \cdot 2H_2O$ 或 $CaSO_4 \cdot 2H_2O$ 与 $CaSO_4$ 混合物的化工副产品。

天然二水石膏，又称软石膏或生石膏，是以二水硫酸钙（$CaSO_4 \cdot 2H_2O$）为主要成分的矿石。纯净的石膏呈无色透明或白色，但天然石膏常因含有杂质而呈灰色、褐色、黄色、红色、黑色等颜色。

天然无水石膏（$CaSO_4$）又称天然硬石膏，质地较二水石膏硬，一般为白色，若有杂质，则呈灰红等颜色。只可用于生产无熟料水泥。

含 $CaSO_4 \cdot 2H_2O$ 或 $CaSO_4 \cdot 2H_2O$ 与 $CaSO_4$ 混合物的化工副产品，也可用作生产石膏胶凝材料的原料，常称之为化工石膏。如磷石膏是生产磷酸和磷肥时所得的废料；硼石膏是生产硼酸时所得到的废料；氟石膏是制造氟化氢时的副产品等。

2. 生产及种类

生产石膏胶凝材料的主要工艺流程是破碎、加热与磨细。由于加热方式和加热温度的不同，可以得到具有不同性质的石膏产品。

$$CaSO_4 \cdot 2H_2O = CaSO_4 \cdot \frac{1}{2}H_2O + 1\frac{1}{2}H_2O \qquad (2-6)$$

（1）建筑石膏（熟石膏、β型半水石膏）（$CaSO_4 \cdot \frac{1}{2}H_2O$）。二水石膏在常压下炉窑中进行 107℃～170℃ 的加热煅烧，水分迅速蒸发生成。

（2）α型半水石膏（即高强石膏）。二水石膏在 0.13MPa 压力的蒸压锅内蒸炼（温度 125℃）脱水蒸炼得到。它比 β 型半水石膏晶体要粗，调制成可塑性浆体的需水量少。

（3）可溶性硬石膏。二水石膏在常压、加热温度为 170℃～200℃ 时煅烧生成。它与水调和后仍能很快凝结硬化。

（4）不溶性硬石膏（死烧石膏）。二水石膏在常压、加热温度达到 400℃～750℃ 时煅烧生成。它难溶于水，失去凝结硬化的能力。

（5）煅烧石膏（过烧石膏）。二水石膏在常压、加热温度超过 800℃ 时煅烧生成。由于分解出 CaO，在 CaO 的激发下，产物又具有凝结硬化的能力。

2.3.2 建筑石膏的凝结硬化

建筑石膏遇水将重新水化成二水石膏，反应式为：

$$CaSO_4 \cdot 0.5H_2O + 1.5H_2O \rightarrow CaSO_4 \cdot 2H_2O \qquad (2-7)$$

半水石膏极易溶于水，加水后很快达到饱和溶液而分解出溶解度低的二水石膏胶体。由于二水石膏的析出，溶液中的半水石膏转变为非饱和状态，这样，又有新的半水石膏溶解，接着继续重复水化、胶化的过程，随着析出的二水石膏胶体晶体的不断增多，彼此互相联结,使石膏具有了强度。同时溶液中的游离水分不断蒸发减少,结晶体之间的摩擦力、粘结力逐渐增大,石膏强度也随之增加,至完全干燥,强度停止增加,最后成为坚硬的固粘结力逐渐增大,石膏强度也随之增加,至完全干燥,强度停止增加,最后成为坚硬的固体。

石膏的凝结硬化是一个连续的溶解、水化、胶化、结晶的过程,如图 2-1 所示。从加水开始拌合到浆体开始失去可塑性的过程称为浆体的初凝,对应的这段时间称为初凝时间;从加水开始拌合开始到浆体完全失去可塑性,并开始产生强度的过程称为浆体的终凝,对应的时间称为浆体的终凝时间。建筑石膏凝结硬化较快,一般初凝不早于 6 分钟,终凝不迟于 30 分钟。

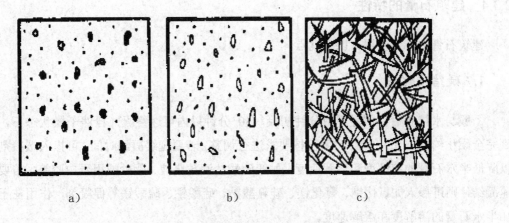

图 2-1　建筑石膏凝结硬化示意图

a)胶化;b)结晶开始;c)晶体长大与互生

2.3.3　建筑石膏的技术要求及标准

建筑石膏产品的标记,由产品名称、抗折强度及标准号三个部分组成,如图 2-2 所示。

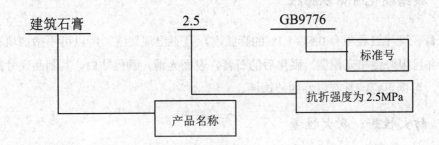

图 2-2　建筑石膏产品的标记

建筑石膏按其细度、强度、凝结时间等指标,划分为优等品、一等品、合格品三个等级。具体指标如表 2-5 所示。

表 2-5　建筑石膏的技术指标（GB9776-2008）

指标	优等品	一等品	合格品
细度/（%）（孔径0.2mm筛的筛余量≤）	5.0	10.0	15.0
抗折强度/MPa（烘干至质量恒定后≥）	2.5	2.1	1.8
抗压强度/MPa（烘干至质量恒定后≥）	4.9	3.9	2.9
凝结时间/min　初凝不早于	6		
凝结时间/min　终凝不迟于	30		

2.3.4　建筑石膏的特性

建筑石膏的特性主要有以下几点。

1. 凝结硬化快

一般与水拌和后，常温下数分钟初凝，30 分钟以内可达终凝（自然干燥状态下，达到完全硬化约需一周）。凝结时间可按要求进行调整，若要延缓凝结时间，可掺入缓凝剂，以降低半水石膏的溶解度和溶解速度，如亚硫酸盐酒精废液、硼砂或用蛋白胶等；若要加速凝结，则可掺入如氯化钠、氯化镁、硅氟酸钠、硫酸钠、硫酸镁等促凝剂，作用在于增加半水石膏的溶解度和溶解速度。

2. 孔隙率大、表观密度小、强度低

理论需水量 18.6%，加水 60%～80%，多余的水分使硬化石膏留有大量的孔隙，孔隙率约为 50%～60%，硬化后，强度较低，表观密度较小，导热性较低，吸声性较好。

3. 凝结硬化时体积膨胀

石膏在硬化过程中有 0.5%～1%的膨胀率，且不出现裂缝，所以可不掺加填料而单独使用，并可很好地填充模型。硬化后的石膏，表面光滑，颜色洁白，其制品尺寸准确，轮廓清晰，可锯可钉，具有很好的装饰性。

4. 防火性好、耐火性差

石膏制品为 $CaSO_4·2H_2O$ 遇火后，结晶水蒸发，吸收热量，形成的无水石膏为良好的绝热、阻燃材料，起到阻止火焰蔓延和温度升高的作用。所以，石膏有良好的抗火性。但二水石膏脱水后强度下降，故耐火性差。

5. 隔热性和吸声性好

建筑石膏孔隙率大,且孔隙多呈微细的毛细孔,所以导热系数小,保温、隔热性能好。同时,大量开口的毛细孔隙对吸声有一定的作用,因此建筑石膏具有良好的吸声性能。

6. 耐水性和抗冻性差

建筑石膏硬化后,具有很强的吸湿性和吸水性,在潮湿的环境中,晶体间的粘结力削弱,强度明显降低,在水中,晶体还会溶解而引起破坏,在流动的水中,破坏更快,硬化石膏的软化系数约为 0.2~0.3;若石膏吸水后受冻,则孔隙内的水分结冰,产生体积膨胀,使硬化后的石膏体破坏。所以,石膏的耐水性和抗冻性均较差。此外,若在温度过高的环境中使用(超过 65℃),二水石膏会脱水分解,造成强度降低。因此,建筑石膏不宜用于潮湿和温度过高的环境中。

在建筑石膏中掺入一定量的水泥或其他含有活性 SiO_2、Al_2O_3 和 CaO 的材料,如粒化高炉矿渣、石灰、粉煤灰,或掺加有机防水剂等,可不同程度地改善建筑石膏制品的耐水性。

7. 具有一定的调温调湿性

建筑石膏的热容量大,吸湿性强,故能对室内温度和湿度起到一定的调节作用。

2.3.5 建筑石膏的应用

建筑石膏的应用主要在以下几个方面。

1. 制备粉刷石膏

粉刷石膏是二水石膏或无水石膏经煅烧,产生的生成物(β-$CaSO_4 \cdot 1/2H_2O$ 和 II 型 $CaSO_4$)单独或两者混合后掺入外加剂,也可加入集料制成的胶结料。粉刷石膏按用途分为面层粉刷石膏(M)、底层粉刷石膏(D)和保温层粉刷石膏(W)。

2. 建筑石膏制品

建筑石膏制品的品种很多,如纸面石膏板、空心石膏板、石膏砌块、装饰石膏板、石膏角线、灯圈、罗马柱等,主要用于分室墙、内隔墙、吊顶及装饰。

3. 石膏板

石膏板具有质轻、保温、防火、吸声、能调节室内温度湿度及制作方便等性能，而且原料来源广泛，工艺简单，成本低，应用较为广泛。目前我国生产的石膏板类型主要有纸面石膏板、空心石膏板、纤维石膏板和装饰石膏板。主要用作室内墙体、墙面装饰和吊顶等。为了减轻自重、降低导热性，生产石膏板时，常掺加锯末、膨胀珍珠岩、膨胀蛭石、陶粒、煤渣等轻质多孔填料，或者掺加泡沫剂、加气剂等外加剂；若掺入纸筋、麻丝、芦苇、石棉及玻璃纤维等纤维状填料，或在石膏板表面粘贴护纸板等材料，则可提高石膏板的抗折强度和减少脆性；若掺入无机耐火纤维，还可同时提高石膏板的耐火性能。

石膏的耐水性较差，为了改善其板材的耐水性能，可如前所述掺入水泥、粒化高炉矿渣、石灰、粉煤灰或有机防水剂，也可同时在石膏板表面采用耐水护面纸或防水高分子材料面层，它可用于厨房、卫生间等潮湿的场合，扩大了其应用范围。另外，通过调整石膏板的厚度、孔眼大小、孔距、空气层厚度，可制成适应不同频率的吸声板。在石膏板表面贴上不同的贴面，如木纹纸、铝箔等，也可起到一定的装饰等作用。

石膏板具有长期徐变的性质，在潮湿的环境中更严重，所以不宜用于承重结构。

2.3.6　建筑石膏的储存

建筑石膏一般采用袋装，可用具有防潮及不易破损的纸袋或其他复合袋包装；包装袋上应清楚标明产品标记、制造厂名、生产批号和出厂日期、质量等级、商标、防潮标志；运输、储存时不得受潮和混入杂物，不同等级的应分别储运，不得混杂；石膏的储存期为三个月（自生产日算起）。超过三个月的石膏应重新进行质量检验，以确定等级。

【案例分析】请观察建筑石膏粉，如图 2-3 所示，并分析是否宜用此石膏粉制作粘结制品或石膏制品。

图 2-3　石膏粉吸潮结粒

【原因分析】从图 2-3 可见，该建筑石膏粉已吸潮结粒，对凝结硬化性能及强度均有影响，已不宜使用。由于建筑石膏粉易吸潮，影响其以后使用时的凝结硬化性能和强度，长期储存也会降低强度，因此建筑石膏粉存贮时必须防潮，储存时间不得过长，一般不得超过三个月。

【案例分析】某住户喜爱石膏制品，全宅均用普通石膏浮雕板作装饰。使用一段时间后，客厅、卧室效果相当好，但厨房、厕所、浴室的石膏制品出现发霉变形。请分析原因。

【原因分析】厨房、厕所、浴室等处一般较潮湿，普通石膏制品具有强的吸湿性和吸水性，在潮湿的环境中，晶体间的粘结力削弱，强度下降、变形，而且还会发霉。

建筑石膏一般不宜在潮湿和温度过高的环境中使用。欲提高其耐水性，可在建筑石膏中掺入一定量的水泥或其它含活性 SiO_2、Al_2O_3 及 CaO 的材料，如粉煤灰、石灰；掺入有机防水剂亦也可改善石膏制品的耐水性。

2.4　水　玻　璃

水玻璃俗称泡花碱，是碱金属氧化物和二氧化硅结合而成的能溶解于水的一种硅酸盐材料。最常用的是硅酸钠水玻璃（$Na_2O \cdot nSiO_2$）及硅酸钾水玻璃（$K_2O \cdot nSiO_2$）。

2.4.1　水玻璃的生产

硅酸钠水玻璃的主要原料是石英砂、纯碱。将原料磨细，按比例配合，在玻璃熔炉内熔融而生成硅酸钠，冷却后得固态水玻璃，然后在水中加热溶解而成液体水玻璃。其反应式为：

$$Na_2CO_3 + nSiO_2 \xrightarrow{\;1\,300\sim1\,400\;℃\;} Na_2O \cdot nSiO_2 + CO_2\uparrow \tag{2-8}$$

钠水玻璃分子式中的 n 称为水玻璃的模数，代表 Na_2O 和 SiO_2 的分子数比，是非常重要的参数。n 值越大，水玻璃的粘性和强度越高，但水中的溶解能力下降，反之，n 值越小，水玻璃的粘性和强度越低，越易溶于水。故土木工程中常用模数 n 一般在 2.6～2.8 之间，既易溶于水又有较高的强度。

水玻璃的生产除上述介绍的干法外还有湿法。湿法是将石英砂和苛性钠溶液在压蒸锅（0.2 MPa～0.3MPa）内用蒸气加热，并加以搅拌，直接反应生成液体水玻璃。其反应式为：

$$2NaOH + nSiO_2 \rightarrow Na_2O \cdot nSiO_2 + H_2O \tag{2-9}$$

液体水玻璃常含杂质而呈青灰色、绿色或微黄色，以无色透明的液体水玻璃为最好。

液体水玻璃可以与水按任意比例混合，使用时仍可加水稀释。在液体水玻璃中加入尿素，在不改变其粘度下可提高其粘结力。

【例题】 水玻璃模数、密度与水玻璃性质有何关系？

【解】 水玻璃的模数和相对密度，对于凝结和硬化影响也很大。模数愈大，水玻璃的黏度和粘结力愈大，也愈难溶解于水；当模数高时，硅胶容易析出，水玻璃凝结硬化快。当水玻璃相对密度小时，反应产物扩散速度快，水玻璃凝结硬化速度也快。而模数又低且相对密度又大时，凝结硬化就很慢。另外，同一模数水玻璃溶液浓度越高，则粘结力也越大。

2.4.2 水玻璃的凝结硬化

液体水玻璃吸收空气中的二氧化碳，形成无定型硅酸凝胶，并逐渐干燥硬化，反应式如下：

$$Na_2O \cdot nSiO_2 + CO_2 + mH_2O = Na_2CO_3 + nSiO_2 \cdot mH_2O \tag{2-10}$$

上述反应十分缓慢，为加快其硬化，常在水玻璃中加入促硬剂"氟硅酸钠"，以加速二氧化硅凝胶的析出。反应式如下

$$2(Na_2O \cdot nSiO_2) + mH_2O + Na_2SiF_6 = (2n+1)SiO_2 \cdot mH_2O + 6NaF \tag{2-11}$$

氟硅酸钠的掺量一般为水玻璃重量的12%～15%。如果用量太少，不但硬化速度缓慢，强度降低，而且未经反应的水玻璃易溶于水，因而耐水性差。但如果用量过多，又会引起凝结过速，使施工困难，而且渗透性大，强度也低。加入氟硅酸钠后，水玻璃的初凝时间可缩短到30～60分钟，终凝时间可缩短到240～360分钟，7天基本达到最高强度。

2.4.3 水玻璃的特性

水玻璃的特性主要有以下几点。

1. 黏结力强

玻璃有良好的粘结能力，硬化时析出的硅酸凝胶呈空间网络结构，具有较高的胶凝能力，因而粘结强度高。此外，硅酸凝胶还有堵塞毛细孔隙而防止水渗透的作用。

2. 耐酸能力强

硬化后的水玻璃，因起胶凝作用的主要成分是含水硅酸凝胶（$nSiO_2 \cdot mH_2O$），所以能抵抗大多数无机酸和有机酸的作用，常用于配制水玻璃耐酸混凝土、耐酸砂浆、耐酸胶泥等。

3. 耐热性好

水玻璃不燃烧,在高温下脱水、干燥并逐渐形成 SiO_2 空间网状骨架,强度并不降低,甚至有所增加。故水玻璃常用于配置耐热混凝土,耐热砂浆,耐热胶泥等。

4. 耐碱性、耐水性较差

水玻璃在加入氟硅酸钠后仍不能完全硬化,仍有一定量的水玻璃。由于水玻璃可溶于碱,且溶于水,硬化后的产物 Na_2CO_3 及 NaF 均可溶于水,所以水玻璃硬化后不耐碱、不耐水。为提高耐水性,可采用中等浓度的酸对已硬化的水玻璃进行酸洗处理。

2.4.4　水玻璃的应用

水玻璃的应用的主要在以下几个方面。

1. 配制快凝防水剂

以水玻璃为基料,加入二种、三种或四种矾配制而成二矾、三矾或四矾快凝防水剂。这种防水剂凝结迅速,一般不超过1分钟,工程上利用它的速凝作用和粘附性,掺入水泥浆、砂浆或混凝土中,作修补、堵漏、抢修、表面处理用。因为凝结迅速,不宜配制水泥防水砂浆,用作屋面或地面的刚性防水层。

2. 配制耐热砂浆、耐热混凝土或耐酸砂浆、耐酸混凝土

以水玻璃为胶凝材料,氟硅酸钠做促凝剂,耐热或耐酸粗细骨料按一定比例配制而成。水玻璃耐热混凝土的极限使用温度在 1200℃以下,用于高温环境中的非承重结构及构件。水玻璃耐酸混凝土一般用于耐腐蚀工程,如铺砌的耐酸块材,浇筑地面、整体面层、设备基础等。

3. 涂刷建筑材料表面,可提高材料的抗渗和抗风化能力

用浸渍法处理多孔材料时,可使其密实度和强度提高。对粘土砖、硅酸盐制品、水泥混凝土等均有良好的效果。但不能用以涂刷或浸渍石膏制品,因为硅酸钠与硫酸钙会发生化学反应生成硫酸钠,在制品孔隙中结晶,体积显著膨胀,从而导致制品的破坏。用液体水玻璃涂刷或浸渍含有石灰的材料,如水泥混凝土和硅酸盐制品等时,水玻璃与石灰之间起反应生成的硅酸钙胶体填实制品孔隙,使制品的密实度有所提高。

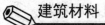

4. 加固地基，提高地基的承载力和不透水性

将液体水玻璃和氯化钙溶液轮流交替压入地基，反应生成的硅酸凝胶将土壤颗粒包裹并填实其空隙。硅酸胶体为一种吸水膨胀的冻状凝胶，因吸收地下水而经常处于膨胀状态，阻止水分的渗透而使土壤固结。

另外，水玻璃还可用作多种建筑涂料的原料。将液体水玻璃与耐火填料等调成糊状的防火漆，涂于木材表面，可抵抗瞬间火焰。

【案例分析】某些建筑物的室内墙面装修过程中可以观察到，使用以水玻璃为成膜物质的腻子作为底层涂料，施工过程往往散落到铝合金窗上，造成了铝合金窗外表形成有损美观的斑迹。试分析原因，应采取什么措施避免这类现象。

【原因分析】（1）铝合金制品不耐酸碱。

（2）水玻璃呈强碱性。当含碱涂料与铝合金接触时，引起铝合金窗表面发生腐蚀反应，使铝合金表面锈蚀而形成斑迹：

$$Al_2O_3 + 2NaOH \rightarrow 2NaAlO_2 + H_2O$$

$$2Al + 2H_2O + 2NaOH \rightarrow 2NaAlO_2 + 3H_2\uparrow$$

防治措施：①避免使用酸碱性比较大的涂料；②铝合金表面涂塑保护。

2.5 硅酸盐水泥

水泥是一种细磨成粉末状，加入适量水后成为可塑性的浆体，既能在空气中硬化，又能在水中硬化，并能将砂、石等材料牢固地胶结成具有一定强度的整体的水硬性胶凝材料。是建筑工程中最为重要的建筑材料之一，广泛应用于工业民用建筑、道路、桥梁、水利和国防工程。

水泥作为胶凝材料能与其他材料拌合制成普通混凝土、钢筋混凝土、预应力混凝土构件，也可配制砌筑砂浆、装饰抹面砂浆、防水砂浆等。水泥的品种很多，按其矿物组成，可分为硅酸盐系水泥、铝酸盐系水泥及硫铝酸盐系水泥等，其中以硅酸盐系水泥应用最广。按水泥的用途及性能，又可分为通用水泥、专用水泥和特性水泥三类。

（1）通用水泥是指大量用于土木工程的水泥，包括硅酸盐水泥、普通硅酸盐水泥、矿渣硅酸盐水泥、火山灰质硅酸盐水泥、粉煤灰硅酸盐水泥和复合硅酸盐水泥六大水泥。

（2）专用水泥是指有专门用途的水泥，如砌筑水泥、油井水泥、道路水泥、大坝水泥等。

（3）特性水泥是指某种性能比较突出的水泥，多用于有特殊要求的工程，如快硬硅酸盐水泥、膨胀水泥、白色硅酸盐水泥、抗硫酸盐水泥、快凝硅酸盐水泥等。

现行国家标准 GB175-2007 定义：凡由硅酸盐水泥熟料、0～5%的石灰石或粒化高炉矿渣、适量石膏磨细制成的水硬性胶凝材料称为硅酸盐水泥（国外统称为波特兰水泥）。

根据是否掺入混合材料将硅酸盐水泥分两种类型，不掺加混合材料的称为 I 型硅酸盐水泥，代号 P.I；在硅酸盐水泥粉磨时掺加不超过水泥质量 5%石灰石或粒化高炉矿渣混合材料的称为 II 型硅酸盐水泥，代号 P.II。

2.5.1　硅酸盐水泥的原料及生产工艺

1. 生产原料

生产硅酸盐水泥的原料主要有石灰质原料和粘土质原料两类，有时两种原料化学组成不能满足要求，还要加入少量校正原料（如铁矿粉等）进行调整。其中石灰质原料（如石灰石、白垩等）主要提供 CaO；粘土质原料（如粘土、粘土质页岩等）主要提供 SiO_2、Al_2O_3 及少量的 Fe_2O_3。

2. 生产工艺

硅酸盐水泥的生产工艺可概括为三个阶段：

（1）生料制备：以石灰石、粘土为主要原料（有时需加入校正原料），将其按一定比例配合、磨细，制得具有适当化学成分、质量均匀的生料。

（2）熟料煅烧：将生料在水泥窑（回转窑或立窑）中经过 1400℃～1450℃的高温煅烧至部分熔融，冷却后得到以硅酸钙为主要成分的硅酸盐水泥熟料。

（3）水泥粉磨：将熟料加适量石膏和 0～5%的石灰石或粒化高炉矿渣共同磨细制得硅酸盐水泥。

硅酸盐水泥的生产过程可概括为两磨一烧，如图 2-3 所示。

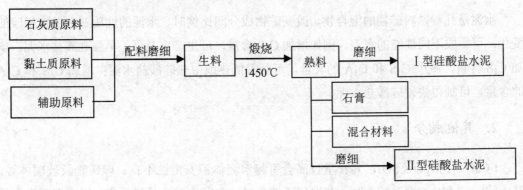

图 2-3　硅酸盐水泥的生产工艺流程图

2.5.2　硅酸盐水泥的矿物组成及特性

1. 主要成分

硅酸盐水泥的矿物组成主要由四种矿物化学组成，如表2-6所示。

表 2-6 硅酸盐水泥熟料的矿物组成

矿物名称	化学成分	缩写符号	含量
硅酸三钙	$3CaO \cdot SiO_2$	C_3S	36%～60%
硅酸二钙	$2CaO \cdot SiO_2$	C_2S	15%～37%
铝酸三钙	$3CaO \cdot Al_2O_3$	C_3A	7%～15%
铁铝酸四钙	$4CaO \cdot Al_2O_3 \cdot Fe_2O_3$	C4AF	10%～18%

在以上的矿物组成中，硅酸三钙和硅酸二钙的总含量大约占75%以上，而铝酸三钙和铁铝酸四钙的总含量仅占25%左右，硅酸盐占绝大部分，故名硅酸盐水泥。

各种矿物单独与水作用时，表现出不同的特性，如表 2-7 所示。

表 2-7 硅酸盐水泥熟料矿物的特性

矿物名称	硅酸三钙	硅酸二钙	铝酸三钙	铁铝酸四钙
与水反应速度	快	慢	最快	快
水化放热量	大	小	最大	中
强度	高	早期低 后期高	低	低
收缩	中	中	大	小
耐腐蚀性	差	好	最差	中

水泥是几种熟料矿物的混合物，改变矿物成分间比例时，水泥的性质随之发生相应的变化，可制成不同性能的水泥。例如增加 C_3S 含量，可生产出高强、早强硅酸盐水泥；增加 C_2S 含量，减少 C_3S 和 C_3A 的含量，可制得低热或中热硅酸盐水泥；增加 C_3S 和 C_3A 的含量，可制得快硬硅酸盐水泥。

2. 其他成分

f-CaO、f-MgO及SO_3，其含量过高会引起水泥体积安定性不良；碱矿物及玻璃体等，其中的Na_2O和K_2O含量较高时，若遇到活性骨料，会发生碱—骨料反应，影响混凝土的质量。所以水泥中f-CaO、f-MgO和碱的含量应加以限制。

3. 石膏

水泥中掺入适量的石膏,主要作用是调节水泥凝结硬化的速度。一般掺量为 2%～5%,过多的石膏会引起强度下降或产生瞬凝,稳定性不好。若不掺入少量石膏,水泥浆会在很短的时间内迅速凝结。掺入少量石膏后,石膏与凝结最快的铝酸三钙反应生成硫铝酸钙沉淀包围水泥,延缓水泥的凝结时间。

2.5.3　硅酸盐水泥的凝结硬化

水泥与适量的水拌合后,最初形成具有可塑性的浆体,随着水化反应的进行,水化产物逐渐增多,水泥浆体逐渐变稠开始失去可塑性,这一过程称为水泥的"凝结"。随后水化反应继续进行,水泥浆体完全失去可塑性,开始产生强度,并逐渐发展成为坚硬的水泥石,这一过程称为水泥的"硬化"。水泥的凝结硬化是一个复杂的物理、化学变化过程,这些变化决定了水泥的一系列技术性能,对水泥的发展应用起着很重要的作用。水泥的水化、凝结、硬化过程如图 2-4 所示。

图 2-4　水泥的水化、凝结与硬化示意图

1. 硅酸盐水泥的水化

水泥和水拌合后,熟料矿物立刻与水发生化学反应,生成水化产物,各组分开始逐渐溶解,并放出一定的热量,硅酸盐水泥主要的水化产物有水化硅酸钙(凝胶体)、水化铁酸钙(凝胶体)、氢氧化钙(晶体)、水化铝酸钙(晶体)、和水化硫铝酸钙(晶体)。其水化反应式如下:

$$2(3CaO \cdot SiO_2) + 6H_2O = 3CaO \cdot 2SiO_2 \cdot 3H_2O + 3Ca(OH)_2 \tag{2-12}$$

$$2(2CaO \cdot SiO_2) + 4H_2O = 3CaO \cdot 2SiO_2 \cdot 3H_2O + Ca(OH)_2 \tag{2-13}$$

$$3CaO \cdot Al_2O_3 + 6H_2O = 3CaO \cdot Al_2O_3 \cdot 6H_2O \tag{2-14}$$

$$4CaO \cdot Al_2O_3 \cdot Fe_2O_3 + 7H_2O = 3CaO \cdot Al_2O_3 \cdot 6H_2O + CaO \cdot Fe_2O_3 \cdot H_2O \tag{2-15}$$

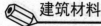

由于铝酸三钙的水化反应极快，使水泥产生瞬时凝结，为了方便施工，在生产硅酸盐水泥时需掺加适量的石膏，达到调节凝结时间的目的。石膏和铝酸三钙的水化产物水化铝酸钙发生反应，生成水化硫铝酸钙晶体（钙矾石），难溶于水，且形成时体积膨胀 1.5 倍。钙矾石在水泥熟料颗粒表面形成一层较致密的保护膜，封闭熟料组分的表面，阻滞水分子及离子的扩散，从而延缓了水泥的水化反应速度。反应式如下：

$$3CaO·Al_2O_3·6H_2O + 3（CaSO_4·2H_2O）+ 19H_2O = 3CaO·Al_2O_3·3CaSO_4·31H_2O \qquad (2-16)$$

在完全水化的水泥石中，水化硅酸钙约占 50%，氢氧化钙约占 25%。通常认为，水化硅酸钙凝胶体对水泥石的强度和其他性质起着决定性的作用。

2. 硅酸盐水泥的凝结与硬化

硅酸盐水泥的凝结硬化过程主要是随着水化反应的进行，水化产物不断增多，水泥浆体结构逐渐致密，大致可分为三个阶段。

（1）溶解期。水泥加水拌和后，水化反应首先从水泥颗粒表面开始，水化生成物迅速溶解于周围水体。新的水泥颗粒表面与水接触，继续水化反应，水化产物继续生成并不断溶解，如此继续，水泥颗粒周围的水体很快达到饱和状态，形成溶胶结构。如图 2-5a）、图 2-5b）所示。

（2）凝结期。溶液饱和后，继续水化的产物逐渐增多并发展成为网状凝胶体（水化硅酸钙、水化铁酸钙胶体中分布有大量的氢氧化钙、水化铝酸钙及水化硫铝酸钙晶体）。随着凝胶体逐渐增多，水泥浆体产生絮凝并开始失去塑性。如图 2-5c）所示。

（3）硬化期。凝胶体的形成与发展，使水泥的水化反应越来越困难。随着水化反应继续缓慢地进行，水化产物不断生成并填充在浆体的毛细孔中，随着毛细孔的减少，浆体逐渐硬化。如图 2-5d）所示。

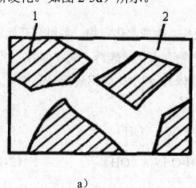

a）

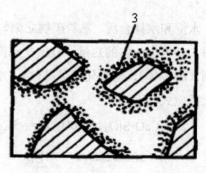

b）

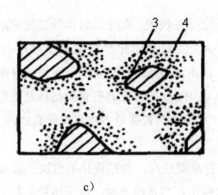
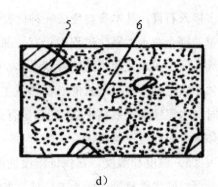

图 2-5 水泥凝结硬化过程示意图

a）水泥颗粒分散在水中；b）颗粒表面形成水化物膜层；
c）膜层长厚并相互连接（凝结）；d）水化继续，水化物填充毛细孔（硬化）
1-水泥颗粒；2-水；3-凝胶；4-晶体；5-未水化水泥颗粒；6-毛细孔

综上所述，水泥的凝结硬化是一个由表及里，由快到慢的过程。较粗颗粒的内部很难完全水化。因此，硬化后的水泥石是由水泥水化产物凝胶体（内含凝胶孔）及结晶体、未完全水化的水泥颗粒、毛细孔（含毛细孔水）等组成的不匀质结构体。水泥石的性质主要取决于这些组成的性质、它们的相对含量及它们之间的相互作用。

3. 影响硅酸盐水泥凝结、硬化的因素

（1）矿物组成。不同的熟料矿物成分单独与水作用时，水化反应的速度、强度发展的规律、水化放热是不同的，因此改变熟料中矿物组成的相对含量，其凝结硬化也会发生明显的变化。比如当水泥中 C_3A 含量高时，水化速度快，但强度不高；而 C_2S 含量高时，水化速度慢，早期强度低，后期强度高。

（2）细度。细度指水泥颗粒的粗细程度。水泥颗粒越细，比表面积越大，水化反应越容易进行，水化加快，从而加速水泥的凝结硬化，提高早期强度。但过细，易与空气中的水分及二氧化碳反应而降低活性，并且硬化时收缩也较大，且成本高。因此，水泥的细度应适当，硅酸盐水泥的比表面积应大于 $300m^2/kg$。

（3）用水量。水泥水化反应理论用水量约占水泥质量的 23%。拌和用水量过少，水化反应不能充分进行；加水太多，难以形成网状构造的凝胶体，延缓甚至不能使水泥浆硬化；拌和用水量过多，水泥浆过稀，加大了水化产物之间的距离，减弱了分子间的作用力，延缓了水泥的凝结硬化。同时多余的水在水泥石中形成较多的毛细孔，降低水泥石的密实度，从而使水泥石的强度和耐久性下降。

（4）石膏掺量。石膏掺入水泥中的目的是为了延缓水泥的凝结、硬化速度，调节水泥的凝结时间。需注意的是石膏的掺入要适量，掺量过少，不足以抑制 C_3A 的水化速度；

过多掺入石膏，其本身会生成一种促凝物质，反而使水泥快凝；如果石膏掺量超过规定的限量，则会在水泥硬化过程中仍有一部分石膏与C_3A及C_4AF的水化产物$3CaO\cdot Al_2O_3\cdot 6H_2O$继续反应生成水化硫铝酸钙针状晶体，体积膨胀，使水泥石强度降低，严重时还会导致水泥体积安定性不良。适宜的石膏掺量主要取决于水泥中C_3A的含量和石膏的品种及质量，同时与水泥细度及熟料中SO_3的含量有关，一般生产水泥时石膏掺量占水泥质量的3%～5%，具体掺量应通过试验确定。

（5）温度和湿度。在保证湿度的前提下，养护温度愈高，凝结硬化就愈块；温度愈低，凝结硬化就愈慢；低于 0℃时，水化反应基本停止，当水结冰时，由于体积膨胀，还会使水泥石结构遭受破坏。

湿度是保证水泥水化的一个必备条件，水泥的凝结硬化实质是水泥的水化过程。在干燥环境中，水化浆体中的水份蒸发，导致水泥不能充分水化，同时硬化也将停止，并会因干缩而产生裂缝。所以水泥的水化反应必须在潮湿的环境中才能进行，潮湿的环境才能保证水泥浆体中的水分不蒸发，水化反应得以维持。

（6）龄期。养护龄期越长，其强度越高。硅酸盐水泥的强度一般在 3 天～7 天内增长最快，28 天以后增长缓慢，但只要保证一定的温湿度，随着时间的推移，强度仍有增长。

（7）储存条件。受潮和储存时间过长的水泥，凝结硬化变慢。由于水泥是一种典型的水硬性胶凝材料，受潮的水泥因部分水化而结块，从而失去胶结能力，硬化后强度严重降低。储存过久的水泥，因过多吸收了空气中的水分和 CO_2 而发生缓慢的水化和碳化现象，影响了水泥的凝结硬化，导致强度下降。

2.5.4 硅酸盐水泥的技术性质

国家标准《通用硅酸盐水泥》（GB175-2007）对硅酸盐水泥的主要技术性质要求如下。

1. 细度

细度是指水泥颗粒的粗细程度。水泥细度的评定可采用筛析法和比表面积法。筛析法是以 80μm 方孔筛上的筛余量百分率表示。筛析法分负压筛析法和水筛法两种，以负压筛析法为准。比表面积法是指单位质量的水泥粉末所具有的总表面积，以 m^2/kg 表示，采用勃氏法测定。水泥颗粒愈细，水化活性愈高，则与水反应的表面积愈大，因而水化反应的速度愈快；水泥石的早期强度愈高，则硬化体的收缩也愈大，所以水泥在贮运过程中易受潮而降低活性。

因此，水泥细度应适当，根据国家标准 GB175-2007 规定，硅酸盐水泥的细度用透气式比表面仪测定，要求其比表面积应大于 $300m^2/kg$，其余四品种水泥在 $80μm$ 方孔筛上筛余量不大于 10%。凡细度不符合规定者为不合格品。

2. 不溶物、烧失量、SO₃、MgO、Cl⁻、碱含量

（1）不溶物：是指水泥经酸和碱处理后，不能被溶解的残余物。主要由水泥原料、混合材料和石膏中的杂质产生。不溶物含量高会影响水泥的活性及粘结质量。P.I 硅酸盐水泥不大于 0.75%；P.Ⅱ 硅酸盐水泥不大于 1.50%。

（2）烧失量：是指水泥在（950±25）℃下灼烧后的质量损失率。水泥熟料煅烧不理想、受潮、所掺活性混合材料中的杂质太多等因素是导致烧失量大的原因。烧失量大，使水泥标准稠度用水量增加、与外加剂相容性变差、强度降低、凝结时间延长。P.I 硅酸盐水泥不大于 3.0%；P.Ⅱ 硅酸盐水泥不大于 3.5%；普通硅酸盐水泥不大于 5.0%。

（3）SO₃ 含量：三氧化硫主要是在水泥的生产过程中因掺入过量石膏带入的。过量的 SO₃ 会与水化铝酸钙发生水化反应，生成较多的硫铝酸钙晶体，产生较大的体积膨胀，也会引起水泥体积安定性不良，导致结构物破坏。硅酸盐水泥、普通水泥、粉煤灰水泥、火山灰水泥和复合水泥 SO₃ 含量不大于 3.5%；矿渣水泥 SO₃ 含量不大于 4.0%。

（4）MgO 含量：是指熟料中的游离氧化镁。因 MgO 水化缓慢，且水化生成的 Mg（OH）₂ 体积膨胀可达 1.5 倍，过量会引起水泥体积安定性不良，导致结构物破坏。硅酸盐水泥和普通水泥不大于 5.0%，如果水泥压蒸试验合格，则放宽至 6.0%。其它通用硅酸盐水泥不大于 6.0%，若水泥中 MgO 含量大于 6.0% 时，需进行水泥压蒸安定性试验并合格。

（5）Cl⁻ 含量：水泥中的氯离子含量较高时，容易使钢筋混凝土结构中的钢筋产生锈蚀，降低结构的耐久性。通用硅酸盐水泥不大于 0.06%。

（6）碱含量：是指水泥中 Na₂O 与 K₂O 的总量，碱含量的大小用 Na₂O ＋ 0.658K₂O 的计算值来表示。在潮湿环境中，当使用具有一定活性的骨料时，若水泥中的碱含量过高，容易产生碱-骨料反应，导致结构损坏，降低结构的耐久性。用户要求提供低碱水泥时，水泥中的碱含量不大于 0.60% 或由供需双方商定。

凡水泥中的不溶物、SO₃、MgO、Cl⁻ 含量及烧失量中的任一项不符合国家标准要求时，即为不合格品。SO₃、MgO 含量不合格的水泥应报废处理；不溶物、Cl⁻ 含量和烧失量不合格的水泥可用于不重要的素混凝土垫层。

3. 标准稠度用水量

由于水泥的许多性质都与水泥浆的稠度有关，如凝结时间、体积安定性的测定等，且不同品种、不同批次的水泥，其标准稠度用水量均有差异。为使测试结果具有可比性，测定水泥的凝结时间、体积安定性等性能时，均应采用国标规定的标准稠度的水泥净浆。水泥净浆达到标准稠度所需的用水量称为标准稠度用水量，以水占水泥质量的百分数表示。对于不同的水泥品种，水泥的标准稠度用水量各不相同，一般在24%～33%之间。水泥的

标准稠度用水量主要取决于熟料矿物组成、混合材料的种类及水泥细度。

$$水泥的标准稠度用水量 = \frac{用水量}{水泥用量} \times 100\% \qquad (2\text{-}17)$$

4. 凝结时间

凝结时间分初凝和终凝。初凝为水泥加水拌和开始至水泥标准稠度的净浆开始失去可塑性所需的时间；终凝为水泥加水拌和开始至标准稠度的净浆完全失去可塑性所需的时间。根据国家标准 GB175-2007 规定，硅酸盐水泥初凝时间不得早于 45 分钟，终凝时间不得迟于 6.5 小时；普通硅酸盐水泥、矿渣硅酸盐水泥、火山灰质硅酸盐水泥、粉煤灰硅酸盐水泥和复合硅酸盐水泥初凝不得早于 45 分钟，终凝不得迟于 10 小时。

凝结时间的规定对工程有着重要的意义，为使混凝土、砂浆有足够的时间进行搅拌、运输、浇筑、砌筑，顺利完成混凝土和砂浆的制备，并确保制备的质量，水泥的初凝不宜过早，以便在施工时有足够的时间完成混凝土或砂浆的搅拌、运输、浇捣和砌筑等操作；当浇筑完毕，为了使混凝土尽快凝结、硬化，产生强度，顺利地进入下一道工序，水泥的终凝不宜过迟，以免拖延施工工期。标准中规定，凡初凝时间不符合规定者为废品；终凝时间不符合规定者为不合格品。

【案例分析】某立窑水泥厂生产的普通水泥游离氧化钙含量较高，加水拌和后初凝时间仅40分钟，本属于废品。但后来放置1个月，凝结时间又恢复正常，而强度下降。请分析出现这种现象的原因。

【原因分析】（1）该立窑水泥厂的普通硅酸盐水泥游离氧化钙含量较高，该氧化钙相当部分的煅烧温度较低。加水拌和后，水与氧化钙迅速反应生成氢氧化钙，并放出水化热，使浆体的温度升高，加速了其他熟料矿物的水化速度，从而产生了较多的水化产物，形成了凝聚结晶网结构，凝结时间较短。

（2）水泥放置一段时间后，吸收了空气中的水汽，大部分氧化钙生成氢氧化钙，或进一步与空气中的二氧化碳反应，生成碳酸钙。故此时加入拌和水后，不会再出现原来的水泥浆体温度升高、水化速度过快、凝结时间过短的现象。但其他水泥熟料矿物也会和空气中的水汽反应，部分产生结团、结块，使强度下降。

5. 体积安全性

水泥体积安定性是指水泥在凝结硬化过程中体积变化的均匀程度。安定性不良的水泥，在浆体硬化过程中或硬化后产生不均匀的体积膨胀，会在建筑物内部产生破坏应力，导致建筑物的强度降低。若破坏应力发展到超过建筑物的强度，则会引起建筑物开裂、崩塌等严重质量事故。引起水泥体积安定性不良的原因主要有以下两个：

（1）水泥中含有过多的游离 CaO 和 MgO。熟料中所含游离 CaO 或 MgO 都是过烧的，结构致密，水化很慢。加之被熟料中其它成分所包裹，使得其在水泥已经硬化后才进行熟化，生成六方板状的 Ca（OH）$_2$ 晶体，这时体积膨胀 97% 以上，从而导致不均匀体积膨胀，使水泥石开裂。

（2）石膏掺量过多。当石膏掺量过多时，在水泥硬化后，残余石膏与水化铝酸钙继续反应生成钙矾石，体积增大约 1.5 倍，从而导致水泥石开裂。

因此，国家标准规定，水泥熟料中游离氧化镁含量不得超过 5.0%，三氧化硫含量不得超过 3.5%，用沸煮法检验必须合格。体积安定性不合格的水泥不能用于工程中。

【案例分析】某机场道肩混凝土于 1995 年 7-11 月施工，当年 10 月就发现网状裂缝，次年 6 月表面层开始剥落。该混凝土使用某立窑水泥厂生产的普通硅酸盐水泥。该厂当时生产的熟料呈暗红色，还有一些白色物质。钻取破坏与未破坏的混凝土各加工成试件，未被破坏混凝土强度可满足设计要求，密实，颜色为正常的青灰色。而已破坏的混凝土强度大大下降，低于设计值，劈开可见砂浆层与集料之间粘结疏松。经 X 射线衍射分析可知，已破坏混凝土试样有大量 Ca（OH）$_2$ 和大量 CaCO$_3$。请分析某机场道肩混凝土破坏的原因。

【原因分析】经有关单位研究认为，该混凝土破坏主要是由于水泥质量不稳定所致，水泥中有一定数量的游离氧化钙存在，以及大量生成的钙矾石造成混凝土膨胀开裂。且由于水泥质量不稳定，给混凝土施工造成不便。水泥凝结时间或长或短，使混凝土施工质量得不到保证。

6. 强度与强度等级

强度是水泥力学性质的一项重要指标，是确定水泥强度等级的依据。水泥的强度越高，其胶结能力也越大。硅酸盐水泥的强度主要取决于熟料的矿物组成和水泥的细度，此外还与水灰比、试验方法、试验条件、养护龄期等因素有关。

根据《水泥胶砂强度检验方法》（GB/T17671-1999）（ISO 法）规定，将水泥、标准砂和水按规定比例（水泥：标准砂：水＝1：3.0：0.5）用规定方法制成的规格为 40mm×40mm×160mm 的标准试件，在温度为（20±1）℃，相对湿度≥90%或在（20±1）℃的静水中进行养护，分别测其 3 天、28 天的抗折强度和抗压强度，然后根据 3d 和 28d 的抗折强度与抗压强度来评定水泥的强度等级，可将硅酸盐水泥分为 42.5、42.5R、52.5、52.5R、62.5、62.5R 六个强度等级。为提高水泥的早期强度，现行标准将水泥分为普通型和早强型（用 R 表示）。为提高水泥早期强度，我国现行标准将水泥分为普通型和早强型（或称 R 型)两个型号。早强型水泥 3 天的抗压强度较同强度等级的普通型强度提高 10%～24%；早强型水泥的 3 天抗压强度可达 28 天抗压强度的 50%。

各强度等级水泥在各龄期的强度值不得低于现行国家标准 GB175-2007 的规定值，如表 2-8 所示。

表 2-8　通用硅酸盐水泥的强度指标（GB175-2007）

品种	强度等级	抗压强度/MPa		抗折强度/MPa	
		3d	28d	3d	28d
硅酸盐水泥	42.5	17.0	≥42.5	3.5	6.5
	42.5R	22.0		4.0	6.5
	52.5	23.0	≥52.5	4.0	7.0
	52.5R	27.0		5.0	7.0
	62.5	28.0	≥62.5	5.0	8.0
	62.5R	32.0		5.5	8.0
普通水泥	42.5	16.0	≥42.5	3.5	6.5
	42.5R	21.0		4.0	6.5
	52.5	22.0	≥52.5	4.0	7.0
	52.5R	26.0		5.0	7.0
矿渣水泥	32.5	10	≥32.5	2.5	5.5
	32.5R	15		3.5	5.5
火山灰水泥 粉煤灰水泥 复合水泥	42.5	15	≥42.5	3.5	6.5
	42.5R	19		4.0	6.5
	52.5	21	≥52.5	4.0	7.0
	52.5R	23		4.5	7.0

注：R 表示早强型

7. 水化热

水化热是指水泥和水之间发生化学反应放出的热量，通常以焦耳/千克（J/kg）表示。水化热的大小主要与水泥的细度及矿物组成有关。颗粒愈细，水化热愈大；矿物中 C_3A、C_3S 含量愈多，水化放热愈高。大部分的水化热集中在早期放出，3天～7天以后逐步减少。

水化热在混凝土工程中，既有有利的影响，也有不利的影响。高水化热的水泥在大体积混凝土工程中是非常不利的（如大坝、大型基础、桥墩等）。这是由于水泥水化释放的热量积聚在混凝土内部散发非常缓慢，混凝土内部温度升高，而温度升高又加速了水泥的水化，使混凝土表面与内部形成过大的温差而产生温差应力，致使混凝土受拉而开裂破坏。因此在大体积混凝土工程中，应选择低热水泥。但在混凝土冬季施工时，水化热却有利于水泥的凝结、硬化和防止混凝土受冻。

【案例分析】重庆市某水利工程在冬季拦河大坝大体积混凝土浇筑完毕后，施工单位根据外界气候变化情况立即做好了混凝土的保温保湿养护，但事后在混凝土表面仍然出现了早期开裂现象。请分析水化热对大体积混凝土早期开裂的原因。

【原因分析】大体积混凝土早期温度开裂主要受水泥早期水化放热、外界气候变化、施工及养护条件等因素决定，其中水泥早期水化放热对大体积混凝土早期温度开裂影响最突出。由于混凝土是热的不良导体，水泥水化（水泥和水之间发生的化学反应）过程中释放出来的热量短时间内不容易散发，特别是在冬季施工的大体积混凝土，混凝土外温度很低，当水泥水化产生大量水化热时，混凝土内外产生很大温差，导致混凝土内部存在温度梯度，从而加剧了表层混凝土内部所受的拉应力作用，导致混凝土出现早期开裂的现象。

2.5.5　硅酸盐水泥石的腐蚀与防止

硅酸盐水泥硬化后，在正常使用条件下，水泥石的强度会不断增长，具有较好的耐久性。但水泥石长期处在侵蚀性介质中（如流动的淡水、酸性或盐类溶液、强碱等），会逐渐受到侵蚀变得疏松，强度下降，甚至破坏，这种现象称为水泥石的腐蚀。

引起水泥石腐蚀的根本原因：一是水泥石中存在易被腐蚀的化学物质，如氢氧化钙和水化铝酸钙；其次是水泥石本身不密实，有很多毛细孔通道，腐蚀性介质易于通过毛细孔深入到水泥石内部，加速腐蚀的进程；三是外界因素的影响，如环境中有无侵蚀性介质存在及介质的浓度等。水泥石的腐蚀主要有以下四种类型。

1. 溶出性侵蚀（软水侵蚀）

水泥石长期接触软水时，会使水泥石中的氢氧化钙不断被溶出，当水泥石中游离的氢氧化钙减少到一定程度时，水泥石中的其它含钙矿物也可能分解和溶出，从而导致水泥石结构的强度降低，甚至破坏。当水泥石处于软水环境时，特别是处于流动的软水环境中时，水泥被软水侵蚀的速度更快。

2. 酸类侵蚀

（1）碳酸侵蚀。雨水及地下水中常溶有较多的二氧化碳，形成了碳酸。碳酸水先与水泥石中的氢氧化钙反应，中和后使水泥石碳化，形成了碳酸钙，碳酸钙再与碳酸反应生成可溶性的碳酸氢钙，并随水流失，从而破坏了水泥石的结构。其腐蚀反应如下：

$$Ca（OH）_2+CO_2+H_2O=CaCO_3+2H_2O \tag{2-18}$$

$$CaCO_3+CO_2+H_2O=Ca（HCO_3）_2 \tag{2-19}$$

（2）一般酸性侵蚀。工程结构处于各种酸性介质中时，酸性介质易与水泥石中的氢氧化钙反应，其反应产物可能溶于水中而流失，或发生体积膨胀造成结构物的局部被胀裂，破坏了水泥石的结构。其化学反应如下

$$2HCl+Ca（OH）_2=CaCl_2+2H_2O \tag{2-20}$$

$$H_2SO_4+Ca（OH）_2=CaSO_4·2H_2O \tag{2-21}$$

3. 盐类侵蚀

在一些海水、沼泽水、地下水以及工业污水中，常含有硫酸盐和氯盐等酸性盐类物质。它们也能与水泥石中的氢氧化钙发生中和反应，生成硫酸钙、氯化钙等物质。而硫酸钙还能进一步再与水化铝酸钙作用，生成具有针状晶体的高硫型水化硫铝酸钙，体积膨胀可达1.5倍，致使水泥石产生开裂甚至毁坏；氯化钙易溶于水，且对钢筋有腐蚀作用。

4. 强碱腐蚀

碱类溶液如浓度不大时一般无害。但铝酸盐含量较高的硅酸盐水泥遇到强碱（如氢氧化钠）作用后会被腐蚀破坏。氢氧化钠与水泥熟料中未水化的铝酸盐作用，生成易溶的铝酸钠，出现溶出性侵蚀。

$$3CaO·Al_2O_3+6NaOH \rightarrow 3Na_2O·Al_2O_3+3Ca（OH）_2 \tag{2-22}$$

当水泥石被氢氧化钠浸透后又在空气中干燥，与空气中的二氧化碳作用生成碳酸钠，碳酸钠在水泥石毛细孔中结晶沉积，会使水泥石胀裂。

$$2NaOH+CO_2=Na_2CO_3+H_2O \tag{2-23}$$

根据水泥石侵蚀的原因及侵蚀的类型，工程中可采用下列措施，减少或防止水泥石的腐蚀：

（1）根据侵蚀环境特点，合理选用水泥品种及熟料矿物组成。如处于软水环境的工程，常选用掺混合材料的矿渣水泥、火山灰水泥或粉煤灰水泥，因为这些水泥的水泥石中氢氧化钙含量低，对软水侵蚀的抵抗能力强。

（2）提高水泥石的密实度，改善孔结构。通过减小水灰比，掺加外加剂，采用机械搅拌和机械振捣，可以提高水泥石的密实度。

（3）加做保护层。当腐蚀作用较强时，可用耐腐蚀性好的涂料等材料，在混凝土及砂浆表面做不透水的保护层，防止腐蚀性介质与水泥石接触。例如，可在水泥石表面涂抹

耐腐蚀的涂料，如：水玻璃、沥青、环氧树脂等；或在水泥石的表面铺建筑陶瓷、致密的天然石材等。

2.5.6　硅酸盐水泥的特性

通常，硅酸盐水泥有以下几个特性：

（1）凝结硬化快。早期及后期强度均高。适用于有早强要求的工程（如冬季施工、预制、现浇等工程），高强度混凝土工程（如预应力钢筋混凝土，大坝溢流面部位混凝土）。

（2）抗冻性好。适用于抗冻性要求高的工程。

（3）水化热高。不宜用于大体积混凝土工程。但有利于低温季节蓄热法施工。

（4）耐腐蚀性差。因水化后氢氧化钙和水化铝酸钙的含量较多。不宜用于流动的淡水接触及有水压作用的工程，也不适用于受海水、矿物水等作用的工程。

（5）抗碳化性好。因水化后氢氧化钙含量较多，故水泥石的碱度不易降低，对钢筋的保护作用较强。适用于空气中二氧化碳浓度高的环境。

（6）耐热性差。因水化后氢氧化钙含量高。不适用于承受高温作用的混凝土工程。

（7）耐磨性好。适用于高速公路、道路和地面工程。

2.5.7　硅酸盐水泥的储存与运输

硅酸盐水泥在储存和运输过程中，应按不同品种、不同强度等级及出厂日期分别储运，不得混杂，要注意防潮、防水。

水泥的有效储存期是 3 个月。一般水泥在储存 3 个月后，强度降低约 10%～20%，6 个月后降低 15%～30%，存放超过 6 个月的水泥必须经过检验后才能使用。

2.6　掺混合材料的硅酸盐水泥

为改善硅酸盐水泥的某些性能，同时达到增加产量和降低成本的目的，在硅酸盐水泥熟料中，掺入一定数量的混合材料和适量石膏共同磨细的水硬性胶凝材料，称为掺混合材料的硅酸盐水泥。可分为普通硅酸盐水泥、矿渣硅酸盐水泥、火山灰质硅酸盐水泥、粉煤灰硅酸盐水泥及复合硅酸盐水泥。

2.6.1　混合材料

在水泥生产过程中，为改善水泥性能，调节水泥强度等级，而加到水泥中的矿物质材料称为混合材料（简称混合材）。根据所加矿物质材料的性质，可划分为活性混合材料和非活性混合材料。

1. 活性混合材料

加水拌和本身并不硬化，但与石灰、石膏或硅酸岩水泥一起，加水拌和后能发生化学反应，生成有一定胶凝性的物质，且具有水硬性，这种混合材料称为活性混合材料，其主要成分为SiO_2、Al_2O_3等。通常将氢氧化钙、石膏称为活性混合材料的"激发剂"，分别称为碱性激发剂和硫酸盐激发剂，但硫酸盐激发剂必须在有碱性激发剂条件下才能发挥作用。

水泥中常用的活性混合材料有：粒化高炉矿渣、火山灰质混合材料及粉煤灰。

（1）粒化高炉矿渣。粒化高炉矿渣是炼铁高炉的熔融矿渣经急速冷却而成的松软颗粒，其粒径一般为 0.5mm～5mm。矿渣经水淬的原因，就是要使之形成无定形的玻璃体，具有热力学不稳定性，因此具有活性。

（2）火山灰混合材料。凡是天然或人工的以氧化硅、氧化铝为主要成分，具有火山灰性的矿物材料，称为火山灰质混合材料。按其成因分为天然的和人工的两类。天然火山灰主要是火山喷发时随同熔岩一起喷发的大量碎屑沉积在地面或水中的松软物质，包括浮石、火山灰、凝灰岩等。人工火山灰是将一些天然材料或工业废料经加工处理而成，如硅藻土、沸石、烧粘土、煤矸石、煤渣等。

（3）粉煤灰。是以煤粉为燃料的火力发电厂从其锅炉烟气中收集下来的粉末，又称飞灰。粉煤灰中含有较多的活性 SiO_2、Al_2O_3，具有较高的活性。按煤种分为 F 类和 C 类，可以袋装和散装，袋装每袋净含量为 25 kg 或 40 kg，包装袋上应标明产品名称（F 类或 C 类）、等级、分选或磨细、净含量、批号、执行标准等。

2. 非活性混合材料

在水泥中主要起填充作用而不参与水泥水化反应或水化反应很微弱的矿物材料，称为非活性混合材料。将它们掺入水泥中的目的，主要是为了提高水泥产量，调节水泥强度等级。实际上非活性混合材料在水泥中仅起填充和分散作用，所以又称为填充性混合材料、惰性混合材料。磨细的石英砂、石灰石、粘土、慢冷矿渣及各种废渣等都属于非活性材料。另外，凡不符合技术要求的粒化高炉矿渣、火山灰质混合材料及粉煤灰均可作为非活性混合材料使用。

2.6.2 掺混合材料的硅酸盐水泥

1. 普通硅酸盐水泥

凡由硅酸盐水泥熟料、6%～15%混合材料、适量石膏磨细制成的水硬性胶凝材料，称为普通硅酸盐水泥（简称普通水泥），代号 P·O。

掺活性混合材料掺加量为>5%且≤20%时，其中允许用不超过水泥质量 8%且符合本标准第 5.2.4 条的非活性混合材或不超过水泥质量 5%且符合本标准第 5.2.5 条的窑灰代替。

（1）硅酸盐水泥的技术要求。GB175-2007对普通水泥的技术要求如下：

①细度。80μm方孔筛筛余百分数不得超过10%。

②凝结时间。初凝不得早于45分钟，终凝不得迟于10小时。

③强度和强度等级。根据国家标准GB175—2007规定，普通水泥分42.5、42.5R、52.5、52.5R四个强度等级，各龄期的强度值不得低于现行国家标准GB175－2007的规定值，如表2-7所示。

④普通水泥的体积安定性、氧化镁含量、二氧化碳含量等其他技术要求与硅酸盐水泥相同。

（2）硅酸盐水泥的特性。普通水泥中绝大部分仍为硅酸盐水泥熟料、适量石膏及较少的混合材料（与以上所介绍的三种水泥相比），故其性质介于硅酸盐水泥与以上三种水泥之间，更接近与硅酸盐水泥。具体表现为：①早期强度略低。②水化热略低。③耐腐蚀性略有提高。④耐热性稍好。⑤抗冻性、耐磨性、抗碳化性略有降低。

在应用范围方面，与硅酸盐水泥基本相同，甚至在一些不能用硅酸盐水泥的地方也可采用普通水泥，该水泥被广泛用于各种混凝土或钢筋混凝土工程，是我国主要的水泥品种之一。

2. 矿渣硅酸盐水泥、火山灰质硅酸盐水泥及粉煤灰硅酸盐水泥

矿渣硅酸盐水泥：简称矿渣水泥，由硅酸盐水泥熟料和粒化高炉矿渣、适量石膏磨细制成的水硬性胶凝材料，代号 P·S。水泥中粒化高炉矿渣掺加量按质量百分比计为>20%且≤70%，并分为 A 型和 B 型。A 型矿渣掺量>20%且≤50%，代号 P·S·A；B 型矿渣掺量>50%且≤70%，代号 P·S·B。

火山灰质硅酸盐水泥：简称火山灰水泥，凡由硅酸盐水泥熟料和火山灰质混合材料、适量石膏磨细制成的水硬性胶凝材料，代号 P·P。水泥中火山灰质混合材料掺加量按质量百分比计为>20%且≤40%。

粉煤灰硅酸盐水泥：简称粉煤灰水泥，凡由硅酸盐水泥熟料和粉煤灰、适量石膏磨细制成的水硬性胶凝材料，代号 P·F。水泥中粉煤灰掺加量按质量百分比计为 20%～40%。

（1）三种水泥的技术要求。

①细度、凝结时间、体积安定性。GB175-2007中规定，这三种水泥的细度、凝结时间、体积安定性同普通水泥要求。

②氧化镁、三氧化硫含量。熟料中氧化镁的含量不宜超过5%，如果水泥经压蒸安定

性试验合格，则熟料中氧化镁的含量允许放宽到6%。矿渣水泥中SO_3的含量不得超过4.0%；火山灰水泥和粉煤灰水泥中SO_3的含量不得超过3.5%。

③强度等级。这三种水泥的强度等级按3天、28天的抗压强度和抗折强度来划分，各强度等级水泥的各龄期强度不得低于表2.7数值。

（2）三种水泥的性质与应用。矿渣水泥、火山灰水泥及粉煤灰水泥都是在硅酸盐水泥熟料的基础上加入大量活性混合材料再加适量石膏磨细而制成，所加活性混合材料在化学组成与化学活性上基本相同，因而存在有很多共性，但三种活性混合材料自身又有性质与特征的差异，又使得这三种水泥有各自的特性。

三种水泥的共性如下：

①凝结硬化慢，早期强度低，后期强度发展较快。这三种水泥的水化反应分两步进行。首先是熟料矿物的水化，生成水化硅酸钙、氢氧化钙等水化产物；其次是生成的氢氧化钙和掺入的石膏分别作为"激发剂"与活性混合材料中的活性SiO_2和活性Al_2O_3发生二次水化反应，生成水化硅酸钙、水化铝酸钙等新的水化产物。

由于三种水泥中熟料含量少，二次水化反应又比较慢，因此早期强度低，但后期由于二次水化反应的不断进行及熟料的继续水化，水化产物不断增多，使得水泥强度发展较快，后期强度可赶上甚至超过同强度等级的普通硅酸盐水泥。

②抗软水、抗腐蚀能力强。由于水泥中熟料少，因而水化生成的氢氧化钙及水化铝酸三钙含量少，加之二次水化反应还要消耗一部分氢氧化钙，因此水泥中造成腐蚀的因素大大削弱，使得水泥抵抗软水、海水及硫酸盐腐蚀的能力增强，适宜用于水工、海港工程及受侵蚀性作用的工程。

③水化热低。由于水泥中熟料少，即水化放热量高的C_3A、C_3S含量相对减小，且"二次水化反应"的速度慢、水化热较低，使水化放热量少且慢，因此适用于大体积混凝土工程。

④湿热敏感性强，适宜高温养护。这三种水泥在低温下水化明显减慢，强度较低，采用高温养护可加速熟料的水化，并大大加快活性混合材料的水化速度，大幅度地提高早期强度，且不影响后期强度的发展。与此相比，普通水泥、硅酸盐水泥在高温下养护，虽然早期强度可提高，但后期强度发展受到影响，比一直在常温下养护的强度低。主要原因是硅酸盐水泥、普通水泥的熟料含量高，熟料在高温下水化速度较快，短时间内生成大量的水化产物，这些水化产物对未水化的水泥颗粒的后期水化起阻碍作用，因此硅酸盐水泥、普通水泥不适合于高温养护。

⑤抗碳化能力差。由于这三种水泥的水化产物中氢氧化钙含量少，碱度较低，抗碳化的缓冲能力差，其中尤以矿渣水泥最为明显。

⑥抗冻性差、耐磨性差。由于加入较多的混合材料，使水泥的需水量增加，水分蒸发

后易形成毛细管通路或粗大孔隙，水泥石的孔隙率较大，导致抗冻性差和耐磨性差。

三种水泥的特性如下：

①矿渣水泥耐热性较好，适用于高温车间、高炉基础及热气体通道等耐热工程；保水性差，易产生泌水，抗渗性差，干缩性大，不宜用于有抗渗要求的混凝土工程中。

②火山灰水泥保水性好，具有较高的抗渗性和耐水性，可用于有抗渗要求的混凝土工程。

③粉煤灰水泥干缩性小，抗裂性好，抗碳化能力差，早强低、水化热低。粉煤灰由于内比表面积小，不易水化，所以活性主要在后期发挥。因此，粉煤灰水泥早期强度、水化热比矿渣水泥和火山灰水泥还要低，因此特别适用于大体积混凝土工程。

【案例分析】与普通水泥相比较，矿渣水泥、火山灰水泥、粉煤灰水泥在性能上有哪些不同，并分析这四种水泥的适用和禁用范围。

【原因分析】矿渣水泥保水性差、泌水性大。在施工中由于泌水而形成毛细管通道及水囊，水分的蒸发又易引起干缩，影响混凝土的抗渗性、抗冻性及耐磨性。适用于高温和耐软水、海水、硫酸盐腐蚀的环境中；火山灰质水泥特点是易吸水，易反应。在潮湿条件下养护可以形成较多的水化产物，水泥石结构比较致密，从而具有较高的抗渗性和耐久性。如在干燥环境中，所吸收的水分会蒸发，体积收缩，产生裂缝，因而不宜用于长期处于干燥环境和水位变化区的混凝土工程中，但适宜于大体积和抗渗要求的混凝土及耐海水、硫酸盐腐蚀的混凝土；粉煤灰水泥需水量比较低，干缩性较小，抗裂性较好。尤其适用于大体积水工混凝土及地下和海港工程中，但不适宜抗碳化要求的混凝土中。

【案例分析】某住宅工程工期较短，现有强度等级同为42.5硅酸盐水泥和矿渣水泥可选用。从有利于完成工期的角度来看，选用哪种水泥更为有利。

【原因分析】相同强度等级的硅酸盐水泥与矿渣水泥其 28 天强度指标是相同的，但 3 天的强度指标是不同的。矿渣水泥的 3 天抗压强度、抗折强度低于同强度等级的硅酸盐水泥，硅酸盐水泥早期强度高，若其它性能均可满足需要，从缩短工程工期来看选用硅酸盐水泥更为有利。

3. 复合硅酸盐水泥

根据国家标准GB175-2007规定，凡是由硅酸盐水泥熟料和两种或两种以上规定的混合材料、适量石膏，经磨细制成的水硬性胶凝材料，称复合硅酸盐水泥简称复合水泥，代号为P·C。水泥中混合材料总掺量，按质量百分比计应>20%且≤50%，允许不超过8%的窑灰代替部分混合材料。掺矿渣时，混合材料掺量不得与矿渣水泥重复。复合水泥熟料中氧化镁的含量不得超过5.0%，如蒸压安定性合格，则含量允许放宽到6.0%。水泥中三氧化硫含量不得超过3.5%。水泥细度以80μm方孔筛筛余量不得超过10%。初凝时间不得早于45分钟，终凝时间不得迟于10小时。安定性用沸煮法检验必须合格。复合水泥的强度等级及各龄期强度强度不得低于表2-8数值。

2.6.3 通用硅酸盐水泥的特性及应用

通用硅酸盐水泥是土建工程中用途最广、用量最大的水泥品种，其性能特点及应用如表2-9所示。

表 2-9　通用硅酸盐水泥的特性及应用

	硅酸盐水泥	普通水泥	矿渣水泥	火山灰水泥	粉煤灰水泥	复合水泥
主要性能	快硬早强 水化热较高 抗冻性较好 耐磨性好 抗碳化性好 干缩性较小 耐热性较差 耐腐蚀性较差	与硅酸水泥基本相同	凝结硬化较慢、早期强度低但后期强度增长较快、水化热较低、耐硫酸盐侵蚀和耐水性较好、抗冻性差、耐磨性差、抗碳化性差			
			耐热性较好 泌水性大 抗渗性差 干缩性较大	保水性好 抗渗性较好 干缩性较大 干燥环境表面易起灰	需水量较少 干缩性小 抗裂性好 抗渗性较差	与渗入混合材料种类及比例有关，与矿渣水泥、火山灰水泥、粉煤灰水泥相近
适用工程	早强混凝土 高强混凝土 预应力混凝土 抗冻混凝土 耐磨混凝土	与硅酸盐水泥基本相同。适用于一般混凝土及预应力混凝土工程	大体积混凝土工程、蒸汽养护混凝土构件、抗硫酸盐侵蚀的混凝土工程和一般钢筋混凝土工程			
			高温车间和有耐热、耐火要求的混凝土工程砂浆	有抗渗要求的混凝土工程及砂浆	有抗裂要求的混凝土工程及砂浆	根据所掺混合材料的种类，参照掺相应混合材料的水泥使用
不适应工程	大体积混凝土；受化学及海水侵蚀的混凝土；耐热要求较高的混凝土；有流动水及压力水作用的混凝土	与硅酸盐水泥相同	早期强度要求较高的混凝土、有抗碳化要求的混凝土、有抗冻要求的混凝土			
			有抗渗要求的混凝土	干燥环境的混凝土 有耐磨要求的混凝土		根据所掺混合材料的种类，参照掺相应混合材料的水泥使用

2.7 其他水泥

2.7.1 道路硅酸盐水泥

随着我国高等级道路的迅速发展，水泥混凝土路面已成为主要路面类型之一。道路硅酸盐水泥是专供公路、城市道路和机场道面用的一种水泥。

以适当成分生料烧至部分熔融，得到以硅酸钙为主要成分和较多量的铁铝酸四钙的硅酸盐水泥熟料，加0～10％活性混合材料和适量石膏磨细制成的水硬性胶凝材料，称为道路硅酸盐水泥（简称道路水泥）。道路硅酸盐水泥强度高，特别是抗折强度高，耐磨性好，干缩小，抗冲击性好，抗冻性好，抗硫酸盐腐蚀性能好。该水泥适用于道路路面、机场跑道道面、城市广场等工程。

2.7.2 快硬硅酸盐水泥

由硅酸盐水泥熟料和适量石膏磨细制成，以 3 天抗压强度表示强度等级的水硬性胶凝材料称为快硬硅酸盐水泥，简称快硬水泥。快硬水泥的强度等级按 3 天的抗压强度划分为 32.5、37.5、42.5 三个强度等级。

快硬硅酸盐水泥凝结硬化快，凝结硬化快，但干缩性较大，早期强度高，后期强度也高，抗冻性及抗渗性强，水化放大，耐腐蚀性差。主要用于紧急抢修工程、军事工程、冬季施工和混凝土预制构件。但不能用于大体积混凝土工程及经常与腐蚀介质接触的混凝土工程。不适用于大体积混凝土工程及与腐蚀介质接触的混凝土工程。此外，由于快硬水泥细度大，易受潮变质，故在运输和储存中应注意防潮，一般储期不宜超过一个月，已风化的水泥必须对其性能重新检验，合格后方可使用。

2.7.3 中热硅酸盐水泥、低热矿渣硅酸盐水泥

拦河大坝等大体积混凝土工程、水化热要求较低的混凝土工程上使用的水泥品种一般有中、低热水泥等。

（1）中热硅酸盐水泥是以适当成分的硅酸盐水泥熟料，加入适量石膏，磨细制成的具有中等水化热的水硬性胶凝材料，简称中热水泥。

（2）低热矿渣硅酸盐水泥是以适当成分的硅酸盐水泥熟料，加入矿渣、适量石膏，磨细制成的具有低水化热的水硬性胶凝材料，简称低热矿渣水泥。

中热水泥与硅酸盐水泥的性能相似，只是水化热较低，抗溶出性侵蚀及抗硫酸盐侵蚀的能力稍强，适用于大坝溢流面层或水位变化区的面层等要求水化热较低、抗冻性及抗冲

磨性较高的部位。低热矿渣水泥与矿渣硅酸盐水泥的性能相似，只是水化热更低，抗冻性及抗冲磨性较差，适用于大坝或其他大体积混凝土建筑物的内部及水下等要求水化热较低的部位。

2.7.4 抗硫酸盐硅酸盐水泥

由特定矿物组成的硅酸盐水泥熟料，加入适量石膏，磨细制成的具有抵抗一定浓度硫酸根离子侵蚀的水硬性胶凝材料，称为抗硫酸盐硅酸盐水泥，简称抗硫酸盐水泥。该水泥分为中抗硫酸盐硅酸盐水泥（P·MSR）和高抗硫酸盐硅酸盐水泥（P·HSR）两种。

抗硫酸盐水泥主要特点是抗硫酸盐侵蚀的能力很强，也具有较强的抗冻性和较低的水化热。适用于同时受硫酸盐侵蚀、冻融和干湿交替作用的海港工程、水利工程及地下工程。

2.7.5 高铝水泥

高铝水泥是以矾土及石灰石为原料，经高温煅烧，得到以铝酸钙为主、氧化铝含量约占50%的熟料，磨细制成的水硬性胶凝材料，旧称铝酸盐水泥或矾土水泥。

高铝水泥的水化放热多且快，硬化快，抗渗性、抗冻性和抗侵蚀性很强，适用于要求早期强度高、紧急抢修、冬季施工、抵抗硫酸盐侵蚀及冻融交替频繁的工程，也可配制膨胀水泥和自应力水泥。

高铝水泥与石灰、硅酸盐类水泥混用，会使水泥石的强度严重降低。所以，高铝水泥不能与石灰、硅酸盐水泥混用或接触使用。

2.7.6 明矾石膨胀水泥

明矾石膨胀水泥是以硅酸盐水泥熟料（58%～63%）、天然明矾石（12%～15%）、无水石膏（9%～12%）和粒化高炉矿渣（15%～20%）共同磨细制成的具有膨胀性能的水硬性胶凝材料，称为明矾石膨胀水泥。

明矾石膨胀水泥与钢筋有良好的粘结力，在约束膨胀下（如内部配筋或外部限制）能产生一定的预应力，从而提高混凝土和砂浆的抗裂能力，满足补偿收缩的要求，可减少或防止混凝土和砂浆的开裂。该水泥强度高，后期强度持续增长，空气稳定性良好。

明矾石膨胀水泥主要用于可补偿收缩混凝土工程、防渗抹面及防渗混凝土（如各种地下建筑物、地下铁道、储水池、道路路面等），构件的接缝，梁、柱和管道接头，固定机器底座和地脚螺栓等。

【例题】膨胀水泥的膨胀过程与水泥体积安定性不良所形成的体积膨胀有何不同？

【解】水泥体积安定性不良引起的膨胀是指水泥石中的某些化学反应不能在硬化前完

成，而在硬化后进行，并伴随有体积不均匀的变化，在以硬化的水泥石中产生内应力，轻则引起膨胀变形，重则使水泥石开裂。膨胀水泥的膨胀在硬化过程中完成，并且其体积是均匀地发生膨胀。

2.7.7　白色硅酸盐水泥和彩色硅酸盐水泥

凡以适当成分的生料烧至部分熔融，所得以硅酸钙为主要成分、氧化铁含量很少的白硅酸盐水泥熟料，再加入适量石膏，共同磨细制成的水硬性胶凝材料称为白色硅酸盐水泥，简称白水泥。

彩色硅酸盐水泥（简称彩色水泥）根据其着色方法的不同，有两种生产方式，即染色法和直接烧成法。染色法是将硅酸盐水泥熟料（白水泥熟料或普通水泥熟料）、适量石膏和碱性颜料共同磨细而制得彩色水泥；直接烧成法是在水泥生料中加入着色原料而直接煅烧成彩色水泥熟料，再加入适量石膏共同磨细制成彩色水泥。

白水泥和彩色水泥可以配制彩色水泥浆，用做建筑物内、外墙粉刷及天棚、柱子的装饰粉刷；配制各种彩色砂浆用于装饰抹灰；配制白水泥混凝土或彩色水泥混凝土，克服普通水泥混凝土颜色灰暗、单调的缺点；制造各种色彩的水刷石、人造大理石及水磨石等制品。

实训 2　水泥试验

一、水泥取样

水泥取样按其包装形式的不同，依据《水泥取样方法》（GB/T12573-2008）的规定实施取样；所取试样应充分反映所验收批准水泥的总体质量。

（1）散装水泥。同厂、同期、同品种、同强度的同一出场编号的水泥以 500 吨为一个取样批。取样方法是随机从不少于三个车罐中用槽形管在相应位置插入水泥一定深度（不超过 2m）。将所取试样搅拌均匀后，再从中取出不少于 12kg 放入标准的干燥密封容器中，同时另取一份封样保存。

（2）袋装水泥。同一厂家、同期、同品种、同强度等级的水泥以一次进场的同一出场编号的水泥 200 吨为一批，先进行包装重量检查，每袋重量允许偏差 1kg。随机地从 20 袋中各取等量的水泥，经搅拌均匀后取 12kg 两份，密封好，一份送检，一份封样保存 3 个月。

无论用什么方法取样，所取的试样都应充分搅拌均匀，通过 0.9mm 的方孔筛，并记录筛余百分率及筛余物情况。

二、水泥的细度试验

水泥细度检验分水筛法和负压筛法，如对两种方法检验的结果有争议时，以负压筛法为准。硅酸盐水泥的细度用比表面积表示，采用透气式比表面积仪测定。下面介绍下负压筛析法。

（一）试验目的

水泥细度是水泥的重要技术指标，对水泥强度影响较大，并对水泥的体积安定性、泌水性、能耗和产量也有影响。通过测定水泥的细度，为评定水泥的质量提供依据。

（二）仪器与设备

负压筛析仪由 0.08mm 方孔筛、筛座（如图 2-6 所示）、负压源及收尘装置组成，其中，筛座由转速（30±2）r/min 的喷气嘴、负压表、控制板、微电机及壳体构成、天平（最大称量 100g，分度值不大于 0.05g）。

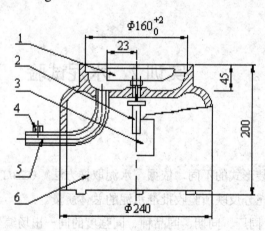

图 2-6 负压筛析仪示意图

1-方孔筛；2-喷气嘴；3-微电机；4-风门；5-抽气口；6-筛析仪

（三）试验步骤

（1）筛析测定前应先把负压筛安装好，接通电源，进行控制系统检查，然后将负压调整到 4000Pa~6000Pa 的范围。

（2）取试样 25g，置于洁净的负压筛中，盖好筛盖，放在筛座上，开动筛析仪连续筛析 2 分钟。筛析期间，应将附于筛盖上的试样全部敲落在负压筛中，筛毕，在天平上称量筛余物（精确至 0.05g）。

（3）当负压小于 4000Pa 时，应清理吸尘器内的水泥，使负压恢复到正常范围内。

（四）试验结果

水泥试样筛余百分数按式（2-24）计算（精确至 0.1%）：

$$F = \frac{R_S}{m} \times 100\% \tag{2-24}$$

式中：F——试样的筛余百分数，%；

　　Rs——筛余物的质量，g；

　　m——试样的质量，g。

以筛余物的质量克数除以水泥试样总质量的百分数，作为试验结果。本试验以一次试验结果作为检验结果。

三、水泥标准稠度用水量试验

（一）试验目的

通过试验测定水泥净浆达到标准稠度时的用水量，为测定水泥的凝结时间和体积安定性提供标准净浆。试验方法为标准法和代用法（调整用水量和固定用水量法）。

（二）仪器与设备

（1）标准法维卡仪（如图 2-7 所示）。标准稠度测定用试杆有效长度为（50±1）mm，由直径为（10±0.05）mm 的圆柱形耐腐蚀金属制成。联结的滑动杆表面应光滑，能靠重力自由下落，不得有紧涩和旷动现象。

盛装水泥净浆的试模应由耐腐蚀的、有足够硬度的金属制成。试模为深（40±0.2）mm、顶内径为（65±0.5）mm、底内径为（75±0.5）mm 的截顶圆锥体。每只试模应配备一个大于试模、厚度不小于 2.5mm 的平板玻璃底板。

（2）标准稠度测定仪。锥体滑动部分的总质量为（300±2）g，金属空心试锥，锥底直径 40mm，高 50mm；装净浆用锥模，上口内径 60 mm，高 75mm。

（3）水泥净浆搅拌机由搅拌锅、搅拌叶片、传动机构和控制系统组成，搅拌叶片以双轮双速转动。规定：搅拌锅与搅拌叶片的间隙为（2±1）mm；搅拌程序与时间为慢速搅拌 120 秒，停 15 秒，快速搅拌 120 秒。

（4）量水器（最小刻度 0.1mL，精度 1%），天平（准确称量至 1g）。

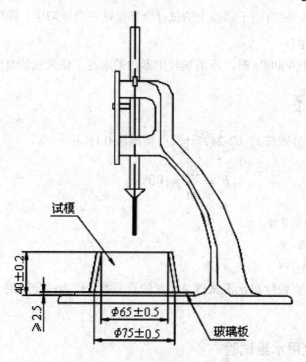

图 2-7　标准法维卡仪

（三）试验步骤

1. 标准法

（1）试验前检查。维卡仪的金属棒能自由滑动；调整至试杆接触玻璃板时指针对准零点；搅拌机运行正常。

（2）水泥净浆的制备。拌制前，将拌制用具（搅拌锅、搅拌叶片、试杆、试锥或试模等）用湿布擦净，将拌和水倒入搅拌锅内，然后在 5～10 秒内小心将称好的 500g 水泥试样加入水中，防止水和水泥溅出；拌和时，先将搅拌锅固定在锅座上，升至搅拌位置，开动搅拌机，低速搅拌 120 秒，停拌 15 秒，同时将叶片和锅壁上的水泥浆刮入锅中间，接着高速搅拌 120 秒后停机。拌和用水量按经验选定（精确至 0.5mL）。

（3）拌和结束后，立即将拌制好的水泥净浆装入已置于玻璃底板上的试模中，用小刀插捣，轻轻振动数次，刮去多余的净浆；抹平后迅速将试模和底板移到维卡仪上，并将其中心定在试杆下，降低试杆直至与水泥净浆表面接触，拧紧螺丝 1～2 秒后，突然放松，使试杆垂直自由地沉入水泥净浆中。在试杆停止沉入或释放试杆 30 秒时记录试杆距底板之间的距离，升起试杆后，立即擦净；整个操作应在搅拌后 1.5 分钟内完成。

2. 代用法

调整用水量法和固定用水量法。

（1）测定前检查。仪器金属棒能否自由滑动；试锥降至锥模顶面时，指针是否对准标尺零点；搅拌机能否正常运转。

（2）水泥净浆的制备。与上面标准法相同。采用调整水量法时拌和水量按经验找水，采用不变水量法时拌和用水量固定值为 142.5mL。发生争议时，以调整水量法为准。

（3）拌和完毕后，立即将拌和好的水泥净浆装入锥模内，用小刀插捣，轻轻振动数次，刮去多余净浆并抹平后，迅速放到试锥下的固定位置上，将试锥降至净浆表面，拧紧螺丝 1～2 秒后突然放松（即拧开螺丝），让试锥垂直自由地沉入水泥净浆中。到试锥停止下沉或释放试锥 30 秒时记录其下沉深度 S（mm）。整个操作应在搅拌后 1.5 分钟内完成。

（四）试验结果

（1）GB/T1346-2011《水泥标准稠度用水量、凝结时间、安定性检验方法》。以试杆沉入净浆并距底板（6±1）mm 的水泥净浆为标准稠度净浆。其拌和用水量为该水泥的标准稠度用水量（P），按水泥质量的百分比计。若试杆沉入净浆距底板大于或小于（6±1）mm 的范围时，按经验找水法找到标准稠度用水量。

（2）调整用水量法。以试锥下沉深度为（28±2）mm 时的净浆为标准稠度净浆。如下沉深度超出范围，需重新试验，直到符合标准为止。其标准稠度的用水量 P，按水泥质量的百分比计，按式（2-25）计算：

$$P = \frac{W}{500} \times 100\% \qquad (2\text{-}25)$$

式中：W——拌和用水量，mL。

（3）固定用水量法。根据测得的试锥下沉深度 S（mm），按下式（或仪器上对应标尺）计算标准稠度用水量 P：

$$P = 33.4 - 0.185S \qquad (2\text{-}26)$$

当试锥下沉深度小于 13mm 时，应改用调整用水量法测定。

四、水泥净浆凝结时间测定

（一）试验目的

测定水泥的凝结时间，并确定它能否满足施工的要求。

（二）仪器与设备

（1）凝结时间维卡仪。凝结时间测定用试针，试针由钢制成，其有效长度初凝针为（50±1）mm、终凝针为（30±1）mm、直径为（1.13±0.05）mm 的圆柱体。滑动部分的总质量为（300±1）g。与试针联结的滑动杆表面应光滑，能靠重力自有下降，不得有紧涩和旷动现象。

（2）水泥净浆搅拌机与测定标准稠度时所用相同。

（3）标准养护箱。

（三）试验步骤

（1）测定前，将圆模放在玻璃板上，在圆模内侧和玻璃板上稍涂上一层机油。调整凝结时间测定仪的试针接触玻璃板时，指针对准标尺的零点。

（2）称取水泥试样 500g，按标准稠度用水量制备标准稠度水泥净浆，并一次装满试模，振动数次刮平，立即放入湿气养护箱中。记录水泥全部加入水中的时间作为凝结时间的起始时间。

（3）初凝时间的测定。首先调整凝结时间测定仪，使其试针（如图 2-8a 所示）接触玻璃板时的指针为零。试模在湿气养护箱中养护至加水后 30 分钟时进行第一次测定：将试模放在试针下，调整试针与水泥净浆表面接触，拧紧螺丝，然后突然放松，试针垂直自由地沉入水泥净浆。观察试针停止下沉或释放使者 30 秒时指针的读数。临近初凝时，每隔 5 分钟测定一次，当试针沉至距底板 4mm±1mm 时为水泥达到初凝状态。

（4）终凝时间的测定。为了准确观察试针，沉入的状况在试针上安装一个环形附件，如图 2-8b、图 2-8c 所示。在完成水泥初凝时间测定后，立即将试模连同浆体以平移的方式从玻璃板取下，翻转 180°，直径大端向上，小端向下放在玻璃板上，再放入湿气养护箱中继续养护，临近终凝时间时每隔 15 分钟测定一次，当试针沉入水泥净浆只有 0.5mm 时，既环形附件开始不能在水泥浆上留下痕迹时，为水泥达到终凝状态。

（5）在最初测定的操作时应轻轻扶持金属柱，使其徐徐下降，以防试针撞弯，但结果以自由下落为准；在整个测试过程中试针沉入的位置至少要距试模内壁 10mm。临近初凝时，每隔 5 分钟测定一次；临近终凝时，每隔 15 分钟测定一次。当水泥净浆到达初凝或终凝状态时立即重复测定一次。当两次结果相同时，才能定为到达初凝状态或终凝状态。每次测定时不得让试针落入原针孔，每次测试完毕必须将试针擦干净并将圆模放回标准养护箱，整个测试过程中要防止圆模受振。如果使用凝结时间自动测定仪，则测定时不必翻转试体。

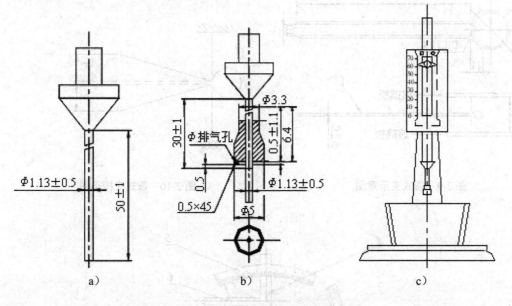

图 2-8　水泥凝结时间示意图

a）初凝用试针；b）终凝用试针；c）终凝时间测定用反转试模的前视图

（四）试验结果

（1）由开始加水至初凝状态的时间为水泥的初凝时间，用"分钟"表示。

（2）由开始加水至终凝状态的时间为水泥的终凝时间，用"分钟"表示。

五、水泥体积安定性试验

（一）试验目的

检验水泥浆在硬化时体积变化的均匀性，以决定水泥是否可以使用。

（二）仪器与设备

雷式夹（由铜质材料制成，其结构如图 2-9 所示。当用 300g 砝码校正时，两根针的针尖距离增加应在 17.5mm±2.5mm 范围内，如图 2-10 所示）；雷式夹膨胀测定仪（其标尺最小刻度为 0.5mm，如图 2-11 所示）。沸煮箱（能在 30 分钟±5 分钟内将箱内的试验用水由室温升至沸腾状态并保持 3 小时以上，整个过程不需要补充水量）；水泥净浆搅拌机、天平、湿气养护箱、小刀等。

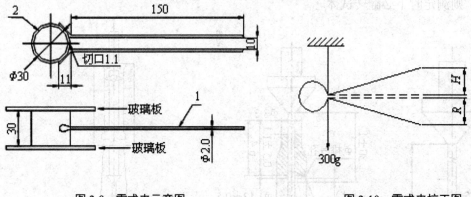

图 2-9　雷式夹示意图　　　　　　　图 2-10　雷式夹校正图

1-指针；2-环模

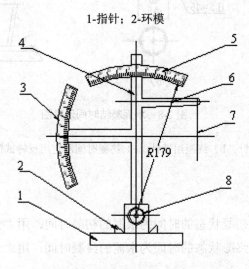

图 2-11　雷式夹膨胀测定仪示意图（单位：mm）

1-底座；2-模子座；3-测弹性标尺；4-立柱；5-测膨胀值标尺；6-悬臂；7-悬丝

（三）试验步骤

（1）水泥标准稠度净浆的制备。称取 500g 水泥，以标准稠度用水量，用水泥净浆搅拌机搅拌水泥净浆。

（2）试件制作。采用雷氏法时，每个试样需成型两个试件，将内壁涂有机油的雷氏夹放在稍涂有机油的玻璃板（约 75g～80g）上，并立刻将已制好的标准稠度净浆一次装满雷氏夹，装浆时用一只手轻扶雷氏夹，另一只手用宽度约 10mm 的小刀插捣 15 次左右，然后抹平并盖上稍涂有机油的玻璃板（约 75g～80g）接着立刻将试件移至养护箱内养护（24±2）小时。采用试饼法时，将拌制好的水泥净浆取出一部分（约 150g），分成两等份，使之成球形。将其放在预先准备好的玻璃板（玻璃板约 100mm×100mm，并稍涂机油）上，轻轻振动玻璃板，并用湿布擦过的小刀由边缘至中央抹动，做成直径为 70mm～80mm、中心厚约为 10mm、边缘渐薄、表面光滑的试饼。将做好的试饼放入养护箱内养护（24±2）小时。

（3）煮沸。养护结束后将试件从玻璃板上脱去。调整沸煮箱的水位，使试件在整个沸煮过程中都被水没过，且中途不需加水，同时又能保证在（30±5）分钟内加热至沸腾。采用雷氏法时，先测量雷氏夹指针尖端间的距离（A），精确到 0.5mm，之后将雷氏夹指针放入水中蓖板上，指针朝上，试件之间互不交叉，然后在（30±5）分钟内加热到沸腾，并恒沸 3h±5min。采用试饼法时，先检查试饼是否完整（如已开裂翘曲要检查原因，确无外因时，该试件已属不合格，不必沸煮）。在试饼无缺陷的情况下，将试饼放在沸煮箱的水中蓖板上，然后在（30±5）分钟内加热到沸腾，并恒沸 3 小时±5 分钟。沸煮结束，即放掉箱中热水，打开箱盖，待箱体冷却至室温时，用雷式夹膨胀测定仪测量试件雷式夹两指针尖的距离（C），精确至 0.5mm。

（四）试验结果

当两个试件沸煮后增加的距离（C−A）的平均值不大于 5.0mm 时，既认为水泥安定性合格。当两个试件的（C−A）值相差超过 4.0mm 时，应用同一样品立即重做一次试验。再如此，则认为该水泥为安定性不合格。

六、水泥胶砂强度试验（ISO 法）

（一）试验目的

测定水泥各龄期的强度，以确定水泥强度等级，或已知强度等级，检验强度是否满足国家标准所规定的各龄期强度数值。

（二）仪器与设备

（1）行星式水泥胶砂搅拌机。应符合（ISO 法）GB/T17671—1999 的要求，如图 2-12 所示。

（2）水泥胶砂试体成型振实台。应符合（ISO 法）GB/T17671—1999 的要求。

（3）下料模套。

（4）试模。为可拆卸的三联模，由隔板、端板、底座等组成。模槽内腔尺寸为 40mm×40mm×160mm，如图 2-13 所示。

（5）抗折试验机。一般采用杠杆比值为 1：50 的电动抗折试验机。抗折夹具的加荷圆柱与支撑圆柱直径应为（10±0.1）mm（允许磨损后尺寸为 10±0.2mm），两个支撑圆柱中心间距为（100±0.2）mm。

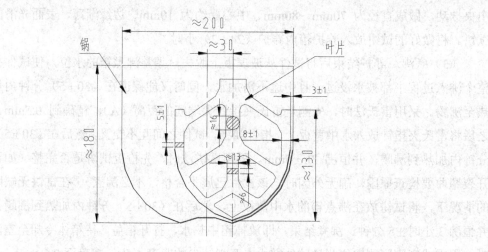

图 2-12　胶砂搅拌机示意图（单位：mm）

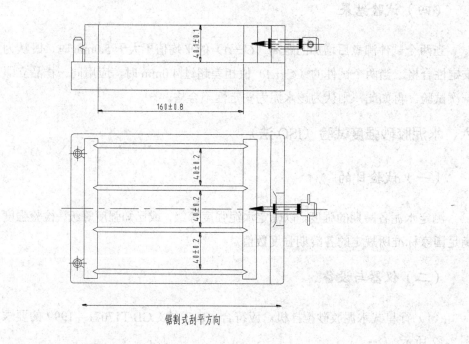

锯割式刮平方向

图 2-13　典型水泥试模（单位：mm）

（6）抗压试验机。抗压试验机的最大荷载以 200～300KN 为佳，在较大的 4/5 量程范围内使用时，记录的荷载应有±1%精度，并具有按（2400±200）N/s 速率的加荷能力。

（7）抗压夹具。抗压夹具由硬质钢材组成，加压板长（40±0.1）mm，宽不小于 40mm，加压面必须磨平。

（8）播料器、刮平直尺、标准养护箱等。

（三）试验步骤

1．试件成型

（1）先将试模擦净，四周模板与底座的接触面上应涂黄油，防止漏浆，内壁均匀刷一薄层机油。

（2）水泥胶砂试件是由水泥、中国 ISO 标准砂、拌和用水按 1：3：0.5 的比例拌制而成。一锅胶砂可成型三条试体，每锅材料用量如表 2-10 所示。按规定称量好各种材料。

表 2-10　每锅胶砂的材料用量

材料	水泥	中国 ISO 标准砂	水
用量/g	450±2	1350±5	225±1

（3）每锅胶砂用搅拌机进行机械搅拌。先使搅拌机处于待工作状态，然后按以下的程序进行操作：先把水加入锅里，再加入水泥，把锅放在固定架上，上升至固定位置。然后立即开动机器，低速搅拌 30 秒后，在第二个 30 秒开始的同时，均匀地将砂子加入。把机器转至高速再拌 30 秒。停拌 90 秒，在第一个 15 秒内用一胶皮刮具将叶片和锅壁上的胶砂，刮入锅中间。在高速下继续搅拌 60 秒。各个搅拌阶段，时间误差应在 1 秒以内。

（4）在搅拌砂的同时，将试模和模套固定在振实台上。用一个适当的勺子直接从搅拌锅里将胶砂分两层装入试模，装第一层时，每个槽里约放 300g 胶砂，用大播料器垂直架在模套顶部，沿每个模槽来回一次将料层播平，接着振实 60 次。再装第二层胶砂，用小播料器播平，再振实 60 次。移开模套，从振实台上取下试模，用一金属直尺以近似 90°的角度架在试模模顶的一端，然后沿试模长度方向以横向锯割动作慢慢向另一端移动，一次将超过试模部分的胶砂刮去，并用同一直尺在近乎水平的情况下将试体表面抹平。

（5）在试模上做标记或加字条标明试件编号和试件相对于振实台的位置。

2．试件养护

（1）将成型好的试件连同试模一起放入标准养护箱内，在温度（20±1）℃，相对湿度不低于 90%的条件下养护。

（2）养护到 20～24 小时之间脱模（对于龄期为 24 小时的应在破坏试验前 20 分钟内脱模）。将试件从养护箱中取出，用毛笔编号，编号时应将每个三联试模中的三条试件编在两龄期内，同时编上成型与测试日期。然后脱模，脱模时应防止损伤试件。对于硬化较慢的水泥允许 24 小时后脱模，但须记录脱模时间。

（3）试件脱模后立即水平或垂直放入水槽中养护，养护水温为（20±1）℃，水平放置时刮平面朝上，试件之间留有间隙，水面至少高出试件 5mm，并随时加水以保持恒定水位，不允许在养护期间完全换水。

（4）水泥胶砂试件养护至各规定龄期。试件龄期是从水泥加水搅拌开始起算。不同龄期的强度在下列时间里进行测定：24 小时±15 分钟；48 小时±30 分钟；72 小时±45 分钟；7 天±2 小时；＞28 天±8 小时。

3．试件强度的测定

水泥胶砂试件在破坏试验前 15 分钟从水中取出。揩去试件表面的沉积物，并用湿布覆盖至试验为止。先用抗折试验机以中心加荷法测定抗折强度；然后将折断的试件进行抗压试验测定抗压强度。

（1）抗折强度试验。将试体一个侧面放在试验机支撑圆柱上，试体长轴垂直于支撑圆柱，如图 2-14 所示。启动试验机，通过加荷圆柱以（50±10）N/s 的速率均匀地将荷载垂直地加在棱柱体相对侧面上，直至折断，分别记下 3 个试件的抗折破坏荷载 F（N）。保持 2 个半截棱柱体处于潮湿状态直至抗压试验。

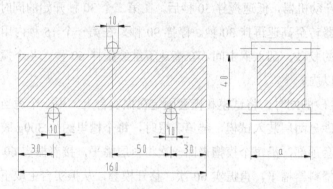

图 2-14　抗折强度测定示意图（单位：mm）

（2）抗压强度试验。抗压强度试验后的 2 个断块应立即进行抗压试验。抗压强度试验必须用抗压夹具，在整个加荷过程中以（2400±200）N/s 的速率均匀地加荷直至试件破坏，分别记下 3 个试件的抗压破坏荷载 F（N）。

（四）试验结果

1．抗折强度

每个试件的抗折强度 R_f 按下式计算（精确至 0.1MPa）：

$$R_f = \frac{3FL}{2b^3} = 0.00234\ F$$

式中：F——折断时施加于棱柱体中部的荷载，N。

L——支撑圆柱体之间的距离，mm。$L=100$mm。

b——棱柱体截面正方形的边长，mm。$b=40$mm。

以一组 3 个试件测定值的算术平均值为抗折强度的测定结果。当 3 个强度值中有超出平均值±10%时，应剔除后再取平均值作为抗折强度试验结果。如有两个试件的测定结果超过平均值±10%时，应重新试验。

2. 抗压强度

每个试件的抗压强度 R_c 按下式计算（MPa，精确至 0.1MPa）：

$$R_c = \frac{F}{A} = 0.000625\,F$$

式中：F——试件破坏时的最大抗压荷载，N。

A——受压部分面积，mm^2（40mm×40mm=1600mm^2）。

以一组三个棱柱体上得到的六个抗压强度测定值的算术平均值作为试验结果。如六个测定值中有一个超出六个平均值的±10%，就应剔除这个结果，而以剩下五个的平均值作为结果。如果五个测定值中再有超过它们平均值±10%的，则此组结果作废。试验结果精确至 0.1MPa。

实训 3　砂石试验

一、砂的取样与缩分方法

（一）砂的取样

1. 取样批的确定

（1）购料单位取样，一列火车、一批货船或一批汽车所运的产地和规格均相同的砂或石为一批，总数不超过 400m^3 或 600 吨。

（2）在料堆上取样时，一般也以 400m^3 或 600 吨为一批。

（3）以人工生产或用小型工具（如拖拉机等）运输的砂，以产地和规格均相同的 200m^3 或 300 吨为一批。

（4）每验收批至少应进行颗粒级配、含泥量、泥块含量检验。对重要工程或特殊工程应根据工程要求增加检测项目。对其它指标的合格性有怀疑时应予检验。

2. 取样方法

（1）在料堆上取样时，取样部位应均匀分布。取样前应先将取样部位的表层铲除，然后在顶部和底部各由均匀分布的四个不同部位抽取大致相等的试样 8 份,组成一个试样。

（2）在皮带运输机上取样时,应在皮带机机尾的出料处用接料器定时抽取砂 4 份组成一组样品。

（3）从火车、汽车、货船上取样时,应从不同部位和深度抽取大致相等的试样 8 份,组成一个试样。

3．取样数量

表 2-11 砂常规单项试验的最小取样量。对于每一单项试验,应不小于最少取样的数量。需做几项试验时,如确能保证试样经一项试验后,不至影响另一项试验的结果,可用一组试样进行几项不同的试验。根据需要确定,若做全项检验,应不少于 50kg。

表 2-11　砂常规单项试验最小取样数量

序号	试验项目	最少取样数量（kg）
1	颗粒级配	4.4
2	含泥量	4.4
3	泥块含量	20.0
4	表观密度	2.6
5	松散堆积密度与空隙率	5.0

（二）砂的缩分

1．试样的缩分

（1）用分料器缩分。将样品在潮湿状态下拌和均匀,然后通过分料器,留下两个接料斗中的一份,将另一份再次通过分料器。重复上述过程,直至把样品缩分到试验所需量为止。

（2）人工四分法。将所取样品置于平板上,在潮湿状态下拌和均匀,并堆成厚度约为 20mm 的圆饼,然后沿互相垂直的两条直线把圆饼分成大致相等的四份,取其中对角线的两份重新拌匀,再堆成圆饼。重复上述过程,直至把样品缩分到试验所需量为止。

验用前,可采用分料器或人工四分法对砂样进行缩分；做砂含水率、堆积密度、紧密密度试验时,所用试样可不缩分,拌匀后直接进行试验。

2．试样的包装

每组试样应采用能避免细料散失及防治污染的容器包装,并附卡片标明试样编号、产地、规格、质量、要求检验项目及取样方法。

二、砂的筛分析试验

（一）试验目的

测定混凝土用砂的颗粒级配，计算细度模数，评定砂的粗细程度。

（二）仪器与设备

方孔筛一套（孔径为 9.5mm，4.75mm，2.36mm，1.18mm，0.60mm，0.30mm，0.15mm 的标准筛，并附有筛底和筛盖）、电子天平（称量 1000g，感量 1g）、鼓风烘箱（能使温度控制在 105℃±5℃）、摇筛机、搪瓷盘和硬、软毛刷等。

（三）试样制备

用人工四分法取样约 1100g，放入鼓风烘箱内于（105±5）℃下烘干至恒重，冷却，筛除大于 9.50mm 的颗粒并计算出筛余百分率。

（四）试验步骤

（1）称取试样 500g，精确至 1g，将试样倒入孔径大小从上到下组合的套筛（附有筛底）上。

（2）将套筛置于摇筛机上，摇 10 分钟取下套筛，按孔径的大小在清洁的浅盘上逐个进行手筛，筛至每分钟通过量小于试样总量的 0.1%为止。并和下一个筛中试样一起过筛，按这样顺序过筛，直至每个筛全部筛完。

（3）分别称取各筛筛余量（精确至 1g），试样在各号筛上的筛余量均不得超过按式（2-27）计算的量。所有各筛的分计筛余量和底盘中剩余量之和与筛分前砂样总量相比，其差值不得超过 1%。

$$G = \frac{Ad^{1/2}}{200} \tag{2-27}$$

式中：G——在一个筛上的剩余量，g。

　　　d——筛孔尺寸，mm。

　　　A——筛的面积，mm²。

若试样在各号筛上的筛余量超过上述计算结果，则应将该筛余试样分成两份，再次进行筛分，并以其筛余量之和作为该筛余量。

（五）试验结果

（1）记录各号筛上筛余量（精确至 1g），并计算分计筛余百分率。各号筛的筛余量与试样总量的比值，计算精确至 0.1%。

（2）计算累计筛余百分率。该号筛及其以上筛的分计筛余百分率之和，精确至 0.1%。

（3）计算砂的细度模数按式（2-28）计算：

$$M_X = \frac{(A_2 + A_3 + A_4 + A_5 + A_6) - 5A_1}{100 - A_1} \qquad (2\text{-}28)$$

式中：A_1、A_2、A_3、A_4、A_5、A_6——对应 4.75mm、2.36mm、1.18mm、0.60mm、0.30mm、0.15mm

筛的累计筛余百分率，%。

（4）累计筛余百分率取两次试验结果的算术平均值，精确至 0.1%。细度模数取两次试验结果的算术平均值，精确至 0.1，若两次的细度模数之差超过 0.2 时，须重做试验。

三、砂的表观密度试验

（一）试验目的

砂的表观密度是指砂子颗粒单位体积（包括内封闭孔隙）的质量，测定其大小，为评定砂的质量及混凝土配合比设计提供依据。

（二）仪器与设备

鼓风烘箱（温度控制在 105℃±5℃）、天平（称量 1000g，感量 1g）、容量瓶（500mL）、烧杯（500mL）、干燥器、搪瓷盘、滴管、毛刷等。

（三）试验步骤

（1）用规定取样，并将试样缩分至约 660g，放入烘箱中在（105±5）℃下烘干至恒量，冷却至室温后，分为大致相等的两份备用。

（2）称取烘干砂 300g（精确至 1g），装入容量瓶中，注入冷开水至接近 500mL 的刻度处，旋转摇动容量瓶，排除气泡，塞紧瓶盖，静置 24 小时。然后用滴管小心加水至容量瓶 500mL 刻度处，塞紧瓶塞，擦干瓶外水分，称其质量（m_1）（精确至 1g）。

（3）倒出瓶内水和砂，洗净容量瓶，再向瓶内注水至 500 mL 的刻度处，擦干瓶外水分，称其质量（m_2）（精确至 1g）。

（四）试验结果

砂的表观密度按式（2-29）计算，精确至 10kg/m³。

$$\rho_0 = \frac{G_0}{G_0 + G_2 - G_1}\rho_{水}$$

（2-29）

表观密度取两次试验结果的算术平均值（精确至 10kg/m³）。如两次之差大于 20kg/m³，须重新试验。

四、砂的堆积密度与空隙率试验

（一）试验目的

砂子在自然堆积状态下单位体积的质量称为砂子堆积密度；测定砂子的堆积密度，计算砂子的空隙率，为混凝土配合比设计提供依据。

（二）仪器与设备

鼓风烘箱（温度控制在 105℃±5℃）、天平（称量 10kg，感量 1g）、容量瓶（圆柱形金属筒，内径 108 mm，净高 109mm，容积 1L）、漏斗、直尺、浅盘、料勺、毛刷等。

（三）试验步骤

（1）试样制备。按规定取样，用浅盘装试样约 3L，在温度为（105±5）℃的烘箱中烘干至恒量，冷却至室温，筛除大于 4.75mm 的颗粒，分成大致相等的两份备用。

（2）松散堆积密度测定。取一份试样通过漏斗或料勺，从容量筒中心上方 50mm 处徐徐装入，装满并超出筒口。用钢尺沿筒口中心线向两个相反方向刮平（勿触动容量筒），称出试样和容量筒总质量（m₂），精确至 1g。

（3）紧密堆积密度测定。取试样一份分两次装满容量筒。每次装完后在筒底垫放一根直径为 10mm 的圆钢（第二次垫放钢筋与第一次方向垂直），将筒按住，左右交替击地面各 25 次。再加试样直至超过筒口，用直尺沿筒口中心线向两边刮平，称出试样和容量筒总质量（m₂），精确至 1g。

（四）试验结果

（1）松散或紧密堆积密度按式（2-30）计算，精确至 10kg/m³。

$$\rho_1 = \frac{m_1 - m_2}{V} \tag{2-30}$$

（2）空隙率按式（2-31）计算，精确至 1%。

$$V_0 = (1 - \frac{\rho_1}{\rho_0}) \times 100\% \tag{2-31}$$

堆积密度取两次试验结果的算术平均值，精确至 10kg/m³；空隙率取两次试验结果的算术平均值，精确到 1%。

五、砂的含泥量试验

（一）试验目的

混凝土用砂的含泥量对混凝土的技术性能有很大影响，故在拌制混凝土时应对建筑用砂含泥量进行试验，为普通混凝土配合比设计提供原材料参数。

（二）仪器与设备

天平（称量 1kg，感量 0.1g）、烘箱（能使温度控制在 105℃±5℃）、孔径为 0.075mm 和 1.18mm 的方孔筛各一个、洗砂用的容器及烘干用的浅盘、毛刷等。

（三）试样制备

按规定取样，并将试样用四分法缩分至约 1100g，置于温度在 105℃±5℃ 的烘箱中烘干至恒重。冷却至室温，分为大致相等的两份备用。

（四）试验步骤

（1）滤洗。称取试样 500g，置于容器中，注入清水，使水面约高出试样面 150mm。充分拌匀后，浸泡 2 小时。然后用手在水中淘洗沙样，使尘屑、淤泥和黏土与砂粒分离并使之悬浮或溶于水中。将筛子用水湿润，将 1.18mm 的筛套在 0.075mm 的筛子上，将浑浊液缓缓倒入套筛，滤去小于 0.075mm 的颗粒。在整个过程中严防砂粒丢失。再次向筒中加水，重复淘洗过滤，直到筒内洗出的水清澈为止。

（2）烘干称量。用水冲洗留在筛上的细粒，将 0.075mm 的筛放在水中，使水面略高出砂粒表面，来回摇动，以充分洗除小于 0.080 mm 的颗粒。仔细取下筛余的颗粒，与筒内已洗净的试样一并装入浅盘。置于温度为 105℃±5℃ 的烘箱中烘干至恒重。冷却至室温后，称其质量（m_1），精确至 0.1g。

（五）试验结果

砂的含泥量按式（2-32）计算，精确至 0.1%。

$$Q_n = \frac{m_0 - m_1}{m_0} \times 100\% \qquad (2\text{-}32)$$

式中：Q_n——砂的含泥量（%）。

　　　m_0——为试验前的烘干试样质量（g）。

　　　m_1——为试验后的烘干试样质量（g）。

以两次试验结果的算术平均值作为测定值，如两次试验结果的差值超过 0.5%时，结果无效，须重做试验。

六、砂的泥块含量试验

（一）试验目的

测定砂的泥块含量，评定砂的质量。

（二）仪器与设备

天平（称量 1kg，感量 0.1g）、烘箱（能使温度控制在 105℃±5℃）、孔径为 0.60mm 和 1.18mm 的方孔筛各一个、洗砂用的容器及烘干用的浅盘、毛刷等。

（三）试样制备

按规定取样，并将试样缩分至约 5000g，置于温度在（105±5）℃的烘箱中烘干至恒重。冷却至室温，筛除小于 1.18mm 的颗粒，分为大致相等的两份备用。

（四）试验步骤

（1）称取试样 200g，精确至 0.1g。将试样倒入淘洗容器中，注入清水，是水面高于试样表面约 150mm，充分搅拌均匀后，浸泡 24 小时。然后用手在水中碾碎泥块，再把试样放在 0.60mm 筛上，用水淘洗，直至容器内的水目测清澈为止。

（2）保留下来的试样小心的从筛中取出，装入浅盘后，放在干燥箱中于（105±5）℃下烘干至恒量，待冷却至室温后，称出其质量（m_1），精确至 0.1g。

（五）试验结果

砂的泥块量按式（2-33）计算，精确至 0.1%。

$$Q_n = \frac{m_0 - m_1}{m_0} \times 100\% \qquad (2\text{-}33)$$

式中：Q_m——砂的泥块量（%）。

　　　m_0——为试样在孔径为 1.18mm 筛的筛余质量（g）。

　　　m_1——为试验后的烘干试样质量（g）。

以两次试验结果的算术平均值作为测定值，精确至 0.1%。

七、石子的取样与缩分方法

（一）石子的取样

1. 取样批的确定

（1）购料单位取样，一列火车、一批货船或一批汽车所运的产地和规格均相同的砂或石为一批，总数不超过 400m³ 或 600 吨。

（2）在料堆上取样时，一般也以 400m³ 或 600 吨为一批。

（3）以人工生产或用小型工具（如拖拉机等）运输的石子，以产地和规格均相同的 200m³ 或 300t 为一批。

（4）每验收批至少应进行颗粒级配、含泥量、泥块含量及针、片状颗粒含量检验。对重要工程或特殊工程应根据工程要求增加检测项目。对其它指标的合格性有怀疑时应予检验。

2. 取样方法

（1）在料堆上取样时，取样部位应均匀分布。取样前应先将取样部位的表层铲除，然后在顶部和底部各由均匀分布的四个不同部位抽取大致相等的试样 16 份，组成一个试样。

（2）在皮带运输机上取样时，应在皮带机机尾的出料处用接料器定时抽取石子 8 份组成一组样品。

（3）从火车、汽车、货船上取样时，应从不同部位和深度抽取大致相等的试样 16 份，组成一个试样。

3. 取样数量

碎石和卵石常规单项试验的最小取样量如表 2-12 所示。对于每一单项试验，应不小于最少取样的数量。需做几项试验时，如确能保证试样经一项试验后，不至影响另一项试验的结果，可用一组试样进行几项不同的试验。根据需要确定，若做全项检验，应不少于 50kg。

表 2-12　碎石或卵石的常规单项试验最少取样数量（Kg）

试验项目	最大粒径（mm）							
	10	16	20	25	31.5	40	63	80
筛分析	10	15	20	20	30	40	60	80
表观密度	8	8	8	8	12	16	24	24
堆积密度、紧密密度	40	40	40	40	80	80	120	120
含泥量	8	8	24	24	40	40	80	80
泥块含量	8	8	24	24	40	40	80	80
含水率	2	2	2	2	3	3	4	6
吸水率	8	8	16	16	16	24	24	32
针、片状含量	1.2	4	8	8	20	40	-	-

注：压碎指标、坚固性及有机物含量检验，应按试验要求的粒级及数量取样

（二）石子的缩分

1. 试样的缩分

将每组样品置于平板上，在自然状态下拌混均匀，并堆成锥体，然后沿互相垂直的两条直径把锥体分成大致相等的四份，取其对角的两份重新拌匀，再堆成锥体，重复上述过程，直至缩分后的材料量略多于进行试验所必需的量为止。

碎石或卵石的含水率、堆积密度、紧密密度检验所用的试样，不经缩分，拌匀后直接进行试验。

2. 试样的包装

每组试样应采用能避免骨料散失及防治污染的容器包装，并附卡片标明试样编号、产地、规格、质量、要求检验项目及取样方法。

八、石子颗粒级配试验

（一）试验目的

测定石子的颗粒级配及粒径规格，作为混凝土配合比设计和一般使用的依据。

（二）仪器与设备

（1）试验筛。孔径为 2.36mm、4.75mm、9.50mm、16.0mm、19.0mm、26.5mm、31.5mm、37.5mm、53.0mm、63.0mm、75.0mm、90mm 的筛各一只，并附有筛底和盖。

（2）台秤。称量 10kg，感量 1g。

（3）烘箱。能使温度控制在（105±5）℃。

（4）摇筛机。

（5）搪瓷盘、毛刷等。

（三）试样制备

按规定取样，将试样缩分到略大于如表 2-13 所示规定的质量，烘干或风干后备用。

表 2-13　颗粒级配所需试样质量

最大粒径（mm）	9.5	16.0	19.0	26.5	31.5	37.5	63.0	75.0
最少试样质量（kg）	1.9	3.2	3.8	5.0	6.3	7.5	12.6	16.0

（四）试验步骤

（1）按表 11-3 规定称取试样一份，精确至 1g。将试样倒入按筛孔大小从上到下组合的套筛上。

（2）将套筛在摇筛机上筛 10min，取下套筛，按筛孔大小顺序再逐个用手筛，筛至每分钟通过量不超过试样总量的 0.1% 时为止。通过的颗粒并入下一号筛中，并和下一号筛中的试样一起过筛。对大于 19.0mm 的颗粒，筛分时允许用手拨动。

（3）称出各筛的筛余量，精确至 1g。筛分后，若各筛的筛余量与筛底的试样之和超过原试样质量的 1% 时，须重新试验。

（五）试验结果

（1）计算各筛的分计筛余百分率（筛余量与试样总质量之比），精确至 0.1%。

（2）计算各筛的累计筛余百分率（该号筛的分计筛余百分率与该号筛以上各分计筛余百分率之和），精确至 0.1%。

（3）根据各号筛的累计筛余百分率，评定该试样的颗粒级配。水工混凝土用石子颗粒级配试验方法详见 DL/T5151—2014《水工混凝土砂石骨料试验规程》。

九、碎石或卵石的压碎指标值试验

（一）试验目的

本方法用于测定碎石或卵石抵抗压碎的能力，以间接地推测其相应的强度。

（二）仪器与设备

压力试验机（量程 300KN，示指相对误差 2%）、压碎指标测定仪（圆模）、天平（称量 10kg，感量 1g）、孔径为 2.36mm、9.50mm 和 19.0mm 的方孔筛各一个、垫棒（直径 10mm，长 500mm 的圆钢）。

（三）试样制备

标准试样一律应采用 10mm～20mm 的颗粒，并在气干状态下进行试验。试验前，先将试样筛去 10mm 以下及 20mm 以上的颗粒，再用针状和片状规准仪剔除其针状和片状颗粒，然后称取每份 3kg 的试样 3 份备用。

（四）试验步骤

（1）置圆筒于底盘上，取试样一份，分二层装入筒内。每装完一层试样后，在底盘下面垫放一直径为 10mm 的圆钢筋，将筒按住，左右交替颠击地面各 25 下。第二层颠实后，试样表面距盘底的高度应控制为 100mm 左右。

（2）整平筒内试验表面，把加压头装好（注意应使加压头保持平正），放到试验机上在 160 秒～300 秒内均匀地加荷到 200KN，稳定 5 秒，然后卸荷，取出测定筒。倒出筒中的试样并称其重量（m_0），用孔径为 2.50mm 的筛筛除被压碎的细粒，称量剩留在筛上的试样重量（m_1）。

（五）试验结果

碎石或卵石的压碎指标值 δ_a 按式（2-34）计算，精确至 0.1%。

$$\delta_a = \frac{m_0 - m_1}{m_0} \times 100\% \qquad (2\text{-}34)$$

式中：δ_a——压碎值指标（%）。

　　　m_0——试样的质量（g）。

　　　m_1——压碎试验后筛余的试样质量（g）。

十、碎石或卵石中针状和片状颗粒的总含量试验

（一）试验目的

测定大于 4.75mm 的碎石或卵石中针、片状颗粒的总含量，用于评定石子的质量。

（二）仪器与设备

针状和片状规准仪、天平（称量10kg，感量1g）、孔径分别为4.75mm、9.50mm、16.0mm、19.0mm、26.5mm、31.5mm及37.5mm的方孔筛各一个。

（三）试样制备

按规定取样，并将试样缩分至略大于如表2-14所示规定的质量，称量（m_0），烘干或风干后备用。

表2-14　碎石或卵石针、片状试验所需的试样质量

最大粒径（mm）	10.0	16.0	20.0	25.0	31.5	40.0以上
试样最少质量（Kg）	0.3	1	2	3	5	10

（四）试验步骤

（1）按规定的粒级用规准仪，孔宽或间距如表2-15所示。逐粒对试样进行鉴定，凡颗粒长度大于针状规准仪上相对应间距者，为针状颗粒。厚度小于片状规准仪上相应孔宽者，为片状颗粒。

表2-15　针、片状试验的粒级划分及其相应的规准仪孔宽或间距

粒级（mm）	5～10	10～16	16～20	20～25	25～31.5	31.5～40
片状规准仪上相对应的孔宽（mm）	3	5.2	7.2	9	11.3	14.3
针状规准仪上相对应的间距（mm）	18	31.2	43.2	54	67.8	85.8

（2）粒径大于40mm的碎石或卵石可用卡尺鉴定其针片状颗粒，卡尺卡口的设定宽度应符合的规定如表2-16所示。

表2-16　大于40mm粒级颗粒卡尺卡口的设定宽度

粒级（mm）	40～63	63～80
鉴定片状颗粒的卡口宽度（mm）	20.6	28.6
鉴定针状颗粒的卡口宽度（mm）	123.6	171.6

（3）称量由各粒级挑出的针状和片状颗粒的总重量（m_1）。

（五）试验结果

碎石或卵石中针、片状颗粒含量按式（2-35）计算，精确至0.1%。

$$Q_e = \frac{m_1}{m_0} \times 100\% \tag{2-35}$$

式中：Q_e——试样针、片状颗粒含量，%。

m_1——试样中针、片状颗粒的总质量，g。

m_0——试样总质量，g。

项目小结

除水玻璃外，石灰、石膏其特点是大都不能在水中或长期潮湿的环境中使用。因为建筑石膏的水化产物二水石膏、石灰的水化产物氢氧化钙、镁质胶凝材料的水化产物氯氧镁水化物均溶解于水。由它们组成的结构长期在水作用下会溶解、溃散而破坏。因此，这些材料的软化系数小，抗冻性差。要掌握这些胶凝材料的特性，在使用时应注意环境条件的影响，它们宜用在室内不与水长期接触的工程部位。而且，在储运过程中应注意防潮，储存期也不宜过长。

水泥是混凝土最重要的组成材料。本章内容重点介绍了硅酸盐水泥（波特兰水泥），对其生产原料、生产过程、熟料矿物组成以及它们对水泥性能的影响作了简介，了解了水泥的凝结硬化过程及机理，并掌握常用水泥的主要技术性能、共性与特点，以及工程中的应用。为了满足不同工程需要，还简要介绍了一些特性水泥和专用水泥，应掌握这些不同品种水泥与硅酸盐水泥的共性及特征，以及其特殊的用途。

项目习题

一、单选题

1. 下面各项指标中，（　　）与建筑石膏的质量等级划分无关。

A. 强度　　　　　B. 细度　　　　　C. 凝结时间　　　　　D. 未消化残渣含量

2. 石灰在消解（熟化）过程中（　　）。

A. 体积明显缩小　　　　　　　　B. 放出大量热量

C. 体积不变   D. 与 Ca（OH）$_2$ 作用形成 $CaCO_3$

3. 石灰熟化过程中的"陈伏"是为了（   ）。

A. 有利于结晶   B. 蒸发多余水分

C. 消除过火石灰的危害   D. 降低发热量

4. （   ）浆体在凝结硬化过程中，其体积发生微小膨胀。

A. 石灰   B. 建筑石膏   C. 菱苦土   D. 水泥

5. 下列哪一组材料全部属于气硬性胶凝材料？（ ）

A. 石灰、水泥   B. 玻璃、水泥   C. 石灰、建筑石膏   D. 沥青、建筑石膏

6. 水泥熟料中，（   ）与水发生反应的速度最快。

A. 硅酸三钙   B. 硅酸二钙   C. 铝酸三钙   D. 铁铝酸四钙

7. 为了调节硅酸盐水泥的凝结时间，常掺入适量的（ ）。

A. 石灰   B. 石膏   C. 粉煤灰   D. MgO

8. 用沸煮法检验水泥体积安定性，只能检查出（   ）的影响。

A. f-CaO   B. f-MgO   C. 石膏   D. f-CaO 和 f-MgO

9. 硅酸盐水泥的强度等级根据下列什么强度划分？（   ）

A. 抗压与抗折   B. 抗折   C. 抗弯与抗剪   D. 抗压与抗剪

10. 根据水泥石侵蚀的原因，下列哪一条是错误的硅酸盐水泥防侵蚀措施？（   ）

A. 提高水泥强度等级

B. 提高水泥的密实度

C. 根据侵蚀环境特点，选用适当品种的水泥

D. 在混凝土或砂浆表面设置耐侵蚀且不透水的防护层

二、多选题

1. 对石膏的技术要求主要有（   ）。

A. 细度   B. 强度   C. 有效 CaO 含量   D. 凝结时间

2. 黏土质原料主要是为了提供硅酸盐水泥熟料的（   ）成分。

A. SiO_2 B. Fe_3O_4 C. CaO   D. Al_2O_3

3. 为了降低水泥的水化热可以用的方法有（   ）。

A. 将水泥磨细   B. 掺入粉煤灰   C. 掺入矿渣   D. 掺入缓凝剂

4. 导致硅酸盐水泥安定性不良的可能原因有（   ）。

A. 过量 f-CaO   B. 碱含量   C. 过量 SO_3 D. 过量 MgO

5. 硅酸盐水泥腐蚀的基本原因是（   ）。

A. 含过高的 f-CaO   B. 水泥石中存在 Ca（OH）$_2$

C．掺石膏过多　　　　　　　　　　D．水泥石本身不密实

6．矿渣水泥适用于（　　）的混凝土。

A．有抗渗要求　　B．早强要求高　　C．大体积　　　　　D．耐热

7．火山灰质水泥适用于有下列要求的混凝土（　）。

A．抗渗　　　　　　B．蒸汽养护　　　C．冬期施工　　　　D．早强

8．生产水泥常用的活性混合材料有（　　）。

A．粒化高炉矿渣　　　　　　　　　　B．火山灰质混合材料

C．粉煤灰　　　　　　　　　　　　　D．磨细石灰石

三、填空题

1．无机胶凝材料按硬化条件分为_____和_____。

2．建筑石膏与水拌合后，最初是具有可塑性的装体，随后浆体变稠失去可塑性，但尚无强度时的过程称为，以后逐渐变成具有一定强度的固体过程称为_____。

3．常用"六大通用"水泥品种包括：硅酸盐水泥_____、_____、_____、_____、_____、。

4．硅酸盐水泥熟料中的四大矿物成分包括_____、_____、_____、_____。

5．水泥试件标准养护的条件是指：温度为_____、相对湿度为_____。

6．水泥的强度等级时根据水泥胶砂的_____天和_____天的抗压强度和抗折强度确定的，其中水泥强度等级中的 R 表示_____。

7．硅酸盐水泥和普通硅酸水泥的细度以_____表示，矿渣硅酸盐水泥、火山灰质硅酸盐水泥、粉煤灰硅酸盐水泥、复合硅酸盐水泥的细度以_____表示。

8．硅酸盐水泥中活性混合材料的"激发剂"是指_____、_____。

四、判断题

1．石灰熟化的过程又称为石灰的消解。（　　　）

2．石灰膏在储液坑中存放两周以上的过程称为"淋灰"。（　　　）

3．测定水泥标准稠度用水量是为了确定混凝土的拌和用水量。（　　　）

4．水泥的强度等级按规定龄期的抗压强度来划分。（　　　）

5．生产水泥原料中的黏土质主要提供 SiO_2、Al_2O_3、Fe_2O_3。（　　　）

6．因为水泥是水硬性胶凝材料，所以运输和贮存时不怕受潮。（　　　）

7．生产水泥的最后阶段还要加入石膏，主要是为调整水泥的凝结时间。（　　　）

8．按现行标准，硅酸盐水泥的初凝时间不得超过 45 分钟。（　　　）

9．硅酸盐水泥的细度越细越好。（　　　）

10．普通硅酸盐水泥的细度以 80um 方孔筛余表示，筛余应不大于 10%。（　　）

五、简答题

1．何谓石灰的熟化和"陈伏"？为什么要"陈伏"？

2．石膏为什么不宜用于室外？

3．为什么生产硅酸盐水泥时掺入适量的石膏对硬化水泥石没有破坏作用，而硬化水泥石在有硫酸盐的介质中会产生破坏现象？

4．影响水泥水泥凝结硬化的主要因素有哪些？

5．试述硅酸盐水泥的主要矿物成分及其对水泥性能的影响？

6．硅酸盐水泥的侵蚀有哪些类型？内因是什么？防止腐蚀的措施有哪些？

7．什么是水泥的体积安定性？造成水泥体积安定性不良的原因有哪些？如何确定？

8．硅酸盐水泥检验中，哪些性能不符合要求时，则该水泥属于不合格品？哪些性能不符合要求时则该水泥属于废品？怎样处理不合格品和废品？

9．什么是活性混合材料和非活性混合材料？掺入硅酸盐水泥中各能起到什么作用？

10．现有下列工程和构件生产任务，试分别选用合理的水泥品种，并说明选用的理由。

（1）现浇楼板、梁、柱工程，冬季施工。

（2）采用蒸汽养护的预制构件。

（3）紧急军事抢修工程。

（4）大体积混凝土闸、坝工程。

（5）有硫酸盐腐蚀的地下工程。

（6）海港码头入海洋混凝土工程。

（7）高温车间及其它有耐热要求的混凝土工程（温度在 200℃以下及温度在 900℃以上的工程）。

（8）有抗冻要求的混凝土工程。

（9）处于干燥环境下施工的混凝土工程。

（10）修补旧建筑物的裂缝。

（11）水中，地下的建筑物（无侵蚀介质）。

六、计算题

1．一组水泥试件 28 天抗折强度分别为 7.2MPa、7.5MPa、7.6MPa，求该组试件的抗折强度。

2．某批水泥强度等级为 32.5MPa，试验时检测 28 天抗压强度值分别为 41.2、40.9、37.0、43.2、44.0、42.3，求该批水泥强度实测值。

项目 3   水泥混凝土

【项目导读】

水泥混凝土是现代土木结构最主要的材料之一，它的基本组成材料有水泥、砂、石、水、外加剂和掺合料，具有原材料丰富、经久耐用、成本较低、节约能源、可塑性和黏结力强等优点。

【项目目标】

➤ 了解混凝土的分类、性能特点及其发展趋势
➤ 掌握水泥混凝土各组成材料所起的作用及技术要求
➤ 掌握水泥混凝土和易性的含义和测定方法、影响因素及改善措施
➤ 掌握影响混凝土强度的因素及提高其强度的措施
➤ 理解混凝土耐久性的影响因素及提高措施
➤ 掌握混凝土配合比设计方法

3.1   混凝土基本知识

广义上讲，凡由胶凝材料、粗细骨料（或称集料）、水、外加剂和掺合料按一定比例拌和，并在一定条件下凝结、硬化而成的人造石材，统称为混凝土，可简写为"砼"。目前，使用于土木工程最多的是以水泥为胶凝材料，以砂为细骨料，碎石或卵石为粗骨料，加入适量的水，必要时可掺入适量外加剂和矿物掺合料，按适当比例配合，经搅拌均匀、振实成型及养护硬化而成的水泥混凝土或普通混凝土。

3.1.1   混凝土的分类

1. 按表观密度分类

按表观密度分类，混凝土可分为重混凝土、普通混凝土和轻混凝土。

（1）重混凝土。表观密度＞2800kg/m³，为了屏蔽各种射线的辐射，采用各钢屑、重晶石、铁矿石等重骨料和钡水泥、锶水泥等重水泥配制而成，又称防辐射混凝土，用于核能工厂的屏障结构材料。

（2）普通混凝土。表观密度为 2000 kg/m³～2800kg/m³ 的水泥混凝土。主要以砂、石子和水泥配制而成，是土木工程中最常用的混凝土品种，用于各种建筑的承重结构材料。

（3）轻混凝土。表观密度＜1900kg/m³，骨料为多孔轻质骨料，或无砂的大孔混凝土或不采用骨料而掺入加气剂或泡沫剂形成的多孔结构混凝土。主要用作轻质结构（大跨度）材料和隔热保温材料。

2. 按胶凝材料分类

按胶凝材料分类，混凝土可分为水泥混凝土、沥青混凝土（沥青混合料）、石膏混凝土、水玻璃混凝土、聚合物混凝土等。

3. 按用途分类

按用途分类，混凝土可分为结构混凝土、防水混凝土、道路混凝土、防辐射混凝土、耐热混凝土、耐酸混凝土、水工混凝土、大体积混凝土、膨胀混凝土等。

4. 按生产和施工方法分类

按生产和施工方法分类，混凝土可分为泵送混凝土、喷射混凝土、碾压混凝土、挤压混凝土、离心混凝土、压力灌浆混凝土、预拌混凝土（商品混凝土）等。

5. 按强度等级分类

按混凝土抗压强度分类，混凝土可分为低强混凝土（f_{cu}＜30MPa）、中强度混凝土（30MPa≤f_{cu}＜60MPa（C30～C55）为中强度混凝土）、高强度混凝土（60MPa≤f_{cu}＜100MPa）和超高强度混凝土（f_{cu}≥100MPa）。

6. 按流动性大小分类

（1）按坍落度大小分类，混凝土可分为低塑性混凝土、塑性混凝土、流动性混凝土、大流动性混凝土、流态混凝土。

（2）按维勃稠度值分类，混凝土可分为超干硬性混凝土、特干硬性混凝土、干硬性混凝土、半干硬性混凝土。

7. 按掺和料种类分类

按掺和料种类分类，混凝土可分为粉煤灰混凝土、硅灰混凝土、矿渣混凝土、纤维混凝土等。

8. 按每立方米水泥用量分类

按每立方米水泥用量分类，混凝土可分为贫混凝土（水泥用量不超过 170kg）和富混凝土（水泥用量不小于 230kg）等。

3.1.2 普通混凝土的优缺点

1. 普通混凝土的优点

普通混凝土的优点主要有以下几个：

（1）原材料资源丰富，价格低廉。混凝土组成材料中，砂、石等地方材料占 80%左右，符合就地取材和经济原则。

（2）易于加工成型。新拌混凝土有良好的可塑性，可以按工程结构的设计要求，浇筑成各种形状和任意尺寸的整体结构或预制构件。

（3）匹配性好。各组成材料之间有良好的匹配性，可组成共同的具有互补性的受力整体。

（4）可调整性强。可根据不同要求，通过改变各组成材料的品种、调整配合比配制出不同性能的混凝土。

（5）强度高、耐久性好。混凝土的抗压强度一般在 7.5MPa～60MPa 之间。当掺入高效减水剂和掺合料时，强度可达 100MPa 以上。而且，原材料选择正确、配比合理、施工养护良好的混凝土具有优异的抗渗性、抗冻性和耐腐蚀性能，且对钢筋有保护作用，可保持混凝土结构长期使用性能稳定。

（6）与钢筋有牢固的粘结力。混凝土与钢筋有相近的线膨胀系数，密实的混凝土与钢筋间能形成较高的粘接强度，二者复合成钢筋混凝土后，能互补优缺，大大扩展了混凝土的应用范围。

（7）可充分利用工业废料。混凝土中可掺入大量的粉煤灰、矿渣等工业废料（可取代部分水泥和砂），既改善了混凝土性能，降低成本，又有利于环境保护。

2. 普通混凝土的缺点

普通混凝土的缺点主要有以下几个：

（1）自重大，比强度低。$1m^3$混凝土重约2400kg，故结构物自重较大，对高层、超高层及大跨度建筑施工安装不利，也不利于提高有效承载能力。

（2）抗拉强度低，抗裂性差。混凝土的抗拉强度一般只有抗压强度的$1/10\sim1/20$，易开裂。

（3）收缩变形大。水泥水化凝结硬化引起的自身收缩和干燥收缩达500×10^{-6}m/m以上，易产生混凝土收缩裂缝。

（4）导热系数大，保温隔热性能较差。普通混凝土导热系数约为$1.4W/（m.K）$,是普通砖的两倍。

（5）硬化较慢，生产周期长。混凝土的硬化受温度、湿度影响较大，故需要较长时间的养护才能达到一定的强度。

（6）强度波动因素多等。混凝土施工过程中，原材料的质量及计量的准确度、成型工艺、养护条件等都会对其强度产生影响。

由于混凝土有上述重要优点，所以广泛用于工业与民用建筑工程、水利工程、地下工程、公路、铁路、桥涵以及国防军事各类工程。而混凝土的不足之处也随着现代混凝土科学技术的发展，已经得到或正在被克服。例如采用轻骨料，可使混凝土的自重和导热系数显著降低；在混凝土内掺入纤维或聚合物，可降低混凝土的脆性；混凝土掺入早强剂、减水剂或采用快硬水泥，可明显缩短其硬化周期。

3.1.3　混凝土的发展方向

为了适应将来的建筑向高层、超高层大跨度发展，以及向地下和海洋开发，混凝土今后的发展是：快硬、高强、轻质、高耐久性、多功能和节能。因此新型混凝土材料在工程建设中的地位显得日益重要。下面简单介绍几种常用的新型混凝土。

1. 碾压混凝土

近几年来,碾压混凝土发展较快,可用于大体积混凝土结构（如水工大坝、大型基础）、工业厂房地面、公路路面及机场跑道等。整个施工过程的机械化程度高，施工效率高，劳动条件好，可大量掺用粉煤灰。与普通混凝土相比，浇筑工期可缩短$1/3\sim1/2$，用水量可减少20%，水泥用量可减少30%～60%。碾压混凝土的层间抗剪性能是其被用来修建混凝土高坝的关键。在公路、工业厂房地面等大面积混凝土工程中，采用碾压混凝土，或者在碾压混凝土中再加入钢纤维，成为钢纤维碾压混凝土，则其力学性能及耐久性还可进一步改善。

2. 高性能混凝土（HPC）

HPC 具有高强（60MPa～100MPa）和超高强（≥100MPa）特性，可使混凝土结构尺寸大大减少，从而减轻结构自重和对地基的荷载，并减少材料用量，增加使用空间，大幅度的降低工程造价。HPC 的高耐久性可增加对恶劣环境的抵御能力，延长建筑物的使用寿命，减少维修费用及对环境带来的影响，具有显著的社会和经济效益。

3. 喷射混凝土

喷射混凝土是借助喷射机械，将速凝混凝土喷向岩石或结构物表面，使岩石或结构物得到加强和保护。喷射混凝土是由喷射水泥砂浆发展起来的，它主要用于矿山、竖井平巷、交通隧道、水工涵洞等地下建筑物和混凝土支护或喷锚支护；地下水池、油罐、大型管道的抗渗混凝土施工；各种工业炉衬的快速修补；混凝土构筑物的浇筑与修补等。喷射混凝土一般不用模板，有加快施工进度、强度增长快、密实性良好、施工准备简单、适应性较强等特点。

4. 低强混凝土

低强混凝土的抗压强度为 8MPa 或更低。这种材料可用于基础、桩基的填、垫、隔离及作路基或填充孔洞之用，也可用于地下构造。在一些特定情况下，可用低强混凝土调整混凝土的相对密度、工作度、抗压强度、弹性模量等性能指标，而且不易产生收缩裂缝。这种混凝土可望在软土工程中得到发展应用。

5. 透明混凝土

透明混凝土是由匈牙利建筑师阿隆·罗索尼奇发明，并通过展览迅速在业界传播。它是由普通混凝土和玻璃纤维组成的，是特殊的树脂和水泥的混合，具有高质量的透明度，可以透过光线。这种混凝土制成品极具多元化，如果使用大量的颜色各异的树脂组合，可以折射五彩斑斓的灯光，为建筑披上神奇的色彩。在瑞典的斯德哥尔摩，人们使用这种透明混凝土砖制作人行道，一般情况下，它和普通混凝土没有什么不同，到了晚上，埋设在下面的灯光透过它照射出来，有种朦胧的美感。

6. 高性能纤维混凝土

高性能纤维混凝土具有防止或减少混凝土干固塑性形变时收缩引起的裂缝、改善混凝土长期工作性能、提高混凝土的变形能力和耐久性等特点，因此在建筑、交通、水利等方面有广泛的应用。纤维混凝土是纤维和水泥基料（水泥石、砂浆或混凝土）组成的复合材料的统称。纤维混凝土所用纤维，按其材料和性质可分为:金属纤维、无机纤维、人造矿物纤维、有机纤维、植物纤维。纤维在纤维混凝土中的主要作用是提高抗拉极限强度，限制在外力作用下水泥基料中裂缝的扩展。当水泥基料发生开裂时，横跨裂缝的纤维则成为外力的主要承受者。与普通混凝土相比，纤维混凝土具有较高的抗拉与抗弯极限强度，尤以韧性的提高幅度最大。

7. 轻质混凝土

利用天然轻骨料（如浮石、凝灰岩等）、工业废料轻骨料（如炉渣、粉煤灰陶粒、自燃煤矸石等）、人造轻骨料（页岩陶粒、黏土陶粒、膨胀珍珠岩等）制成的轻质混凝土具有密度较小、相对强度高以及保温、抗冻性能好等优点。利用工业废渣，如废弃锅炉煤渣、煤矿的煤矸石、火力发电站的粉煤灰等制备轻质混凝土，可降低混凝土的生产成本，并变废为宝，减少城市或厂区的污染，减少堆积废料占用的土地，对环境保护也是有利的。

8. 自密实混凝土

自密实混凝土不需机械振捣，而是依靠自重使混凝土密实。该种混凝土的流动度虽然高，但仍可以防止离析。这种混凝土的优点有：现场施工无振动噪音，可进行夜间施工，不扰民；对工人健康无害；混凝土质量均匀、耐久；钢筋布置较密或构件体型复杂时也易于浇筑；施工速度快，现场劳动量小。

3.2 普通混凝土的组成材料

普通混凝土的基本组成材料是水泥、水、天然砂和石子，另外还常掺入适量的掺合料和外加剂。砂、石在混凝土中起骨架作用，故也称为骨料（或称集料），它们还起到抵抗混凝土在凝结硬化过程中的收缩作用。在混凝土中，粗骨料起总体的骨架作用，其空隙和表面由水泥砂浆填充和包裹；在水泥砂浆中，砂起骨架作用，其空隙和表面由水泥浆填充和包裹，如图 3-1 所示。在混凝土硬化前，水泥浆起润滑作用，赋予混凝土一定的流动性，便于施工。水泥浆硬化后起胶结作用，把砂石骨料胶结在一起，成为坚硬的人造石材，并产生强度。

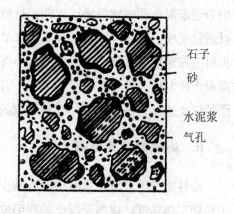

石子
砂

水泥浆
气孔

图 3-1　混凝土结构

3.2.1　水泥的要求

水泥在混凝土中起胶结作用，是最重要的材料。正确、合理地选择水泥的品种和强度等级，是影响混凝土强度、耐久性及经济性的重要因素。

1. 水泥品种的选择

水泥品种应根据混凝土工程性质、施工条件、工程环境等来合理选用，如表 3-1 所示。在满足工程要求的前提下，可选用价格较低的水泥品种，以节约造价。

表 3-1 常用水泥的选用

混凝土工程特点或所处环境条件		优先选用	可以使用	不宜使用
环境条件	在普通气候环境中的混凝土	普通硅酸盐水泥	矿渣硅酸盐水泥、火山灰质硅酸盐水泥、粉煤灰硅酸盐水泥、复合硅酸盐水泥	
	在干燥环境中的混凝土	普通硅酸盐水泥	矿渣硅酸盐水泥	火山灰质硅酸盐水泥、粉煤灰硅酸盐水泥
	在高湿度环境中或永远处在水下的混凝土	矿渣硅酸盐水泥	普通硅酸盐水泥、火山灰质硅酸盐水泥、粉煤灰硅酸盐水泥、复合硅酸盐水泥	
	严寒地区的露天混凝土、寒冷地区的处在水位升降范围内的混凝土	普通硅酸盐水泥	矿渣硅酸盐水泥	火山灰质硅酸盐水泥、粉煤灰硅酸盐水泥
	严寒地区处在水位升降范围内的混凝土	普通硅酸盐水泥（强度等级≥42.5）		火山灰质硅酸盐水泥、粉煤灰硅酸盐水泥、矿渣硅酸盐水泥
	受侵蚀性环境水或侵蚀性气体作用的混凝土	根据侵蚀性介质的种类、浓度等具体条件按专门（或设计）规定选用		
	厚大体积的混凝土	粉煤灰硅酸盐水泥、矿渣硅酸盐水泥	普通硅酸盐水泥、火山灰质硅酸盐水泥	硅酸盐水泥、快硬硅酸盐水泥

（续表）

工程特点			矿渣硅酸盐水泥、火山灰质硅酸盐水泥、粉煤灰硅酸盐水泥
要求快硬的混凝土	快硬硅酸盐水泥、硅酸盐水泥	普通硅酸盐水泥	矿渣硅酸盐水泥、火山灰质硅酸盐水泥、粉煤灰硅酸盐水泥
高强（大于 C60）的混凝土	硅酸盐水泥	普通硅酸盐水泥、矿渣硅酸盐水泥	火山灰质硅酸盐水泥、粉煤灰硅酸盐水泥
有抗渗性要求的混凝土	普通硅酸盐水泥、火山灰质硅酸盐水泥		矿渣硅酸盐水泥
有耐磨性要求的混凝土	硅酸盐水泥、普通硅酸盐水泥		

【案例分析】某施工队使用以煤渣掺量为 30％的火山灰水泥铺筑路面，如图 3-2 所示。使用两年后，表面耐磨性差，已出现露石，且表面有微裂缝，请分析原因。

图 3-2 火山灰水泥铺筑路面

【原因分析】按 JTJ 012－94《公路混凝土路面设计规范》，对于水泥混凝土路面，"水泥可采用硅酸盐水泥、普通硅酸盐水泥和道路硅酸盐水泥。中等及轻交通的路面，也可以采用矿渣硅酸盐水泥。"所以说火山灰水泥铺筑路面是选用水泥不当。

2. 水泥强度等级的选择

选用原则：选择与混凝土的设计强度等级相适应的水泥标号。也就是配制高强度等级的混凝土选用高强度等级的水泥，低强度等级的混凝土选用低强度等级的水泥。现将配制混凝土所用的水泥强度等级如表3-2所示。

经验证明，配制C30以下的混凝土，水泥强度等级为混凝土强度等级的1.1～1.8倍；配制C40以上的混凝土，水泥强度等级为混凝土强度等级的1.0～1.5倍，同时还需要掺入高效减水剂。

表 3-2　配制混凝土所用水泥强度等级

预配混凝土强度等级	所选水泥强度等级	预配混凝土强度等级	所选水泥强度等级
C7.5～C25	32.5	C50～C60	52.5
C30	32.5 42.5	C65	52.5、62.5
C35～C45	42.5	C70～C80	62.5

【例题】为什么不宜用高强度等级水泥配制低强度等级的混凝土？为什么不宜用低强度等级水泥配制高强度等级的混凝土？

【解】采用高强度等级水泥配制低强度等级混凝土时，只需少量的水泥或较大的水灰比就可满足强度要求，但却满足不了施工要求的良好的和易性，施工困难，硬化后的耐久性较差，因而不宜用高强度等级水泥配制低强度等级的混凝土。

用低强度等级水泥配制高强度等级的混凝土时，一是很难达到它要求的强度，二是需采用很小的水灰比或者说水泥用量很大，因而硬化后混凝土的干缩和徐变变形增大，对混凝土结构不利，容易干裂。同时由于水泥用量大，水化放热量也大，对大体积或较大体积的工程极为不利，此外经济上也不合理。所以不宜用低强度等级水泥配制高强度等级的混凝土。

3.2.2　细骨料（砂）

水泥混凝土中的细骨料是指粒径为 0.15mm～4.75mm 之间的颗粒，通常指砂。混凝土用砂可分为天然砂和人工砂两类。

天然砂是由自然风化、水流搬运和分选、堆积形成的，粒径小于4.75mm的岩石颗粒，但不包括软质岩、风化岩石的颗粒。按产源不同可分为河砂、湖砂、山砂、海砂。河砂、湖砂由于长期受水流的冲刷作用，颗粒表面比较圆滑、洁净，且产源较广；而海砂中常含有贝壳、碎片及可溶性氯盐、硫酸盐等有害成分，一般情况下不直接使用；山砂颗粒多棱角，表面粗糙，含较多黏土和有机质，质地较差。建筑工程中一般采用河砂作细骨料。天然砂按其技术要求分为Ⅰ类、Ⅱ类、Ⅲ类三个类别。I类宜用于强度等级大于C60的混凝土；Ⅱ类宜用于强度等级C30～C60及抗冻、抗渗或其他要求的混凝土；Ⅲ类宜用于强度等级小于C30的混凝土和建筑砂浆。

人工砂是由天然石料粉碎加工而成的，分为机制砂和混合砂。机制砂是由机械破碎、筛分制成的，粒径小于4.75mm的岩石颗粒，但不包括软质岩、风化岩石的颗粒。机制砂其颗粒棱角多，较洁净，但片状颗粒及细粉含量较多，且成本较高，一般只在当地缺乏天然

砂源时才采用。混合砂是由机制砂和天然砂混合制成的砂。

根据我国《建筑用砂》（GB/T14684-2011），对所采用的细骨料的质量要求主要有以下几个方面。

1. 表观密度、堆积密度和空隙率

河砂的表观密度一般为 2500 kg/m^3～2600kg/m^3，表观密度越大，砂颗粒结构越密实，强度越高。自然状态下松散干砂的堆积密度一般为 1400 kg/m^3～1600kg/m^3，振实后可达 1600 kg/m^3～1700kg/m^3。天然河砂的空隙率为 40%～45%，级配良好的砂的空隙率可小于 40%。

2. 有害杂质含量

（1）粘土、淤泥。粘附在砂粒表面妨碍水泥与砂的粘结，增大用水量，降低混凝土的强度和耐久性，并增大混凝土的干缩。

（2）云母。钾、铝、镁、铁等层状结构的铝硅酸盐物质。与水泥粘结性差，强度低且脆，影响混凝土、砂浆的强度。

（3）轻物质。表观密度小于2000kg/m^{3}的物质。强度低，影响混凝土、砂浆的强度。

（4）有机物。影响混凝土的凝结硬化。

（5）硫化物及硫酸盐。会造成水泥石的腐蚀。

（6）海砂。含的氯化钠等氯化物对钢筋有锈蚀作用，因此，对使用海砂配制混凝土时，其氯盐含量（折算成NaCl）不应大于0.1%，对预应力钢筋混凝土结构，不宜采用海砂。

为保证混凝土的质量，砂中有害杂质的含量，其含量应符合表3-3的规定。

表3-3 砂中有害物质含量

项目	指标		
	I 类	II 类	III 类
云母（按质量计）小于（%）	1.0	2.0	2.0
轻物质（按质量计）小于（%）	1.0	1.0	1.0
有机物（比色法）	合格	合格	合格
硫化物及硫酸盐（按SO$_3$质量计）小于（%）	0.50	0.50	0.50
氯化物（以氯离子质量计）小于（%）	0.01	0.02	0.06

有害杂质产生危害的原因主要有以下几个：

（1）泥块阻碍水泥浆与砂粒结合，使强度降低；含泥量过大，会增加混凝土用水量，从而增大混凝土收缩。

（2）云母表面光滑，为层状、片状物质，与水泥浆粘结力差，易风化，影响混凝土强度及耐久性。

（3）泥块阻碍水泥浆与砂粒结合，使强度降低。

（4）硫化物及硫酸盐：对水泥起腐蚀作用，降低混凝土的耐久性。

（5）有机质可腐蚀水泥，影响水泥的水化和硬化。氯盐会腐蚀钢筋。

3. 含泥量、石粉含量和泥块含量

含泥量是指天然砂中粒径小于0.075mm的颗粒含量；石粉含量是指人工砂中粒径小于0.075mm的颗粒含量；泥块含量是指粗（细）集料中粒径大于4.75mm（1.18mm），水洗后小于2.23mm（0.6mm）的颗粒含量。

（1）天然砂的含泥量和泥块含量应符合表3-4的规定。

表 3-4　含泥量和泥块含量

项目	指标		
	I 类	II 类	III 类
含泥量（按质量计，%）小于	1.0	3.0	5.0
泥块含量（按质量计，%）小于	0	1.0	2.0

（2）人工砂的石粉含量和泥块含量应符合表 3-5 的规定。

表 3-5 人工砂石粉含量和泥块含量

	项　目		指　标		
			I 类	II 类	III 类
1	亚甲蓝试验	MB 值<1.04 或合格	石粉含量（按质量计），%	<3.0	<5.0	<7.0[①]
2			泥块质量（按质量计），%	0	<1.0	<2.0
3		MB 值≥1.04 或不合格	石粉含量（按质量计），%	<1.0	<3.0	<5.0
4			泥块质量（按质量计），%	0	<1.0	<2.0

注：亚甲蓝MB值：用于判定人工砂中粒径小于75μm颗粒含量主要是泥土还是与被加工母岩化学成分相同的石粉的指标

当砂中有害杂质及含泥量多，又无合适砂源时，可过筛和用清水或石灰水（有机质含量多时）冲洗后使用，以符合就地取材原则。

【案例分析】某中学一栋砖混结构教学楼，在结构完工进行屋面施工时，屋面局部倒塌。经审查设计，未发现任何问题。对施工方面审查发现：所设计为C20的混凝土，施工时未留试块，事后鉴定其强度仅C7.5左右，在断口处可清楚看出砂石未洗净，管料中混有鸽蛋大小的粘土块粒和树叶等杂质。此外梁主筋偏于一侧，梁的受拉区1/3宽度内几乎无钢筋。

【原因分析】集料的杂质对混凝土强度有重大的影响，必须严格控制杂质含量。树叶等杂质固然会影响混凝土的强度，而粘土黏附在骨料的表面，防碍水泥石与骨料的黏结，降低混凝土强度，还会增加拌和水量，加大混凝土的干缩，降低抗渗性和抗冻性。泥块对混凝土性质的影响严重。

4. 砂的颗粒级配和粗细程度

砂的颗粒级配，即表示砂中大小颗粒的搭配情况。在混凝土中砂粒之间的空隙是由水泥浆所填充，为达到节约水泥和提高强度的目的，就应尽量减小砂粒之间的空隙。由图3-2可以看出，如果用同样粒径的砂，空隙率最大，如图3-2a所示；两种粒径的砂搭配起来，空隙率就减小，如图3-2b所示；三种或更多种粒径的砂搭配，空隙率就更小，如图3-2c所示。因此，要减小砂粒间的空隙，就必须用大小不同的颗粒搭配。

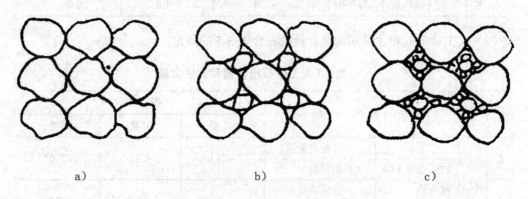

图 3-2　骨料的颗粒级配

a）空隙率最大；b）空隙率减小；c）空隙率更小

砂的粗细程度，是指不同粒径的砂粒，混合在一起后的总体的粗细程度，通常有粗砂、中砂、细砂和特细砂四种规格。在相同用量条件下，粗砂的总表面积要比细砂小，则所需要包裹砂粒表面的水泥浆少。因此，用粗砂配制混凝土要比用细砂所用水泥量要省。

在拌制混凝土时，对砂的粗细程度和颗粒级配的要求是：总的表面积要小，总的空隙率要小。目的是节省水泥用量，提高混凝土的密实度与强度。

砂的颗粒级配和粗细程度，常用筛分析法进行测定。用级配区（Ⅰ区、Ⅱ区、Ⅲ区）

表示砂的颗粒级配，用细度模数（M_x）表示砂的粗细程度。

所谓筛分析法，是用一套孔径（净尺寸）为 4.75mm、2.36mm、1.18mm、0.60mm、0.30mm、0.15mm 的6个标准方孔筛，将500g干砂试样由粗到细依次过筛，然后称量余留在各筛上的砂量，并计算出各筛上的分计筛余百分率a_1、a_2、a_3、a_4、a_5、a_6（某号筛上的筛余量占试样总质量的百分率）、累计筛余百分率A_1、A_2、A_3、A_4、A_5、A_6（某号筛的分计筛余百分率和大于某号筛的各筛的分计筛余百分率之总和）及通过百分率P_i（通过某号筛的质量占试样总质量的百分率，即100与某号筛的累计筛余之差）。

a_i及A_i的计算方法如表3-6所示。

表 3-6　分计筛余百分率与累计筛余百分率的关系

筛孔尺寸/mm	分计筛余a_i/（%）	累计筛余A_i/（%）
4.75	a_1	$A_1 = a_1$
2.36	a_2	$A_2 = a_{1+} a_2$
1.18	a_3	$A_3 = a_{1+} a_{2+} a_3$
0.06	a_4	$A_4 = a_{1+} a_{2+} a_{3+} a_4$
0.03	a_5	$A_5 = a_{1+} a_{2+} a_{3+} a_{4+} a_5$
0.15	a_6	$A_6 = a_{1+} a_{2+} a_{3+} a_{4+} a_{5+} a_6$

细度模数（M_x）是通过累计筛余百分率计算而得，用于评价细集料粗细程度的指标。其计算公式为：

$$M_x = \frac{(A_2 + A_3 + A_4 + A_5 + A_6) - 5A_1}{100 - A_1} \qquad (3-1)$$

细度模数（M_x）愈大，表示砂愈粗，单位质量总表面积就愈小。普通混凝土用砂的细度模数范围为3.7～1.6，其中M_x在3.7～3.1为粗砂，M_x在3.0～2.3为中砂，M_x在2.2～1.6为细砂，M_x在1.5～0.7为特细砂。

砂的颗粒级配，以级配区或筛分曲线判定砂级配的合格性。细度模数为3.7～1.6的普通混凝土用砂，按0.60mm孔径筛的累计筛余百分率，划分成三个级配区即Ⅰ区、Ⅱ区、Ⅲ区，如表3-7所示。

表 3-7　砂的颗粒级配区

筛孔尺寸	累计筛余百分率（%）		
	Ⅰ 区	Ⅱ 区	Ⅲ 区
4.75mm	10～0	10～0	10～0
2.36mm	35～5	25～0	15～0
1.18mm	65～35	50～10	25～0

（续表）

0.60mm	85～71	70～41	40～16
0.30mm	95～80	92～70	85～55
0.15mm	100～90	100～90	100～90

注：①砂的实际颗粒级配与表中所列数字相比，除4.75mm和0.60mm筛孔外，可以略有超出，但超出总量应小于5%

②Ⅰ区人工砂中0.15mm筛孔的累计筛余可以放宽到100%～85%，Ⅱ区人工砂中0.15mm筛孔的累计筛余可以放宽到100%～80%，Ⅲ区人工砂中0.15mm筛孔的累计筛余可以放宽到100%～75%

以累计筛余百分率为纵坐标，以筛孔尺寸为横坐标，根据表3.7的数值可画出砂三个级配区的筛分曲线，如图3-3所示。通过观察所画的砂的筛分曲线是否完全落在三个级配区的任一区内，即可判定该砂级配是否合格。同时也可根据筛分曲线偏向情况大致判断砂的粗细程度，当筛分曲线偏向右下方时，表示砂较粗，筛分曲线偏向左上方时，表示砂较细。

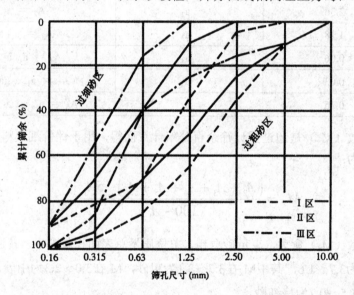

图 3-3　筛分曲线

配制混凝土时宜优先选用Ⅱ区砂，粗细适中，级配较好，是配制混凝土的最理想的级配区。当采用Ⅰ区砂时，应适当提高砂率，并保证足够的水泥用量，以满足混凝土的工作性；当采用Ⅲ区砂时，宜适当降低砂率，并增加水泥浆的用量，以保证混凝土的强度，满足混凝土的施工和易性要求。

在实际工程中，若砂的级配不符合级配区的要求，可采用人工掺配的方法来改善，即将粗、细砂按适当比例进行试配，掺合使用；或将砂过筛，筛除过粗或过细的颗粒。

【例题】特制砼采用河砂，取砂样烘干，特取500g，按规定步骤进行了筛分，称得各筛号上的筛余量如表3-8所示。求：（1）该砂的细度模数;（2）判断该砂的级配是否合格?

表 3-8　各筛号上的筛余量

筛孔尺寸（mm）	4.75	2.36	1.18	0.60	0.30	0.15	筛底
筛余量（g）	15	75	70	100	120	100	20

【解】（1）求分计筛余百分率a_i。

$$a_1 = \frac{15}{500} \times 100\% = 3\%$$

$$a_2 = \frac{75}{500} \times 100\% = 15\%$$

同理，$a_3 = 14\%$，$a_4 = 20\%$，$a_5 = 24\%$，$a_6 = 20\%$，$a_7 = 4\%$

求累计筛余百分率A_i。

$$A_1 = a_1 = 3\%$$
$$A_2 = a_1 + a_2 = 18\%$$
$$A_3 = a_1 + a_2 + a_3 = 32\%$$

同理：$A_4 = 52\%$，$A_5 = 76\%$，$A_6 = 96\%$，$A_7 = 100\%$

计算砂的细度模数M_x。

$$M_x = \frac{(18+32+52+76+96)-5\times3}{100-3} = 2.67$$

（2）判断。由筛分结果可知，砂在0.60mm筛上的累计筛余百分率为52%，标准规定，按0.60mm的筛孔的累计筛余百分率分为三个级配区：

I区砂：　　$A_4 = 85\% \sim 71\%$;

II区砂：　　$A_4 = 70\% \sim 41\%$;

III区砂：　　$A_4 = 40\% \sim 1600\%$.

由此可知，该砂位于II区，级配合格，$M_x = 2.67$属于中砂范畴。

【案例分析】某工地打算大量拌制C40混凝土，当地所产砂（甲砂）的取样筛分结果如表3-9所示，判定其颗粒级配不合格。外地产砂（乙砂），根据筛分结果，其颗粒级配也不合格。因此打算将两种砂掺配使用，请问是否可行？如果可行，试确定其最合理的掺合比例。

表 3-9　筛分记录

筛孔尺寸/mm	累计筛余率/%		筛孔尺寸/mm	累计筛余率/%	
	甲砂	乙砂		甲砂	乙砂
4.75	0	0	0.60	50	90
2.36	0	40	0.30	70	95
1.18	4	70	0.15	100	100

【原因分析】两种砂掺配使用可行，因为甲砂细砂多，而乙砂粗砂多。要确定其最合理的掺和比例，就要使掺和后的砂的级配落入Ⅱ区。根据Ⅱ区的边界可以算出砂的比例范围。

对于 4.75mm 的筛孔：因为甲乙的筛余都是 0，所以任意比例都可以。

对于 2.36mm 的筛孔：Ⅱ区的累计筛余为 25～0，则设甲砂的比例为 X：

$$X \times 0 + （1-X）\times 40 = 0～25 \rightarrow X = 100\% ～37.5\%$$

同理可以得出以下结果：

对于 1.18mm 的筛孔：91%～34%

对于 0.6mm 的筛孔：100%～50%

对于 0.3mm 的筛孔：100%～12%

对于 0.15mm 的筛孔：任意比例

所以甲砂的比例范围为：91%～50%

5. 砂的坚固性

砂的坚固性是指砂在气候、环境或其它物理因素作用下抵抗破裂的能力。

（1）天然砂采用硫酸钠溶液进行坚固性试验，经5次循环后测其质量损失。即硫酸钠饱和溶液渗入砂粒孔隙后失水结晶，体积膨胀，产生的胀裂力对砂粒的破坏程度。类似于冻融破坏。其质量损失应符合表3-10的规定。

表 3-10　坚固性指标

项目	指标		
	Ⅰ类	Ⅱ类	Ⅲ类
质量损失小于（%）	8	8	10

（2）人工砂应进行压碎值测定。压碎指标试验，是将一定质量（通常300g）在烘干状态下单粒级（0.30mm～0.60mm；0.60mm～1.18mm；1.18mm～2.36mm及2.36mm～4.75mm四个粒级）的砂子入模并颠实，以每秒钟500N的速度加荷，加荷至25KN时保持5s，以同样速度卸荷，然后用该粒级的下限筛（比方粒级为2.36mm～4.75mm时，其下限筛孔

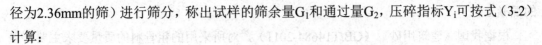

径为2.36mm的筛）进行筛分，称出试样的筛余量G_1和通过量G_2，压碎指标Y_i可按式（3-2）计算：

$$Y_i = \frac{G_2}{G_1 + G_2} \times 100\% \quad (3\text{-}2)$$

压碎指标值应满足表3-11的规定。

表 3-11　压碎指标

项目	指标		
	I 类	II 类	III 类
单级最大压碎指标小于（%）	20	25	30

6. 碱集料反应

碱骨料反应是混凝土原材料中的水泥、外加剂、混合材和水中的碱（Na_2O或K_2O）与骨料中的活性成分反应。当砂中含有活性SiO_2、活性碳酸盐等矿物时，对于长期处于潮湿环境中的混凝土结构，这些活性矿物能与混凝土中的碱发生碱-骨料反应，生成膨胀性凝胶物质，从而导致混凝土产生膨胀、开裂甚至破坏。

对于长期处于潮湿环境中的混凝土结构用砂，应采用快速砂浆棒法进行碱活性检验。当砂浆棒14天膨胀率＜0.10%时，可判定无潜在危害；当砂浆棒14天膨胀率＞0.10%时，可判定有潜在危害。

3.2.3　粗骨料

粒径大于4.75mm的颗粒称为粗骨料（石子）。常用的粗骨料有碎石及卵石两种。

卵石，也称砾石，是指由自然风化、水流搬运和分选、堆积形成的公称粒径＞5.0mm的岩石颗粒。其表面圆滑，空隙率和总表面积均较小，拌制混凝土时水泥浆需用量较少，工作性较好，但与水泥浆的粘结力不如碎石。按其产源可分为河卵石、海卵石、山卵石等几种，其中河卵石应用较多。

碎石由天然岩石、卵石或矿山废石经机械破碎、筛分制成的公称粒径＞5.0mm的岩石颗粒。其颗粒多棱角，表面粗糙，空隙率和总表面积均较大，用碎石拌制的混凝土，所需的水泥浆较多，但水泥浆与碎石的粘结力较强。因此，拌制较高强度混凝土时，宜用碎石或碎卵石。

卵石和碎石按技术要求分为三类：I类宜用于强度等级＞C60的混凝土；II类宜用于强度等级C30～C60的混凝土及有抗冻抗渗或其他要求的混凝土；III类宜用于强度等级＜C30

的混凝土。

根据我国《建筑用砂》（GB/T14684-2011），对所采用的粗骨料的质量要求主要有以下几个方面。

1. 表观密度、堆积密度和空隙率

石子的表观密度应≥2600kg/m³、堆积密度应≥1350kg/m³、空隙率应≤47%。

2. 有害杂质含量

粗骨料中常含有一些有害杂质，如泥块、淤泥、硫化物、硫酸盐、氯化物和有机质。它们的危害作用与在细骨料砂中相同。其含量应符合表3-12的规定。

表3-12 有害杂质含量

项目	指标		
	Ⅰ类	Ⅱ类	Ⅲ类
含泥量（按质量计，%）小于	0.5	1.0	1.5
泥块含量（按质量计，%）小于	0	0.5	0.7
有机物	合格	合格	合格
硫化物及硫酸盐（按SO₃质量计，%）小于	0.5	1.0	1.0

3. 强度

为保证混凝土的强度要求，粗骨料必须具有足够的强度。在配制普通混凝土时，粗骨料的强度应为配制混凝土强度的1.5倍以上。在满足此条件下，粗骨料的强度对混凝土的强度影响不大，虽然混凝土强度有随粗骨料强度提高而增大的趋势，但并不明显。对于高强混凝土，此影响较明显。

碎石强度采用岩石立方体抗压强度和碎石的压碎指标两种方法检验。

（1）岩石立方体抗压强度检验，是将碎石的母岩制成直径余高均为50mm的圆柱体或边长为50mm的立方体，1组6个，在水饱和状态下，48h后进行抗压强度试验，以强度平均值来表示。一般要求碎石母岩岩石的抗压强度不小于混凝土抗压强度的1.5倍，还要考虑母岩的风化程度。

（2）压碎指标，是指将一定质量G_1的气干状态粒径9.50mm～19.0mm的石子装入一标准圆筒内，放在压力机上以1KN/s速度均匀加荷至200KN并稳荷5秒，然后卸荷，用孔径2.36mm的筛除被压碎的细粒，称出留在筛上的试样质量G_2，压碎指标Q_e可按式（3-3）计算：

$$Q_e = \frac{G_1 - G_2}{G_1} \times 100\% \qquad (3\text{-}3)$$

压碎指标 Q_e 值愈小，表示粗骨料抵抗受压破坏的能力愈强。普通混凝土用碎石和卵的压碎指标值如表3-13所示。

表 3-13 普通混凝土用碎石和卵石的压碎指标

项目	指标		
	I类	II类	III类
碎石压碎指标（%）小于	10	20	30
卵石压碎指标（%）小于	12	16	16

4. 颗粒形状及表面特征

粗骨料比较理想的颗粒形状为三维长度相等或相近的立方体或球形颗粒而三维长度相差较大的针、片状颗粒粒形较差。颗粒长度大于平均粒径2.4倍为针状颗粒，颗粒厚度小于平均粒径0.4倍的为片状颗粒。

针、片状颗粒对混凝土性能的影响：一方面使混凝土拌和物的流动性降低，另一方面在硬化混凝土受力时又容易被折断，影响混凝土的强度，而且会增大骨料的空隙率和总表面积，使混凝土拌和物的和易性变差，且会影响到混凝土的耐久性。针、片状颗粒含量应符合表3-14的规定。

表 3-14 针、片状颗粒含量

项目	指标		
	I类	II类	III类
针、片状颗粒（按质量计，%）小于	5	15	25

骨料表面特征主要是指骨料表面的粗糙程度及孔隙特征等。它主要影响骨料与水泥石之间的粘结性能，从而影响混凝土的强度，尤其是抗弯强度，这对高强混凝土更为明显。碎石表面粗糙而且具有吸收水泥浆的孔隙特征，所以它与水泥石的粘结能力较强；卵石表面光滑且少棱角，与水泥石的粘结能力较差，但混凝土拌和物的和易性较好。在其它条件相同情况下，卵石混凝土流动性较碎石混凝土流动性大；碎石混凝土强度比卵石混凝土强度高10%左右。

5. 最大粒径及颗粒级配

（1）最大粒径。最大粒径是指石子公称粒级的上限。例如5mm～40mm粒级的石子，其最大粒径为40mm。

在允许条件下，石子的粒径宜尽量选大一些。粒径愈大，石子的总表面积就愈小，在水泥浆量相同的条件下，水泥浆包裹层就愈厚，有利于润滑和粘结。但粒径受构件尺寸和钢筋疏密程度所限，且粒径越大，其内部存在缺陷的可能性也大，影响混凝土的强度及耐久性。

最大粒径的选用原则：《混凝土结构工程施工质量验收规范》GB50204－2002规定，粗骨料最大颗粒粒径不得超过构件截面最小尺寸的1/4，且不得超过钢筋最小净间距的3/4；对混凝土实心板，骨料的最大粒径不宜超过板厚的1/3，且不得超过40mm；对泵送混凝土，碎石最大粒径与输送管内径之比，宜小于或等于1：3，卵石宜小于或等于1：2.5。

（2）颗粒级配。粗骨料的级配好坏对节约水泥、保证混凝土拌合物良好的和易性及混凝土强度有很大关系。

粗骨料的级配也是通过筛分试验来确定，其方孔标准筛为孔径2.36mm、4.75mm、9.50mm、16.0mm、19.0mm、26.5mm、31.5mm、37.5mm、53.0mm、63.0mm、75.0及90mm共12个筛孔，分计筛余百分率和累计筛百分率计算均与砂的相同。根据我国《建筑用砂》（GB/T14684-2011），普通混凝土用碎石及卵石的颗粒级配范围应符合表3-15的规定。

表3-15 卵石、碎石的颗粒级配

级配情况	公称粒级/mm	累计筛余（按质量计，%）											
		筛孔尺寸/mm											
		2.36	4.75	9.50	16.0	19.0	26.5	31.5	37.5	53.0	63.0	75.0	90.0
连续粒级	5～16	95～100	85～100	30～60	0～10	0	0						
	5～20	95～100	90～100	40～80	—	0～10	0～5						
	5～25	95～100	90～100	—	30～70	—	0～5						
	5～31.5	95～100	90～100	70～90		15～45			0				
	5～40	—	95～100	70～90		30～65		—	0～5	0			
单粒级	5-10	95～100											
	10～16		80～100	0～15									
	10～20		95～100	80～100	0～15	0～15	0						
	16～25			95～100	85～100	25～40	0～10						
	16～31.5			95～100	85～100			0～10	0				
	4～20		95～100		80～100				0～10	0			
	40～80			95～100		95～100			70～100		30～60	0～10	0

粗骨料的颗粒级配可分为连续级配和间断级配。连续级配是石子颗粒尺寸由小到大连

续分级，每级骨料都占有一定比例，如天然卵石，应用较为广泛。间断级配是人为剔除某些中间粒级颗粒，用小颗粒的粒级直接和大颗粒的粒级相配，颗粒级差大，空隙率的降低比连续继配快得多，可最大限度地发挥骨料的骨架作用，减少水泥用量。但混凝土拌和物易产生离析现象，工程应用较少。单粒级宜用于组合成具有所要求级配的连续粒级，也可与连续粒级配合使用，以改善骨料级配。在工程中，不宜采用单一的单粒级粗骨料配制混凝土。

【例题】某砼柱截面为300×400mm，柱中受力钢筋直径为22mm，受力筋间距为66mm。则该柱砼所用石子最大粒径为多少mm？

【解】依据GB50204—2002规定：

$$\because Min \begin{cases} d \le 300 \times \dfrac{1}{4} = 75mm \\ d \le (66-22) \times \dfrac{3}{4} = 33mm \end{cases} = 33mm$$

$$\therefore d = 31.5mm$$

6. 坚固性

卵石、碎石在自然风化和其他外界物理化学因素作用下抵抗破裂的能力称作骨料的坚固性。当骨料由于干湿循环或冻融交替等风化作用引起体积变化而导致混凝土破坏时，即认为体积稳定性不良。骨料的体积稳定性，可用硫酸钠溶液浸渍法检验其坚固性来判定。

采用硫酸钠溶液法检验，碎石和卵石经5次循环后，其质量损失应符合表3-16的规定。

表3-16 碎石和卵石的坚固性指标

项 目	指 标		
	Ⅰ类	Ⅱ类	Ⅲ类
质量损失（%）小于	5	8	12

7. 骨料的含水状态

骨料的含水状态可分为干燥状态、气干状态、饱和面干状态和湿润状态等四种，如图3-4所示。干燥状态的骨料含水率等于或接近于零；气干状态的骨料含水率与大气湿度相平衡，但未达到饱和状态；饱和面干状态的骨料其内部孔隙含水达到饱和而其表面干燥；湿润状态的骨料不仅内部孔隙含水达到饱和，而且表面还附着一部分自由水。计算普通混凝土配合比时，一般以干燥状态的骨料为基准，而一些大型水利工程常以饱和面干状态的骨料为基准。

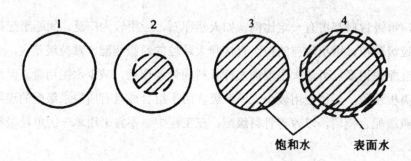

图 3-4　骨料的含水状态

1-干燥状态；2-气干状态；3-饱和面干状态；4-湿润状态

3.2.4 混凝土拌合用水

混凝土用水，按水源可分为饮用水、地表水、地下水、海水以及经适当处理或处置后的工业废水。符合国家标准的生活用水，可拌制各种混凝土。地表水和地下水常溶有较多的有机质和矿物盐类，首次使用前，应进行检验，合格后方可使用。海水中含有较多的硫酸盐和氯盐，影响混凝土的耐久性和加速混凝土中钢筋的锈蚀，因此，海水可用于拌制素混凝土，但不得用于拌制钢筋混凝土和预应力钢筋混凝土，不宜采用海水拌制有饰面要求的素混凝土，以免因表面产生盐析而影响装饰效果。工业废水经检验合格后方可用于拌制混凝土。生活污水的水质比较复杂，不能用于拌制混凝土。

《混凝土拌合用水标准》（JGJ63-2006）对混凝土用水提出了具体的质量要求，混凝土拌合用水中各种物质含量应满足表 3-17 中规定。

表 3-17　混凝土用水中物质含量限值

项目	预应力混凝土	钢筋混凝土	素混凝土
pH 值	≥5.0	≥4.5	≥4.5
不溶物 mg/L	≤2000	≤2000	≤5000
可溶物 mg/L	≤2000	≤5000	≤10000
氯化物（以 Cl^- 计）mg/L	≤500	≤1000	≤3500
硫酸盐（以 SO_4^{2-} 计）mg/L	≤600	≤2000	≤2700
碱含量（rag/L）	≤1500	≤1500	≤1500

注：①使用钢丝或热处理钢筋的预应力混凝土中氯化物含量不得超过 350mg/L

②未经处理的海水严禁用于钢筋混凝土和预应力混凝土中

③当集料具有碱活性时，混凝土用水不得采用混凝土企业生产设备洗刷水

对水质怀疑时，对检验水与蒸馏水水分别做水泥凝结时间和砂浆或混凝土强度对比试验。试验所得的水泥初凝时间差及终凝时间差均不得大于 30 分钟，其初凝和终凝时间尚应符合水泥国家标准的规定。用待检验水配制的水泥砂浆或混凝土的 28 天抗压强度（若

有早期抗压强度要求时需增加7天抗压强度）不得低于用蒸馏水（或符合国家标准的生活饮用水）拌制的对应砂浆或混凝土抗压强度的90%。

3.2.5　外加剂

混凝土外加剂，是指在混凝土拌合过程中掺入的用以改善混凝土性能的物质。除特殊情况外，掺量一般不超过水泥用量的5%。

随着混凝土工程技术的发展，对混凝土性能提出了许多新的要求（大流动性、高强、早强、高耐久性等）。这些性能的实现，需要应用高性能外加剂。因此，外加剂也就逐渐成为混凝土中的第五种成分。

1.　外加剂的分类

混凝土外加剂种类繁多，根据《混凝土外加剂的分类、命名与定义》（GB/T8075-2005）的规定，混凝土外加剂按其主要功能分为四类：

（1）改善混凝土拌和物流变性能的外加剂。包括各种减水剂、引气剂和泵送剂等。

（2）调节混凝土凝结时间、硬化性能的外加剂。包括缓凝剂、早强剂和速凝剂等。

（3）改善混凝土耐久性的外加剂。包括引气剂、防水剂和阻锈剂、减缩剂等。

（4）改善混凝土其他性能的外加剂。包括加气剂、膨胀剂、防冻剂、着色剂、防水剂和泵送剂等。

2.　常用混凝土外加剂

常用混凝土外加剂有减水剂、早强剂、缓凝剂、引气剂、防冻剂、速凝剂和减缩剂等。

（1）减水剂。减水剂是指在保持混凝土流动性不变的条件下，可显著减少拌和用水量；或不减少拌和用水量，可显著提高混凝土流动性的外加剂。根据减水剂的作用效果及功能情况，可分为普通减水剂、高效减水剂、早强减水剂、缓凝减水剂、缓凝高效减水剂及引气减水剂等。

1）减水剂的作用原理。常用减水剂均属表面活性物质，其分子是由亲水基团和憎水基团两个部分组成，如图3-5所示。

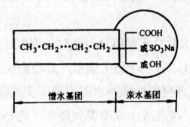

图3-5　表面活性剂分子结构模型

当水泥加水拌合后，由于水泥颗粒间分子凝聚力的作用，使水泥浆形成絮凝结构，如图3-6a）。在絮凝结构中，包裹了一定的拌合水（游离水），从而降低了混凝土拌和物的和易性。如在水泥中加入适量的减水剂，一方面由于减水剂的表面活性作用，致使憎水基团定向吸附于水泥颗粒表面，亲水基团指向水溶液，使水泥颗粒表面带有相同的电荷，在电斥力作用下，水泥颗粒互相分开如图3-6b）所示，絮凝结构解体，包裹的游离水被释放出来，从而有效地增加了混凝土拌和物的流动性。另一方面，当水泥颗粒表面吸附足够的减水剂后，在水泥颗粒表面形成一层稳定的溶剂化水膜层，它阻止了水泥颗粒间的直接接触，并在颗粒间起润滑作用，如图3-6c）所示，从而使混凝土拌和物的流动性增大。此外，由于水泥颗粒被有效分散，颗粒表面被水分充分润湿，增大了水泥颗粒的水化面积，使水化比较充分，有利于提高混凝土的强度。

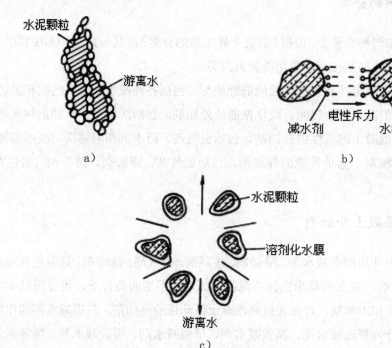

图 3-6　水泥浆的絮凝结构和减水剂作用示意图

2）减水剂的技术经济效果。根据使用目的不同，在混凝土中加入减水剂，一般可取得以下效果：

①增加流动性。在用水量及水泥用量不变时，混凝土坍落度可增大100mm～200mm，显著提高了混凝土的流动性，有利于施工成型，且不影响混凝土的强度及耐久性。

②提高混凝土强度。在保持流动性及水泥用量不变的条件下，可减少拌和用水量10%～20%，从而降低了水灰比，使混凝土强度得到提高（约15%～20%），早期强度也得到提高（约30%～50%），从而缩短施工周期，提高模具的利用率。

③节约水泥。在保持流动性及水灰比不变的条件下,可以在减少拌合水量的同时,相应减少水泥用量,即在保持混凝土强度不变时,可节约水泥用量10%～15%,且有利于降低工程成本。

④改善混凝土的耐久性。由于减水剂的掺入,显著地改善了混凝土的孔结构,使混凝土的密实度提高,透水性降低,从而可提高抗渗、抗冻、抗化学腐蚀及防锈蚀等能力。

此外,掺用减水剂后,还可以改善混凝土拌和物的泌水、离析现象,延缓混凝土拌和物的凝结时间,减慢水泥水化放热速度。防止因内外温差而引起的裂缝。

3)常用的减水剂。减水剂种类很多。按减水效果可分为普通减水剂和高效减水剂;按凝结时间可分为标准型、早强型、缓凝型三种;按是否引气可分为引气型和非引气型两种;按其化学成分主要有木质素磺酸盐系、萘系、水溶性树脂类、糖蜜类和复合型减水剂等。

①木质素磺酸盐系减水剂。这类减水剂包括木质素磺酸钙(木钙)、木质素磺酸钠(木钠)、木质素磺酸镁(木镁)等。其中,木钙减水剂(又称M型减水剂)使用较多。

木钙减水剂是以生产纸浆或纤维浆剩余下来的亚硫酸浆废液为原料,采用石灰乳中和,经生物发酵除糖、蒸发浓缩、喷雾干燥而制得的棕黄色粉末。

木钙减水剂的适宜掺量,一般为水泥质量的0.2%～0.3%,其减水率为10%～15%。木钙减水剂对混凝土有缓凝作用,一般缓凝1小时～3小时。掺量过多或在低温下,其缓凝作用更为显著,而且还可能使混凝土强度降低,使用时应注意。

木钙减水剂可用于一般混凝土工程,尤其适用于大体积浇筑、滑模施工、泵送混凝土及夏季施工等。木钙减水剂不宜单独用于冬季施工,在日最低气温低于5℃时,应与早强剂或防冻剂复合使用。木钙减水剂也不宜单独用于蒸养混凝土及预应力混凝土,以免蒸养后混凝土表面出现酥松现象。

②萘磺酸盐系减水剂。萘系减水剂,是用萘或萘的同系物经磺化与甲醛缩合而成。萘系减水剂通常是工业萘或煤焦油中萘、蒽、甲基萘等馏分,经磺化、水碱、综合、中和、过滤、干燥而成,一般为棕色粉末。目前,我国生产的主要有NNO、NF、FDN、UNF、MF、建I型等减水剂,其中大部分品牌为非引气型减水剂。

萘系减水剂的适宜掺量为水泥质量的0.5%～1.0%,减水率为10%～25%。萘系减水剂的减水增强效果好,对不同品种水泥的适应性较强。适用于配制早强、高强、流态、蒸养混凝土。也适用于最低气温0℃以上施工的混凝土,低于此温时宜与早强剂复合使用。

③水溶性树脂减水剂。这类减水剂是以一些水溶性树脂为主要原料制成的减水剂,如三聚氰胺树脂、古玛隆树脂等。该类减水剂的减水增强效果显著,为高效减水剂,称减水剂之王,我国产品有SM树脂减水剂等。

SM减水剂掺量为水泥质量的0.5%～2.0%,其减水率为15%～27%,混凝土3天强度提高可30%~100%，28天强度可提高20%~30%。同时，能提高混凝土抗渗、抗冻等耐久性能。SM减水剂价格昂贵，适于配制高强混凝土、早强混凝土、流态混凝土及蒸养混凝土等。

（2）早强剂。早强剂是加速混凝土早期强度发展，并对后期强度无显著影响的外加剂。早强剂能加速水泥的水化和硬化，缩短养护期，从而达到尽早拆模、提高模板周转率，加快施工速度的目的。早强剂可以在常温、低温和负温（不低于−5℃）条件下加速混凝土的硬化过程，多用于冬季施工和抢修工程。早强剂主要有无机盐类（氯盐类、硫酸盐类）和有机胺及有机-无机的复合物三大类。

1）氯盐类早强剂。氯盐类早强剂主要有氯化钙、氯化钠、氯化钾、氯化铝及三氯化铁等，其中以氯化钙应用最广。氯化钙为白色粉状物，其适宜掺量为水泥质量的0.5%~2.0%，能使混凝土3天强度提高50%~100%，7天强度提高20%~40%，同时能降低混凝土中水的冰点，防止混凝土早期受冻，掺量不宜过多，否则会引起水泥速凝，不利于施工。还会加大混凝土的收缩。

氯化钙对混凝土产生早强作用的主要原因，一般认为是它能与水泥中C_3A反应生成复盐$C_3A \cdot CaCl_2 \cdot 10H_2O$，还与水化析出的氢氧化钙作用,生成复盐$CaCl_2 \cdot 2Ca(OH)_2 \cdot 12H_2O$。以上两种复盐不溶于水，且本身具有一定的强度。这些复盐的形成，增加了水泥浆中固相的比例，形成强度骨架，有助于水泥石结构的形成。同时，由于氯化钙与氢氧化钙的迅速反应，降低了液相中的碱度，使矿物成分水化反应加快，早期水化物增多，有利于提高混凝土早期强度。

采用氯化钙作早强剂，最大的缺点是含有Cl^-离子，会使钢筋锈蚀，并导致混凝土开裂。因此，《混凝土外加剂应用技术规范》（GB50119-2003）规定，在钢筋混凝土中，氯化钙的掺量不得超过水泥质量的1%，在无筋混凝土中掺量不得超过3%，在使用冷拉和冷拔低碳钢丝的混凝土结构及预应力混凝土结构中，不允许掺用氯化钙和含氯盐的早强剂。同时还规定，在下列结构的钢筋混凝土中不得掺用氯化钙和含有氯盐的复合早强剂：在高湿度空气环境中、处于水位频繁升降部位、露天结构或经受水淋的结构；与含有酸、碱或硫酸盐等侵蚀性介质相接触的结构；使用过程中经常处于环境温度为60℃以上的结构；直接靠近直流电源或高压电源的结构等。为了抑制氯化钙对钢筋的锈蚀作用，常将氯化钙与阻锈剂亚硝酸钠（$NaNO_2$）复合使用。

2）硫酸盐类早强剂。硫酸盐类早强剂，主要有硫酸钠、硫代硫酸钠、硫酸钙、硫酸铝、硫酸铝钾等，其中硫酸钠应用较多。硫酸钠分无水硫酸钠（白色粉末）和有水硫酸钠（白色晶粒）。硫酸钠的适宜掺量为水泥用量的0.5%~2%。当掺量为1%~1.5%时，达到混凝土设计强度70%的时间可缩短一半左右。

硫酸钠掺入混凝土后产生早强的原因，一般认为是硫酸钠与水泥水化产物氢氧化钙Ca

（OH）$_2$作用，生成高分散性的硫酸钙，均匀分布在混凝土中，并极易与C_3A反应，能使水化硫铝酸钙迅速生成。同时，由于上述反应的进行，使得溶液中Ca（OH）$_2$浓度降低，从而促使C_3S水化加速，大大加快了水泥的硬化，使混凝土早期强度提高。

硫酸钠对钢筋无锈蚀作用，适用于不允许掺用氯盐的混凝土。但由于它与Ca（OH）$_2$作用生成强碱NaOH，为防止碱-骨料反应，硫酸钠严禁用于含有活性骨料的混凝土。同时，不得用于与镀锌钢材或铝铁相接触部位的结构，外露钢筋预埋件而无防护措施的结构；使用直流电源的工厂及使用电气化运输设施的钢筋混凝土结构。硫酸钠早强剂应注意不能超量掺加，以免导致混凝土产生后期膨胀而开裂破坏，并防止混凝土表面产生"白霜"。

3）有机胺类早强剂。有机胺类早强剂，主要有三乙醇胺、三异丙醇胺等，其中早强效果以三乙醇胺为最佳。三乙醇胺不改变水泥水化生成物，但能加速水化速度，在水泥水化过程中起催化作用。

三乙醇胺为无色或淡黄色油状液体，呈碱性，能溶于水，无毒、不燃、三乙醇胺掺量极少，掺量为水泥质量的0.02%～0.05%，能使混凝土早期强度提高。

三乙醇胺对混凝土稍有缓凝作用，掺量过多会造成混凝土严重缓凝和混凝土后期强度下降，掺量越大，强度下降越多，故应严格控制掺量。三乙醇胺单独使用时，早强效果不明显，与其他外加剂（如氯化钠、氯化钙、硫酸钠等）复合使用，效果更加显著。故一般复合使用。

（3）缓凝剂。缓凝剂是指能延缓混凝土凝结时间，并对混凝土后期强度发展无不利影响的外加剂。缓凝剂主要有四类：糖类，如糖蜜；本质素磺酸盐类，如木钙、木钠；羟基羧酸及其盐类，如柠檬酸、酒石酸；无机盐类，如锌盐、硼酸盐等。常用的缓凝剂是木钙和糖蜜，基中糖蜜的缓凝效果最好。缓凝剂的作用原理十分复杂，至今尚没有一个比较完满的分析理论。

总之，缓凝剂的缓凝作用是由于在水泥颗粒表面形成屏蔽、或形成不溶性物质，使水泥悬浮体的稳定程度提高并抵制水泥颗粒凝聚，从而延缓水泥的水化和凝结。

常用的缓凝剂中，糖蜜缓凝剂是制糖下脚料经石灰处理而成，也是表面活性剂，掺入混凝土拌和物中，能吸附在水泥颗粒表面，形成同种电荷的亲水膜，使水泥颗粒相互排斥，并阻碍水泥水化，从而起缓凝作用。糖蜜的适宜掺量为0.1%～0.3%，混凝土凝结时间可延长2～4小时，掺量每增加0.1%，可延长1小时。掺量如大于1%，会使混凝土长期酥松不硬，强度严重下降。

缓凝剂具有缓凝、减水、降低水化热和增强作用，对钢筋也无锈蚀作用。主要适用于大体积混凝土和炎热气候下施工的混凝土，泵送混凝土及滑模施工的混凝土，以及需长时间停放或长距离运输的混凝土。缓凝剂不宜用于日最低气温5℃以下施工的混凝土，也不宜单独用于有早强要求的混凝土及蒸养混凝土。

（4）引气剂。引气剂是指在混凝土搅拌过程中，能引入大量分布均匀的微小气泡，以减少混凝土拌和物的泌水、离析，改善和易性，并能显著提高硬化混凝土抗冻性、耐久性的外加剂。目前，应用较多的引气剂为松香热聚物、松香皂、烷基苯磺酸盐等。

松香热聚物是松香与苯酚、硫酸、氢氧化钠以一定配比经加热缩聚而成。松香皂是由松香经氢氧化钠皂化而成。松香热聚物的适宜掺量为水泥质量的0.005%～0.02%，混凝土的含气量为3%～5%（不加引气剂的混凝土含气量为1%左右），减水率为8%左右。

引气剂属憎水性表面活性剂，表面活性作用类似减水剂，区别在于减水剂的界面活性作用主要发生在液-固界面，而引气剂的界面活性作用主要在气-液界面上。由于能显著降低水的表面张力和界面能，使水溶液在搅拌过程中极易产生许多微小的封闭气泡，气泡直径多在50～250μm。同时，因引气剂定向吸附在气泡表面，形成较为牢固的液膜，使气泡稳定而不破裂。由于大量微小、封闭并均匀分布的气泡的存在，使混凝土的某些性能得到明显改善或改变。

1）改善混凝土拌和物的和易性。由于大量微小封闭球状气泡在混凝土拌合物内形成，如同滚珠一样，减少了颗粒间的摩擦阻力，使混凝土拌和物流动性增加。同时，由于水分均匀分布在大量气泡的表面，使能自由移动的水量减少，混凝土拌和物的保水性、粘聚性也随之提高。

2）显著提高混凝土的抗冻性、抗渗性。大量均匀分布的封闭气泡有较大的弹性变形能力，对由水结冰所产生的膨胀应力有一定的缓冲作用，因而混凝土的抗冻性得到提高。大量微小气泡占据于混凝土的孔隙，切断毛细管通道，使抗渗性得到改善。

3）降低混凝土强度。由于大量气泡的存在，减少了混凝土的有效受力面积，使混凝土强度有所降低。一般混凝土的含气量每增加1%时，其抗压强度将降低4%～6%，抗折强度降低2%～3%。

引气剂可用于抗渗混凝土、抗冻混凝土、抗硫酸盐侵蚀混凝土、泌水严重的混凝土、贫混凝土、轻混凝土；以及对饰面有要求的混凝土等，但引气剂不宜用于蒸养混凝土及预应力混凝土。

（5）防冻剂。防冻剂是指能显降低混凝土冰点，使混凝土液相在负温下不冻结或只部分冻，以保证水泥的水化作用，并在一定时间内规定养护条件下获得预期强度的外加剂。常用的防冻剂有氯盐类（氯化钙、氯化钠）；氯盐阻锈类（由氯盐与亚硝酸钠复合而成）；无氯盐类（以硝酸盐、亚硝酸盐、碳酸盐、乙酸钠或尿素复合而成）。

氯盐类防冻剂适用于无筋混凝土；氯盐阻锈类防冻剂可用于钢筋混凝土；无氯盐类防冻剂可用于钢筋混凝土工程和预应力钢筋混凝土工程。硝酸盐、亚硝酸盐、碳酸盐易引起钢筋的应力腐蚀，故此类防冻剂不适用于预应力混凝土以及与镀锌钢材相接触部位的钢筋混凝土结构。另外，含有六价铬盐，亚硝酸盐等有毒成分的防冻剂，严禁用于饮水工程及与仪器接触的部位。

防冻剂用于负温条件下施工的混凝土。目前，国产防冻剂品种适用于0～－20℃的气温，当在更低气温下施工时，应增加其他混凝土冬季施工措施，如暖棚法、原料（砂、石、水）预热法等。

（6）速凝剂。速凝剂是指能使混凝土迅速凝结硬化的外加剂。速凝剂主要有无机盐类和有机物类两类。我国常用的速凝剂是无机盐类，主要有红星I型、711型、728型、8604型等。在满足施工要求的前提下，以最小掺量为宜。

速凝剂掺入混凝土后，能使混凝土在5分钟内初凝，10分钟内终凝，1h就可产生强度，1天强度提高2～3倍，但后期强度会下降，28天强度约为不掺时的80%～90%。

速凝剂主要用于矿山井巷、铁路隧道、引水涵洞、地下工程以及喷锚支护时的喷射混凝土或喷射砂浆工程。

（7）减缩剂。减缩剂是能显著减小混凝土干缩值的外加剂。混凝土很大的一个缺点是在干燥条件下产生收缩，这种收缩导致了硬化混凝土的开裂和其他缺陷的形成和发展，使混凝土的使用寿命大大下降。在混凝土中加入减缩剂能大大降低混凝土的干燥收缩，典型性的能使混凝土的28天收缩值减少50%～80%，最终收缩值减少25%～50%。

混凝土减缩剂减少混凝土收缩的机理，主要是能降低混凝土中的毛细管张力，从本质上讲，减缩剂是表面活性物质，有些种类的减缩剂还是表面活性剂。当混凝土由于干燥而在毛细孔中形成毛细管张力使混凝土收缩时，减缩剂的存在使毛细管张力下降，从而使得混凝土的宏观收缩值降低，所以混凝土减缩剂对减少混凝土的干缩和自缩有较大作用。

混凝土减缩剂已经发展成为一个新系列的混凝土外加剂。随着对混凝土减缩剂研究的深入以及其性能的提高，在日益关注混凝土耐久性的情况下，混凝土减缩剂作为一种能提高混凝土耐久性的外加剂即将会有大的发展。

3. 外加剂的选择和使用

在混凝土中掺用外加剂，可明显改善混凝土的技术性能，取得显著的技术经济效益。若选择和使用不当，会造成质量事故。因此，应注意以下几点：

（1）外加剂品种的选择。外加剂品种、品牌很多，效果各异，特别是对不同品种水泥效果不同。在选择外加剂时，应根据工程需要，现场的材料条件，参考有关资料，通过试验确定。

（2）外加剂掺量的确定。混凝土外加剂均有适宜掺量。掺量过小，往往达不到预期效果；掺量过大，则会影响混凝土质量，甚至造成质量事故。因此，应通过试验试配，确定最佳掺量。

（3）外加剂的掺加方法。外加剂的掺量很少，必须保证其均匀分散，一般不能直接加入混凝土搅拌机内，通常中与一定量的拌和水搅拌均匀后掺入。掺入方法会因外加剂不同而异，其效果也会因掺入方法不同而存在差异。故应严格按产品技术说明操作。如：减水剂有同掺法、后渗法、分掺法等三种方法。同掺法，为减水剂在混凝土搅拌时一起掺入；后掺法，是搅拌好混凝土后间隔一定时间，然后再掺入；分掺法，是一部分减水剂在混凝土搅拌时掺入，另一部分在间隔一段时间后再掺入。而实践证明，后掺法最好，能充分发挥减水剂的功能。

（4）外加剂的储运保管。混凝土外加剂大多为表面活性物质或电解质盐类，具有较强的反应能力，敏感性较高，对混凝土性能影响很大，所以在储存和运输中应加强管理。失效的、不合格的、长期存放、质量未经明确的禁止使用；不同品种类别的外加剂应分别储存运输；应注意防潮、防水、避免受潮后影响功效；有毒性的外加剂必须单独存放，专人管理；有强氧化性的外加剂必须进行密封储存。同时还必须注意储存期不得超过外加剂的有效期。

3.2.6　掺合料

在混凝土拌合物制备时，为了节约水泥、改善混凝土性能、调节混凝土强度等级，而加入的天然的或者人造的矿物材料，统称为混凝土掺合料。

用于混凝土中的掺合料可分为活性矿物掺合料和非活性矿物掺合料两大类。非活性矿物掺合料一般与水泥组分不起化学作用，或化学作用很小，如磨细石英砂、石灰石、硬矿渣之类材料。活性矿物掺合料虽然本身不硬化或硬化速度很慢，但能与水泥水化生成的 $Ca(OH)_2$，生成具有水硬性的胶凝材料。如粒化高炉矿渣、火山灰质材料、粉煤灰等。

1.　粉煤灰

粉煤灰是由燃烧煤粉的锅炉烟气中收集到的细粉末，其颗粒多呈球形，表面光滑。

粉煤灰有高钙粉煤灰和低钙粉煤灰之分。由褐煤燃烧形成的粉煤灰，其氧化钙含量较高（一般 $CaO > 10\%$），呈褐黄色，称为高钙粉煤灰，它具有一定的水硬性；由烟煤和无烟煤燃烧形成的粉煤灰，其氧化钙含量很低（一般 $CaO < 10\%$）呈灰色或深灰色，称为低钙粉煤灰，一般具有火山灰活性。

高钙粉煤灰由于其来源不及低钙粉煤灰广泛，有关其品质指标及应用技术规范尚不很完善，目前，仍在研究制定之中。低钙粉煤灰来源比较广泛，是当前国内外用量最大、使用范围最广的混凝土掺合料。用其做掺合料有两方面的效果：

（1）节约水泥：一般可节约水泥 $10\% \sim 15\%$，有显著的经济效益。

（2）改善和提高混凝土的下述技术性能：①改善混凝土拌和物的和易性、可泵性和抹面性；②降低了混凝土水化热，是大体积混凝土的主要掺合料；③提高混凝土抗硫酸盐

性能；④提高混凝土抗渗性；⑤抑制碱骨料反应。

配制泵送混凝土、大体积混凝土、抗渗结构混凝土、抗硫酸盐和抗软水侵蚀混凝土、蒸养混凝土、轻骨料混凝土、地下工程和水下工程混凝土、压浆和碾压混凝土等，均可掺用粉煤灰。粉煤灰用于混凝土工程，常根据等级，按《粉煤灰混凝土应用技术规范》（GBT50l46—2014）规定：

（1）Ⅰ级粉煤灰适用于钢筋混凝土和跨度小于 6m 的预应力钢筋混凝土。

（2）Ⅱ级粉煤灰适用于钢筋混凝土和无钢筋混凝土。

（3）Ⅲ级粉煤灰主要用于无筋混凝土。对强度等级要求等于或大于 C30 的无筋粉煤灰混凝土，宜采用 Ⅰ、Ⅱ 级粉煤灰。

（4）用于预应力钢筋混凝土、钢筋混凝土及强度等级要求等于或大于 C30 的无筋混凝土的粉煤灰等级，经试验论证，可采用比上述规定低一级的粉煤灰。

2. 硅灰

硅灰又称硅粉或硅烟灰，是从生产硅铁合金或硅钢等所排放的烟气中收集到的颗粒极细的烟尘，色呈浅灰到深灰。硅灰的颗粒是微细的玻璃球体，其粒径为 0.1μm～1.0μm，是水泥颗粒粒径的 1/50～1/100，比表面积为 18.5 m²/g～20m²/g。硅灰有很高的火山灰活性，可配制高强、超高强混凝土，其掺量一般为水泥用量的 5%～10%，在配制超强混凝土时，掺量可达 20%～30%。由于硅灰比表面积大，因而其需水量很大，将其作为混凝土掺合料须配以减水剂方可保证混凝土的和易性。硅灰用作混凝土掺合料有以下几方面效果：

（1）提高混凝土强度，配制高强超高强混凝土。普通硅酸盐水泥水化后生成的 Ca（OH）$_2$ 约占体积的 29%，硅灰能与该部分 Ca（OH）$_2$ 反应生成水化硅酸钙，均匀分布于水泥颗粒之间，形成密实的结构。掺入水泥质量 5%～10%的硅灰就可配制出抗压强度达 100MPa 以上的超高强混凝土。

（2）改善混凝土的孔结构，提高混凝土抗渗性、抗冻性及抗腐蚀性。掺入硅灰的混凝土，其总孔隙率虽变化不大，但其毛细孔会相应变小。因而掺入硅灰的混凝土抗渗性明显提高，抗冻标号及抗硫酸盐腐蚀性也相应提高。

（3）抑制碱骨料反应。

3. 沸石粉

沸石粉是天然的沸石岩磨细而成的。沸石岩是一种经天然煅烧后的火山灰质铝硅酸盐矿物。会有一定量活性二氧化硅和三氧化铝，能与水泥水化析出的氢氧化钙作用，生成胶凝物质。沸石粉具有很大的内表面积和开放性结构，其细度为 0.08mm 筛余＜5%，平均粒径为 5.0μm～6.5μm。颜色为白色。

沸石岩系有 30 多个品种，用作混凝土掺合料的主要为斜发灰沸石和丝光沸石。

沸石粉的适宜掺量依所需达到的目的而定，配制高强混凝土时的掺量为 10%～15%，以高标号水泥配制低强度等级混凝土时掺量可达 40%～50%，置换水泥 30%～40%；配制普通混凝土时掺量为 10%～27%，可置换水泥 10%～20%。

沸石粉用作混凝土掺合料主要有以下几方面效果：

（1）提高混凝土强度，配制高强混凝土。用 52.5 普通硅酸盐水泥，以等量取代法掺入 10%～15%的沸石粉，再加入适量的高效减水剂，可以配制出抗压强度为 70MPa 的高强混凝土，即使用 42.5 号矿渣硅酸盐水泥，掺入 10%～15%的沸石粉也能配制出抗压强度超过 50MPa 的高强混凝土。

（2）改善混凝土和易性，配制流态混凝土及泵送混凝土。沸石粉与其他矿物掺合料一样，也具有改善混凝土和易性及可泵性的功能。例如：以 90kg 沸石粉取代等量水泥配制坍落度 16cm～20cm 的泵送混凝土，未发现离析现象及管路堵塞现象，同时还节约了 20%的水泥。

4. 火山灰质掺合料

（1）煅烧煤矸石。煤矸石是煤矿开采或洗煤过程中所排除的夹杂物。我国煤矿排出的煤矸石约占原煤产量的 10%～20%，数量较大。所谓煤矸石实际上并非单一的岩石而是含碳物和岩石（砾岩、砂岩、页岩和粘土）的混合物，是一种碳质岩，其灰分超过 40%，发热量在 $4.19 \times 8.37 \times 103 J/kg$ 左右。煤矸石的成分，随着煤层地质年代的不同而波动，其主要成分为 SiO_2 和 Al_2O_3，其次是 Fe_2O_3 及少量 CaO、MgO 等。

将煤矸石经过高温煅烧，使所含粘土矿物脱水分解，并除去炭分，烧掉有害杂质，就可使其具有较好的活性，是一种可以很好利用的火山灰质掺合料。

（2）浮石、火山渣。浮石、火山渣都是火山喷出的轻质多孔岩石，具有发达的气孔结构。两者以表观密度大小区分，密度小于 $1g/cm^3$ 的为浮石，大于 $1g/cm^3$ 的为火山渣。从外观颜色区分，白色至灰白色者为浮石；灰褐色至红褐色者为火山灰。

浮石、火山渣的主要化学成分为 Fe_2O_3 和 Al_2O_3，并且多呈玻璃体结构状态。在碱性激发条件下可获得水硬性，是理想的混凝土掺合料。浮石、火山渣作为混凝土掺合料需磨细，其品质要求可参照国家标准《用于水泥中的火山灰质混合材料》（GB/T2847-2005）的规定执行。其主要技术性质要求如下：人工火山灰掺合料的烧失量不得超过 10%；三氧化硫含量不得超过 3%；火山灰试验必须合格；水泥胶砂 28 天抗压强度比不得低于 62%。

5. 超细微粒矿物质掺合料

硅灰是理想的超细微粒矿质混合材料，但其资源有限，因此多采用超细粉磨的高炉矿渣、粉煤灰或沸石粉等作为超细微粒混合材料，可配制高强、超高强混凝土。在国外不少水泥厂在生产水泥时，还配套生产系列的特殊混合材料，以满足配制不同性能要求的高性能混凝土的需求。超细微粒混合材料的比表面积一般＞5000m²/kg，可等量替代水泥 15%～50%。超细微粒混合材的材料组成不同，其作用效果有所不同，一般具有以下几方面效果：

（1）显著改善混凝土的力学性能，可配制出 C100 以上的超高强混凝土。

（2）显著改善混凝土的耐久性，所配制的混凝土收缩明显减小，抗冻、抗渗性能提高。

（3）改善混凝土的流变性，可配制出大流动性且不离析的泵送混凝土。

一般超细微粒混合材料的生产成本低于水泥，使用这种混合材料有显著的经济效益。根据日本、美国等国家的经验，使用超细微粒混合材配制高强、超高强混凝土是行之有效、比较经济实用的技术途径，也是当今国际混凝土技术发展的趋势之一。

3.3　混凝土拌合物的和易性

混凝土的各种组成材料按一定的比例配合、搅拌而成的尚未凝固的材料，称为混凝土拌合物，又称新拌混凝土。混凝土拌合物的主要技术性质是和易性，具备良好和易性的混凝土拌合物，有利于施工和获得均匀而密实的混凝土，从而保证混凝土的强度和耐久性。

3.3.1　和易性的性能

和易性又称工作性，是指混凝土拌合物的施工操作难易程度和抵抗离析的程度。它是一项综合技术性能，包括流动性、保水性和粘聚性三个方面。

1. 流动性

混凝土拌合物在自重或机械振捣作用下能产生流动，并均匀密实地填满模板的性能。流动性的大小，反映拌和物的稀稠情况，故亦称稠度。

2. 保水性

混凝土拌合物在施工过程中，具有一定的保持内部水分的能力。保水性对混凝土的强度和耐久性有较大的影响。保水性好可保证混凝土拌合物在输送、成型及凝结过程中，不发生大的或严重的泌水，既可避免由于泌水产生的大量的连通毛细孔隙，又可避免由于泌水，使水在粗骨料和钢筋下部聚积所造成的界面粘结缺陷；保水性差，混凝土拌合物会产生泌水现象，影响混凝土的整体均匀性，并在混凝土内部形成贯通的毛细通道，使混凝土的密实性、强度降低，耐久性变差。

3. 黏聚性

混凝土拌合物在施工过程中，各组成材料之间有一定的粘聚力，使混凝土保持整体均匀和稳定的性能，在运输和浇注过程中不致产生分层和离析现象。

混凝土拌合物的流动性、保水性、粘聚性三者之间既互相联系，又互相矛盾。流动性很大时，往往黏聚性和保水性差。反之亦然。黏聚性好，一般保水性较好。因此，所谓的拌合物和易性良好，就是使这三方面的性能，在某种具体条件下得到统一，达到均为良好的状况。

3.3.2 和易性的测定方法

目前，尚没有能够全面反映混凝土拌合物和易性的测定方法。根据我国现行标准《普通混凝土拌合物性能试验方法》（GB/T50080-2011），用坍落度和维勃稠度测定混凝土拌合物的流动性，并辅以直观经验评定粘聚性和保水性，来评定和易性。

1. 坍落度法

坍落度法适用于骨料最大公称粒径不大于40mm，坍落度值不小于10mm的塑性混凝土流动性的测定。坍落度试验是用标准坍落圆锥筒测定（如图3-7所示），该筒为钢皮制成，高度H＝300mm，上口直径D＝100mm，下底直径D＝200mm，试验时，将坍落筒置于平台上，然后将混凝土拌合物分三层装入坍落筒内，每层用弹头棒均匀地捣插25次。多余试样用镘刀刮平，然后在5～10s内垂直提起坍落筒，测量筒高与坍落后混凝土试体最高点之间的高差，即为新拌混凝土的坍落度，以mm为单位（精确至5mm）。

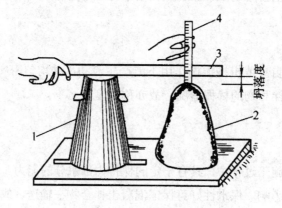

图 3-7 混凝土拌合物坍落度试验

1-坍落度筒；2-新拌混合料试体；3-木尺；4-钢尺

坍落度越大，流动性越好。根据混凝土拌合物坍落度 S 大小，可按表 3-18 将混凝土进行如下分级。

表 3-18 混凝土拌合物坍落度等级划分（GB50164-2011）

级别	名称	坍落度/mm
S_1	低塑性混凝土	10～40
S_2	塑性混凝土	50～90
S_3	流动性混凝土	100～150
S_4	大流动性混凝土	160～210
S_5	大流动性混凝土	≥220

在测定拌合物坍落度的同时，辅以直观定性评价的方法评定黏聚性和保水性。具体评定方法如下：

（1）黏聚性的评定：用捣棒在已坍落的混凝土锥体侧面轻轻敲打，观察是否有水泥稀浆流出，是否有骨料散落，混凝土体是否崩裂坍塌。若锥体逐渐下沉，则表示粘聚性良好；如果锥体倒塌，部分崩裂或出现离析现象，则表示粘聚性不好。

（2）保水性的评定：坍落度筒提起后，观察是否有水分泌出。如有较多稀浆从底部析出，锥体部分混凝土拌合物也因失浆而骨料外露，则表明混凝土拌合物的保水性能不好；无稀浆或仅有少量稀浆自底部析出，则表示保水性良好。

应该注意的是，只有当拌合物的流动性、黏聚性和保水性均满足要求时，和易性才算合格。

2. 维勃稠度法

维勃稠度法适用于骨料最大公称粒径不大于40mm，坍落度值小于10mm的干硬性混凝土流动性的测定。维勃稠度试验是将坍落度筒放在直径为40mm、高度为200mm圆筒中，圆筒安装在专用的振动台上，如图3-8所示。

按坍落度试验的方法将新拌混凝土装入坍落度筒内后再拔去坍落筒，并在新拌混凝土顶上置一透明圆盘。开动振动台并记录时间，从开始振动至透明圆盘底面被水泥浆布满瞬间为止，所经历的时间，以秒计（精确至1秒），即为新拌混凝土的维勃稠度，又称工作度。维勃稠度愈大，混凝土就愈干，和易性就愈差。

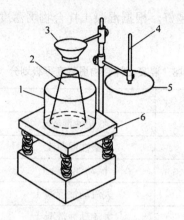

图 3-8 维勃稠度仪

1-圆柱形容器；2-坍落度筒；3-喂料斗；4-测杆；5-透明圆盘；6-振动台

根据混凝土拌合物维勃稠度 t 值大小，可按表 3-19 将混凝土进行如下分级：

表 3-19 混凝土拌合物维勃稠度等级划分（GB50164-2011）

等级	维勃时间/s	名称
V_0	≥31	超干硬性混凝土
V_1	30～21	特干硬性混凝土
V_2	20～11	干硬性混凝土
V_3	10～6	半干硬性混凝土
V_4	5～3	半干硬性混凝土

3.3.3 流动性（坍落度）的选择

选择混凝土拌合物的坍落度，要根据结构类型、构件截面大小、配筋疏密、输送方式和施工捣实方法等因素来确定。当构件截面较小或钢筋较密，或采用人工插捣时，坍落度可选大些；反之，如构件截面尺寸较大，或钢筋较疏，或采用机械振捣时，坍落度可选择小些。混凝土拌合物流动性的选择原则是在保证施工条件及混凝土浇筑质量的前提下，尽可能采用较小的流动性，以节约水泥并获得均匀密实的高质量混凝土。

根据《混凝土结构工程施工及验收规范》（GB50204-2015）规定，混凝土浇注的坍落度可按表3-20选用。

表 3-20 混凝土浇注时的坍落度（mm）（GB/T50204-2015）

序号	结构种类	坍落度
1	基础或地面等的垫层、无配筋的大体积结构（挡土墙、基础等）或配筋稀疏的结构	10～30

（续表）

2	板、梁或大型及中型截面的柱子等	30～50
3	配筋密列的结构（薄壁、斗仓、筒仓、细柱等）	50～70
4	配筋特密的结构	70～90

3.3.4　影响和易性的主要因素

和易性的影响因素有：水泥浆量、水泥浆的稠度、水灰比、砂率、组成材料的品种及性质、外加剂、时间和温度及其他影响因素。

1. 水泥浆量

水泥浆量是指混凝土中水泥及水的总量。混凝土拌合物中的水泥浆，赋予混凝土拌合物以一定的流动性。

在混凝土拌合物中，水泥浆包裹骨料表面，填充骨料空隙，使骨料润滑，提高拌合物的流动性。在水灰比不变的情况下，随水泥浆的增多，则拌合物的流动性增大。若水泥浆过多，超过骨料表面的包裹限度，就会出现流浆现象，这既浪费水泥又降低混凝土的性能；若水泥浆过少，又达不到包裹骨料表面和填充空隙的目的，其粘聚性变差，流动性小，不仅产生崩塌现象，还会使混凝土的强度和耐久性降低。所以，拌合物中水泥浆的数量以满足流动性要求为宜。

2. 水泥浆的稠度（水灰比）

水泥浆的稠度是由水灰比的大小所决定的。水灰比是指水泥混凝土中水的用量与水泥用量之比（W/C）。在水泥用量不变的情况下，水灰比愈小水泥浆就愈稠，混凝土拌合物的流动性也就愈小。

若当水灰比过小时，水泥浆干稠，混凝土拌合物的流动性过低，会使施工困难，不能保证混凝土的密实性。增加水灰比会使流动性加大；若水灰比过大，又会造成混凝土拌合物的粘聚性和保水性不良，而产生流浆、离析现象，并严重影响混凝土的强度。所以水灰比不能过大或过小，要依据混凝土强度和耐久性要求合理地选用。

工程实践表明，在一定的范围内，混凝土拌合物流动性主要取决于单位用水量，也就是说当水灰比在一定范围（0.40～0.80）内而其他条件不变时，混凝土拌合物的流动性只与单位用水量（每立方米砼拌合物的拌合水量）有关，这一现象称为"恒定用水量法则"。它为混凝土配合比设计中单位用水量的确定提供了一种简单的方法，即单位用水量可主要由流动性来确定。

在试拌混凝土时，不能用单纯改变用水量的方法来调整混凝土拌合物的流动性，因为单纯加大用水量只会降低混凝土的强度和耐久性。因此，应该在保持水灰比不变的条件下用，调整水泥浆量的办法来改变混凝土拌合物的流动性。

【案例分析】现场浇灌混凝土时，严禁施工人员随意向混凝土拌合物中加水。试从理论上分析加水对混凝土质量的危害。

【原因分析】现场浇灌混凝土时，施工人员向混凝土拌合物中加水，虽然增加了用水量，提高了流动性，但是将使混凝土拌合物的粘聚性和保水性降低。特别是因 W/C 的增大，增加了混凝土内部的毛细孔隙的含量，因而会降低混凝土的强度和耐久性，并增大混凝土的变形，造成质量事故。

3. 砂率

砂率是指混凝土中砂的质量占砂、石总质量的百分率。在拌合物中，砂用来填充石子间的空隙，并以砂浆包裹在石子外表面减少粗骨料颗粒间的摩擦阻力，赋予混凝土拌合物一定的流动性。

若砂率过大，骨料的总表面积及空隙率都会增大，在水泥浆含量不变的情况下，相对地水泥浆数量减少，减弱了水泥浆的润滑作用，导致混凝土拌和物流动性降低；若砂率过小，又不能保证粗骨料之间有足够的砂浆层，也会降低混凝土拌和物的流动性，甚至会严重影响其粘聚性和保水性，容易造成离析、流浆。因此，砂率既不能过大也不能过小，应有一个合理砂率值。

合理砂率是指在用水量及水泥用量一定的情况下，能使砼拌合物获得最大的流动性，且能保持粘聚性及保水性良好时的砂率值。或指混凝土拌合物获得所要求的流动性及良好的粘聚性及保水性，且水灰比一定的前提下，使水泥用量为最少时的砂率值。如图3-9所示。

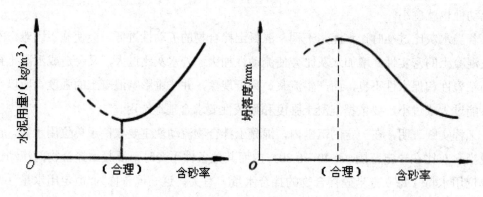

图3-9 砂率与水泥用量和坍落度的关系

合理砂率的选用原则：①粗骨料的 Dmax 较大，级配较好时，可选用较小砂率；②砂的细度模数较小时，砂的总表面积较大，可选用较小砂率；③水灰比较小、水泥浆较稠时，可选用较小砂率；④流动性要求较大时，需采用较大砂率；⑤掺用引气剂或减水剂时，可适当减小砂率。

4. 组成材料的品种及性质

水泥对和易性的影响主要表现在水泥的需水性上。需水量大的水泥品种，达到相同的坍落度，需要较多的用水量。常用水泥中以普通硅酸盐水泥所配制的混凝土拌合物的流动性和保水性较好。矿渣水泥所配制的混凝土拌合物的流动性较大，但粘聚性差，易泌水。火山灰水泥需水量大，在相同加水量条件下，流动性显著降低，但粘聚性和保水性较好。

骨料的种类、颗粒级配和粗细程度对混凝土拌合物的和易性影响也较大。碎石比卵石表面粗糙且含有棱角，在相同条件下，所配制的混凝土拌合物流动性较卵石配制的小。级配良好、较粗的砂石，空隙率小、总表面积小，在水泥浆量相同的情况下，包裹骨料表面的水泥浆较厚，混凝土拌合物和易性好。

5. 外加剂

在拌制混凝土时，加入很少量的减水剂能使混凝土拌合物在不增加水泥用量的条件下，获得很好的和易性，增大流动性和改善粘聚性、降低泌水性。并且由于改变了混凝土结构，尚能提高混凝土的耐久性。因此这种方法也是常用的。通常配制坍落度很大的流态混凝土，是依靠掺入流化剂（高效减水剂），这样单位用水量较少，可保证混凝土硬化后具有良好的性能。

6. 时间和温度

拌合后的混凝土拌合物，随时间延长而逐渐变得干稠，流动性减小，这种现象称坍落度损失，从而使和易性变差。其原因是一部分水已与水泥水化，一部分水被骨料吸收，一部分水蒸发以及混凝土凝聚结构的逐渐形成，致使混凝土拌合物的流动性变差。由于混凝土拌合物流动性的这种变化，在施工中测定和易性的时间，一般在搅拌后约15分钟为宜。

混凝土拌合物的和易性也受温度的影响。随着环境温度的升高，水分蒸发及水化反应加快，坍落度损失也变快，流动性降低。温度升高10℃，坍落度会降低20mm～40mm。因此，施工中为保证一定的和易性，必须注意环境温度的变化，并采取相应的措施。

7. 施工工艺

（1）搅拌方式。混凝土的搅拌分机械搅拌和人工搅拌两种形式。在较短的时间内，搅拌得越完全越彻底，混凝土拌合物的和易性越好。混凝土施工通常宜采用强制式搅拌机搅拌。同样的配合比设计，机械搅拌比人工搅拌效果好。

（2）搅拌时间。实际施工中，搅拌时间不足，拌合物的工作性就差，质量也不均匀；适当延长搅拌时间，可以获得较好的和易性；但搅拌时间过长，会有坍落度损失，流动性反而降低。严重时会影响混凝土的浇筑和捣实。

3.3.5 提高混凝土和易性的措施

在实际施工中，可采用如下措施调整混凝土拌合物的和易性：

（1）选用适当的水泥品种和强度等级。

（2）通过试验，采用合理砂率，有利于提高混凝土的质量和节约水泥。

（3）改善砂、石（特别是石子）的级配。

（4）在可能条件下，尽量采用较粗的砂、石。

（5）当混凝土拌和物坍落度太小时，保持水灰比不变，适量增加水泥浆的用量。

（6）适当控制混凝土施工搅拌时间，确保拌合均匀。

（7）有条件时尽量掺用外加剂（减水剂、引气剂等）。

3.4 硬化混凝土的强度

强度是混凝土硬化后的主要力学性能。混凝土强度包括立方体抗压强度、棱柱体抗压强度、劈裂抗拉强度、抗弯强度、抗剪强度和与钢筋的粘结强度等。其中以抗压强度最大，抗拉强度最小（约为抗压强度的1/10～1/20），因此结构工程中混凝土主要用于承受压力。

混凝土强度与混凝土的其他性能关系密切，通常混凝土的强度越大，其刚度、不透水性、抗风化及耐蚀性也越高，通常用混凝土强度来评定和控制混凝土的质量。

3.4.1 混凝土的抗压强度与强度等级

1. 立方体抗压强度

按照《普通混凝土力学性能试验方法标准》（GB/T50081-2002），制作150mm×150mm×150mm的标准立方体试件，在标准条件（温度20℃±2℃，相对湿度95%以上）下，养护到28天龄期，所测得抗压强度值为混凝土立方体抗压强度（简称立方体抗压强度），以f_{cu}表示。可按下式计算：

$$f_{cu} = \frac{F}{A}$$
(3-4)

式中：f_{cu}——立方体抗压强度，Mpa。

　　F——试件破坏荷载，N。

　　A——试件承压面积，mm^2。

混凝土标准试件为边长150mm的立方体，以相同的混凝土制得边长分别为200mm和100mm的两种非标准立方体试块，计算非标准立方体试块的抗压强度应分别乘以尺寸的换算系数1.05和0.95，以得到相当于标准试件的试验结果。

【例题】边长为200mm的立方体某组混凝土试件，龄期为28天，测得破坏载荷分别为560KN、600KN、580KN，试计算该组试件的混凝土立方体抗压强度？

【解】计算公式为 $f_{cu} = 1.05×F/（200×200）$

$$f_{cu1} = 1.05×560/（200×200）= 14.7MPa$$

$$f_{cu2} = 1.05×600/（200×200）= 15.8MPa$$

$$f_{cu3} = 1.05×580/（200×200）= 15.2MPa$$

所求的混凝土立方体抗压强度为：

$$f_{cu} = （f_{cu1}+ f_{cu2}+ f_{cu3}）/3 = 15.2MPa$$

2. 立方体抗压强度标准值

立方体抗压强度标准值是按照标准方法制作和养护的边长为150mm的立方体试件，用标准试验方法养护28天龄期，测得的具有95%保证率的抗压强度总体分布中的一个值，强度低于该值的概率小于5%（即具有强度保证率为95%的立方体抗压强度值），以$f_{cu, k}$表示。

3. 强度等级

混凝土强度等级是根据立方体抗压强度标准值来划分的。它的表示方法是用"C"和"立方体抗压强度标准值"两项内容表示，如："C30"即表示混凝土立方体抗压强度标准值$f_{cu, k}$＝30MPa，即强度低于30MPa的概率不超过5%。

按照国家标准GB50010-2010《混凝土结构设计规范》，普通混凝土按立方抗压强度标准值划分为14个强度等级，分别是C15、C20、C25、C30、C35、C40、C45、C50、C55、C60、C65、C70、C75和C80。

3.4.2　轴心抗压强度

混凝土的棱柱体形或圆柱体形试件所测得的轴心抗压强度，更接近于混凝土在结构中的实际受力情况，因而，在钢筋混凝土结构计算中，常采用混凝土的轴心抗压强度作为设计依据。

现行国家标准（GB/T50081-2002）规定，采用 150mm×150mm×300mm 的棱柱体作为标准试件，测定其轴心抗压强度，以 f_{cp} 表示。可按下式计算：

$$f_{cp} = \frac{F}{A}$$

(3-5)

式中：f_{cp}——混凝土的轴心抗压强度，Mpa。

F——试件破坏荷载，N。

A——试件承压面积，mm^2。

关于轴心抗压强度 f_{cp} 与立方抗压强度 f_{cu} 之间的关系，通过许多组棱柱体和立方体试件的强度试验表明：在立方体抗压强度为 10MPa～55MPa 范围内 $f_{cp}=（0.7～0.8）f_{cu}$。在结构设计计算时，一般取 $f_{cp}=0.67f_{cu}$。

3.4.3　抗拉强度

目前，用轴向拉伸试件测定混凝土的抗拉强度，荷载不易对准轴线，夹具处常发生局部破坏，难以准确测定其抗拉强度。故我国采用由劈裂抗拉强度试验法间接得出混凝土的抗拉强度，称为劈裂抗拉强度（f_{ts}）。

现行国家标准（GB/T50081-2002）规定，采用 150mm×150mm×150mm 的立方体作为标准试件，在立方体试件（或圆柱体）中心平面内用圆弧为垫条施加两个方向相反、均匀分布的压应力，当压力增大至一定程度时试件就沿此平面劈裂破坏，这样测得的强度称为劈裂抗拉强度，以 f_{ts} 表示。可按式（3-6）计算：

$$f_{ts} = \frac{2F}{\pi A} = 0.637 \frac{F}{A}$$

(3-6)

式中：f_{ts}——混凝土的劈裂抗拉强度，Mpa。

F——试件破坏荷载，N。

A——试件承压面积，mm^2。

试验证明，在相同条件下，混凝土用轴拉法测得的抗拉强度，较用劈裂法测得的劈裂抗拉强度略小。二者比例约为0.9。混凝土的劈裂抗拉强度与混凝土标准立方体抗压强度（f_{cu}）之间的关系，可用经验公式表达如下：

$$f_{ts} = 0.35 f_{cu}^{3/4}$$

(3-7)

3.4.4　抗折强度

道路路面或机场跑道用水泥混凝土，以抗折强度为主要强度指标，抗压强度作为参考指标。根据《公路水泥混凝土路面设计规范》（JTG_D40-2011）规定，道路路面用水泥混凝土的抗折强度是以标准方法制备成 150mm×150mm×550mm 的梁形试件，在标准条件下，经养护 28 天后，按三分点加荷方式测定其抗折强度，以 f_{cf} 表示。可按式（3-8）计算：

$$f_{cf} = \frac{FL}{bh^2} \tag{3-8}$$

式中：f_{cf}——混凝土的抗弯拉（抗折）强度，Mpa。

F——试件破坏荷载，N。

L——支座间距，mm。

b——试件宽度，mm。

h——试件高度，mm。

当采用100mm×100mm×400mm 非标准试件时，计算的抗折强度应乘以换算系数0.85。

3.4.5　混凝土与钢筋的粘结强度

由于混凝土的抗拉强度很低，经常要与钢筋复合成钢筋混凝土使用。为了实现钢筋与混凝土的协同工作，必须保证钢筋和混凝土间具有可靠的锚固和黏结，以实现在钢筋和混凝土交界处的应力传递。

混凝土与钢筋之间的黏结强度取决于水泥石与钢筋之间的黏结力、混凝土与钢筋间的摩擦力和混凝土的强度等级。钢筋的直径越小，有效黏结面积越大，黏结强度越高；变形钢筋的黏结力高于光圆钢筋与混凝土表面的机械咬合力；强度等级越高的混凝土，其与钢筋间的黏结强度越高。

为了对比不同混凝土的粘结强度，目前美国材料试验学会（ASTMC 234）提出了一种较标准的试验方法能准确测定混凝土与钢筋的粘结强度，该试验方法是：混凝土试件边长为 150mm 的立方体，其中埋入 φ19 的标准变形钢筋，试验时以不超过 34MPa/min 的加荷速度对钢筋施加拉力，直到钢筋发生屈服；或混凝土裂开；或加荷端钢筋滑移超过 2.5mm。记录出现上述三种情况中任一情况的荷载值 P，用下式计算混凝土与钢筋的粘结强度：

$$f_N = \frac{P}{\pi dL} \tag{3-9}$$

式中：f_N——粘结强度，MPa。

P——测定的荷载值，N。

d——钢筋直径，mm。

L——钢筋埋入混凝土中的长度，mm。

3.4.6 影响混凝土强度的因素

混凝土受力破坏后，基本上有以下三种破坏形式（如图3-10所示）：一是硬化水泥砂浆体被破坏，如图3-10a所示的情形；二是沿硬化的水泥砂浆体和粗集料间的黏结面破坏，如图3-10b所示的情形；三是集料本身的破坏，如图3-10c所示的情形。

所以，混凝土强度主要取决于水泥石强度和骨料与水泥石间的粘结强度。而水泥石强度和粘结面强度又取决于水泥的实际强度、水灰比及骨料性质，也受施工质量、养护条件及龄期的影响。

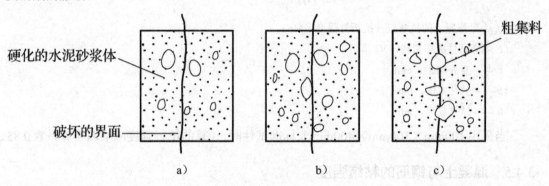

图 3-10 混凝土受压破坏的类型

a）硬化水泥砂浆体被破坏；b）沿硬化的水泥砂浆体和粗集料间的黏结面破坏；c）集料本身的破坏

1. 水泥强度等级和水灰比

水泥是混凝土中的活性组分，其强度的大小直接影响着混凝土强度的高低。在配合比相同的条件下，所用的水泥强度等级越高，制成的混凝土强度也越高。当用同一种水泥（品种及强度等级相同）时，混凝土的强度主要决定于水灰比。在水灰比不变的条件下，水泥强度等级越高，则硬化水泥石强度越大，对骨料的胶结力也就越强，配制成的混凝土强度也就愈高。

水泥水化时所需的结合水，一般只占水泥质量的23％左右，但在拌制混凝土拌合物时，为了获得必要的流动性，常需用较多的水（约占水泥质量的40％～70％），即较大的水灰比。当混凝土硬化后，多余的水分就残留在混凝土中形成水泡或蒸发后形成气孔，大大地减少了混凝土抵抗荷载的实际有效断面，而且可能在孔隙周围产生应力集中，从而降低了混凝土的强度。因此，在水泥强度等级相同的情况下，水灰比愈小，在成型时混凝土内多余的水分越少，水泥石的强度愈高，与骨料粘结力愈大，混凝土强度也就愈高。但水灰比过小，拌和物过于干稠，在一定的捣实成型条件下，无法保证浇注质量，混凝土中将出现较多的蜂窝、孔洞，强度也将下降。

　　试验证明，混凝土强度，随水灰比的增大而降低，呈曲线关系，而混凝土强度和灰水比的关系，则呈直线关系，如图3-11所示。

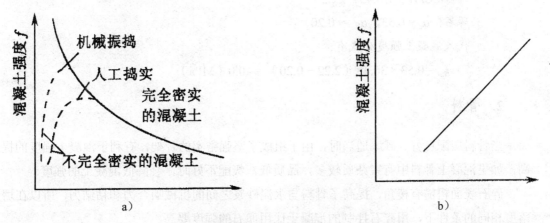

图 3-11　混凝土强度与水灰比及灰水比的关系

a）强度与水灰比的关系；b）强度与灰水比的关系

　　根据工程实践的经验，可得出关于混凝土强度与水泥实际强度及灰水比等因素之间保持近似恒定的关系，一般采用线性经验公式（又称鲍罗米公式）来表示：

$$f_{cu} = \alpha_a f_{ce} \left(\frac{C}{W} - \alpha_b \right)$$ （3.10）

式中：f_{cu}——混凝土立方体抗压强度，Mpa。

　　α_a、α_b——回归系数。根据工程所使用的水泥和粗、细骨料通过试验建立的灰水比与混凝土强度关系式来确定。若无上述试验统计资料，可按《普通混凝土配合比计规程》（JGJ55-2011）提供的 α_a，α_b 取用，采用碎石 $\alpha_a=0.53$，$\alpha_b=0.20$；采用卵石 $\alpha_a=0.49$，$\alpha_b=0.13$。

　　C/W——灰水比。

　　f_{ce}——水泥 28d 抗压强度实测值，Mpa。

　　在无法取得水泥实测强度时，可按下式计算：

$$f_{ce} = \gamma_c \times f_{ce,k}$$ （3-11）

式中：$f_{ce,k}$——水泥强度等级值，Mpa。

　　γ_c——水泥强度等级值的富余系数，该值各地可按水泥品种、产地、等级统计取得，一般在1.06～1.18。

　　由上述公式可初步解决两个问题：①当已知水泥强度等级及选定水胶比时，可以计算出该混凝土 28 天可能达到的强度；②当水泥强度等级已经选定，配制某一强度的混凝土时，算出应用的水胶比近似值。

　　【例题】已知某混凝土所用水泥强度为 36.4MPa，水灰比 0.45，碎石。试估算该混凝土 28 天强度值?

【解】因为：W/C = 0.45

所以 C/W = 1/0.45 = 2.22

碎石：$\alpha_a = 0.53$，$\alpha_b = 0.20$

代入混凝土强度公式有：

$$f_{cu} = 0.53 \times 36.4 \times (2.22 - 0.20) = 40.0（MPa）$$

2. 骨料

当骨料级配良好、砂率适当时，由于组成了坚强密实的骨架，有利于混凝土强度的提高。如果混凝土骨料中有害杂质较多，品质低，级配不好时，会降低混凝土的强度。

碎石表面粗糙有棱角，提高了骨料与水泥砂浆之间的机械啮合力和粘结力，所以在坍落度相同的条件下，用碎石拌制的混凝土比用卵石的强度要高。

骨料的强度影响混凝土的强度，一般骨料强度越高所配制的混凝土强度越高，这在低水灰比和配制高强度混凝土时特别明显。骨料粒形以三维长度相等或相近的球形或立方体为好，若含有较多扁平颗粒或细长的颗粒，会增加混凝土的孔隙率，扩大混凝土中骨料的表面积，增加混凝土的薄弱环节，导致混凝土强度下降。

3. 养护温度及湿度

混凝土强度是一个渐进发展的过程，其发展的程度和速度取决于水泥的水化状况，而温度和湿度是影响水泥水化速度和程度的重要因素。

因此，混凝土浇捣成型后，必须在一定时间内保持适当的温度和足够的湿度，以使水泥充分水化，这就是混凝土的养护。

（1）温度。养护温度高，水泥水化速度加快，混凝土强度的发展也快，在低温下混凝土强度发展迟缓，如图 3-12 所示。当温度降至冰点以下时，则由于混凝土中水分大部分结冰，不但水泥停止水化，混凝土强度停止发展，而且由于混凝土孔隙中的水结冰产生体积膨胀（约 9%），而对孔壁产生相当大的压应力（可达 100MPa），从而使硬化中的混凝土结构遭受破坏，导致混凝土的强度受到损失。

混凝土早期强度低，更容易冻坏。冬季施工时，要特别注意保温养护，以免混凝土早期受冻破坏。

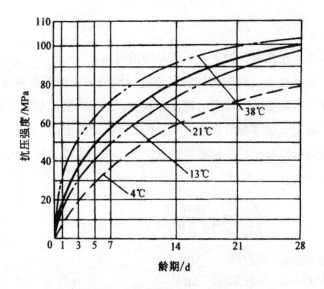

图 3-12 养护温度对混凝土强度的影响

（2）湿度。水泥水化必须在有水的条件下进行，湿度适当，水泥水化反应顺利进行，使混凝土强度得到充分发展，因此，周围环境的湿度对水泥的水化能否正常进行有显著影响。如果湿度不够，水泥水化反应不能正常进行，甚至停止水化，严重降低砼强度，而且使砼结构疏松，形成干缩裂缝，增大了渗水性，从而影响混凝土的耐久性。图 3-13 为保湿养护时间对混凝土强度的影响。

施工规范规定：在混凝土浇筑完毕后，应在 12 小时内进行覆盖，以防止水分蒸发过快。在夏季施工混凝土进行自然养护时，使用硅酸盐水泥、普通硅酸盐水泥和矿渣水泥时，浇水保湿应不少于 7 天；使用火山灰水泥和粉煤灰水泥或在施工中掺用缓凝型外加剂或有抗渗要求时，应不少于 14 天。

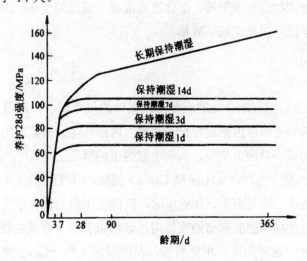

图 3-13 混凝土强度与保湿养护时间的关系

4. 龄期

龄期是指混凝土在正常养护条件下所经历的时间。

在正常养护的条件下，混凝土的强度将随龄期的增长而不断发展，最初7～14天内强度发展较快，以后逐渐变缓，28天达到设计强度。28天后强度仍在发展，其增长过程可延续数十年之久。混凝土强度与龄期的关系从图3.13也可看出。

普通水泥制成的混凝土，在标准养护条件下，其强度的发展，大致与其龄期的对数成正比（龄期不小于 3 天）：

$$\frac{f_n}{f_{28}} = \frac{\lg n}{\lg 28} \tag{3-12}$$

式中：f_n——n d 龄期混凝土的抗压程度，MPa。

f_{28}——28d 龄期混凝土的抗压强度，MPa。

n——养护龄期（$n \geqslant 3$），d。

根据式（3-12），可以由所测混凝土的早期强度，估算其 28 天龄期的强度；或者，可由混凝土的 28 天强度，推算 28 天前混凝土达到某一强度需要养护的天数，来确定混凝土拆模、构件起吊、放松预应力钢筋、制品养护、出厂等日期。但由于影响强度的因素很多，故按此式计算的结果只能作为参考。

5.施工质量

混凝土的施工过程包括搅拌、运输、浇筑、振捣现场养护等多个环节，受到各种不确定性随机因素的影响。配料的准确、振捣密实程度、拌合物的离析、现场养护条件的控制，以及施工单位的技术和管理水平等，都会造成混凝土强度的变化。因此，必须采取严格有效的控制措施和手段，以保证施工质量。

6. 试验条件

（1）试件尺寸。相同配合比的混凝土，试件的尺寸越小，测得的强度越高，反之亦然。试件尺寸影响的主要原因是试件尺寸大时，内部孔隙、缺陷等出现的机率也越大，导致有效受力面积的减小及应力集中，从而引起强度的降低。

（2）试件的形状。当试件受压面积（a×a）相同，而高度（h）不同时，高宽比（h/a）越大，抗压强度越小。这是由于试件受压时，试件受压面与试件承压板之间的摩擦力，对试件相对于承压板的横向膨胀起着约束作用，该约束有利于强度的提高，如图 3-14 所示。愈接近试件的端面，这种约束作用就愈大，在距端面大约 $\sqrt{3}a/2$ 的范围以外，约束作用才消失，通常称这种约束作用为环箍效应，如图 3-15 所示。环箍效应也与试件尺寸的大小有关，由于压力机上下压板的弹性模量并非无限大（压板会产生变形），因而在抗压试验过程中，试件的尺寸愈小，环箍效应愈明显。

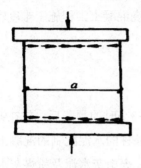 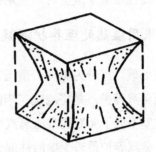

图 3-14　压力机压板对试件的约束作用　　　　　图 3-15　试件破坏

（3）表面状态。混凝土试件承压面的状态，也是影响混凝土强度的重要因素。当试件受压面上有油脂类润滑剂时，试件受压时的环箍效应大大减小，试件将出现直裂破坏（如图 3-16 所示），测出的强度值也较低。

图 3-16　不受压板约束时试件的破坏情况

（4）加荷速度。加荷速度较快时，材料变形的增长落后于荷载的增加，所测强度值偏高。当加荷速度超过 1.0MPa/s 时，这种趋势更加显著。

我国标准规定混凝土抗压强度的加荷速度为 0.3 MPa/s～0.8MPa/s，且应连续均匀地加荷。

3.4.7　提高混凝土强度的措施

1. 采用高强度等级水泥或早强型水泥

在混凝土配合比相同的情况下，水泥的强度等级越高，混凝土的强度越高。采用早强型水泥可提高混凝土的早期强度，有利于加快施工进度。

2. 采用低水灰比的干硬性混凝土

干硬性混凝土的特点是单位用水量小，水灰比小，一般为0.3～0.5。大大减少了拌合物中的游离水分，从而减少了混凝土内部的孔隙，显著提高混凝土的密实性和强度。经验表明，在水泥用量相同的情况下，干硬性混凝土的强度比塑性混凝土的强度高40%～80%。但由于干硬性混凝土成型时需采用强力振捣，对于现浇混凝土工程施工难度较大。

3. 采用湿热处理养护混凝土

湿热处理，可分为蒸汽、蒸压养护两类。

常压蒸汽养护，是将浇筑完毕的混凝土构件经1～3小时的预养后，放在90%以上相对湿度、温度不低于60℃的常压蒸汽中进行养护。不同品种的水泥配制的混凝土其蒸养适应性不同。蒸汽养护最适于掺活性混合材料的矿渣水泥、火山灰水泥及粉煤灰水泥制备的混凝土。因为蒸汽养护可加速活性混合材料内的活性SiO_2及活性Al_2O_3与水泥水化析出的$Ca(OH)_2$反应，使混凝土不仅提高早期强度，而且后期强度也有所提高，其28天强度可提高10%～20%。而对普通硅酸盐水泥和硅酸盐水泥制备的混凝土进行蒸汽养护，其早期强度也能得到提高，但因在水泥颗粒表面过早形成水化产物凝胶膜层，阻碍水分继续深入水泥颗粒内部，使后期强度增长速度反而减缓，其28天强度比标准养护28天的强度约低10%～15%。因而，蒸汽养护最适宜的温度随水泥的品种而不同，硅酸盐水泥或普通水泥混凝土，一般在60℃～80℃条件下，蒸养5～8小时为宜；而矿渣水泥、粉煤灰水泥或火山灰水泥混凝土，蒸养温度可达90℃、蒸养时间不宜超过12小时。

蒸压养护是将浇筑好的混凝土构件经8～10小时的预养后，放在175℃的温度及8个大气压的压蒸锅内进行养护。在高温的条件下，水泥水化所析出的氢氧化钙，不仅能与活性的氧化硅结合，而且能与结晶状态的氧化硅相化合，生成含水硅酸盐结晶，使水泥的水化加速，硬化加快，而且混凝土的强度也大大提高。对掺有活性混合材料的水泥更为有效。

4. 采用机械搅拌和振捣

机械搅拌比人工拌合能使混凝土拌合物更均匀，特别是在拌合低流动性混凝土拌合物时效果更显著。采用机械振捣，可使混凝土拌合物的颗粒产生振动，暂时破坏水泥浆体的凝聚结构，从而降低水泥浆的粘度和骨料间的摩擦阻力，提高混凝土拌合物的流动性，使混凝土拌合物能很好地充满模型，混凝土内部孔隙大大减少（尤其是高频振动时，能进一步排除混凝土中的气泡），从而使密实度和强度大大提高，一般来说，当用水量愈少，水灰比愈小时，通过振动捣实的效果也愈显著。如图3-17所示。

采用二次搅拌工艺（造壳混凝土），可改善混凝土骨料与水泥砂浆之间的界面缺陷，有效提高混凝土强度，可获得更佳振动效果。

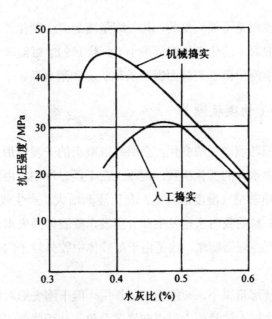

图 3-17　振捣方法对混凝土强度的影响

5. 掺入混凝土外加剂、掺合料

在混凝土中掺入早强剂可提高混凝土早期强度；掺入减水剂可减少用水量，降低水灰比，提高混凝土强度。此外，在混凝土中掺入高效减水剂的同时，掺入磨细的矿物掺合料（如硅灰、优质粉煤灰、磨细矿渣等），可显著提高混凝土拌合物的和易性、改善混凝土的孔隙结构、提高混凝土的强度和耐久性。这些材料已成为配制高强度混凝土、超高强混凝土、泵送混凝土和高性能混凝土的重要组成材料。

3.5　混凝土的变形性质

混凝土的变形包括非荷载作用下的变形和荷载作用下的变形。非荷载下的变形，分为混凝土的化学收缩、干湿变形及温度变形；荷载作用下的变形，分为短期荷载作用下的变形及长期荷载作用下的变形——徐变。

3.5.1　非荷载作用下的变形

1. 化学收缩（自身体积变形）

在混凝土硬化过程中，由于水泥水化物的固体体积，比反应前物质的总体积小，从而引起混凝土的收缩，称为化学收缩。

混凝土的化学收缩是不能恢复的，其收缩量随混凝土硬化龄期的延长而增加，一般在40 天内渐趋稳定。混凝土的化学收缩值很小（小于 1％），对混凝上结构物没有破坏作用，但在混凝土内部可能产生微细裂缝而影响承载状态和耐久性。

2. 干湿变形（物理收缩）

由于混凝土周围环境湿度的变化，会引起混凝土的干湿变形，表现为干缩湿胀。这种变形是由于混凝土中水分的变化所致。混凝土在干燥过程中，由于毛细孔水的蒸发，使毛细孔中形成负压，随着空气湿度的降低，负压逐渐增大，产生收缩力，导致混凝土收缩。同时，水泥凝胶体颗粒的吸附水也发生部分蒸发，凝胶体因失水而产生紧缩。当混凝土在水中硬化时，体积产生轻微膨胀，这是由于凝胶体中胶体粒子的吸附水膜增厚，胶体粒子间的距离增大所致。

混凝土的干湿变形量很小，一般无破坏作用。但干缩变形对混凝土危害较大，干缩它可使混凝土表面产生较大的拉应力而引起许多裂纹，从而降低混凝土的抗渗、抗冻、执侵蚀等耐久性能。

影响混凝土干缩变形的主要因素：①水泥的用量、细度及品种的影响；②水灰比的影响；③骨料质量的影响；④混凝土施工质量的影响。

3. 温度变形

温度变形是指混凝土随着温度的变化而产生热胀冷缩变形。混凝土的温度变形系数 α 为 $(1\sim1.5)\times10^{-5}/℃$，即温度每升高 $1℃$，每 $1m$ 胀缩 $0.01mm\sim0.015mm$。温度变形对大体积混凝土、纵长的砼结构、大面积砼工程极为不利，易使这些混凝土造成温度裂缝。为此，大体积混凝土施工常采用低热水泥，并掺加缓凝剂及采取人工降温等措施；对纵长的混凝土结构和大面积混凝土工程，常采取每隔一段距离设置一道伸缩缝，以及在结构中设置温度钢筋等措施。

4. 碳化收缩

碳化收缩是由于空气中的二氧化碳与水泥石中的水化产物氢氧化钙的不断作用，而引起混凝土体积收缩。碳化收缩的程度与空气的相对湿度有关，当相对湿度为 30％～50％时，收缩值最大。碳化收缩过程常伴随着干缩收缩，在混凝土表面产生拉应力，导致混凝土表面产生微细裂缝。

3.5.2　荷载作用下的变形

1. 短期荷载作用下的变形

混凝土在荷载作用下，既不呈完全弹性体，也不呈完全塑性体，而是弹塑性体。即受力时既产生弹性变形，又产生塑性变形，其应力与应变的关系呈曲线，如图3-18所示。在静力试验的加荷过程中，若加荷至应力为σ，应变为ε的A点，然后将荷载逐渐卸去，则卸荷时的应力-应变曲线如AC所示（为曲线，微向上弯曲）。卸荷后能恢复的应变ε弹，是由混凝土的弹性性质引起的，称为弹性应变；剩余的不能恢复的应变ε塑，则是由混凝土的塑性性质引起的，称为塑性应变。

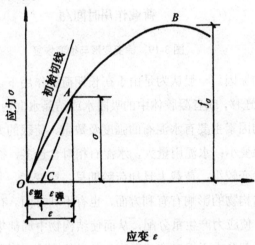

图 3-18　混凝土在压力作用下的应力-应变曲线

在应力—应变曲线上任一点的应力 σ 与其应变 ε 的比值，称作混凝土在该应力下的弹性模量。它反映了混凝土所受应力与所产生应变之间的关系。由图3-18可知，变形模量随应力的增加而减小。

影响混凝土弹性模量的因素：①混凝土的强度。混凝土的强度越高，弹性模量越大；②骨料的含量。骨料的含量越多，弹性模量越大，混凝土的弹性模量越高；③混凝土的水灰比较小，养护较好及龄期较长时，混凝土的弹性模量就较大。

2. 长期荷载作用下的变形

混凝土在长期荷载作用下，除产生瞬间的弹性变形和塑性变形外，还会产生随时间而增长的非弹性变形，这种变形称为徐变（如图3-19所示）。这种在长期荷载作用下，随时间而增长的变形称为徐变，也称蠕变。在荷载初期，徐变变形增长较快，以后逐渐变慢并稳定下来，最终徐变应变可达（3～15）×10^{-4}。即0.3 mm/m～1.5mm/m。在卸荷后，一部分变形可瞬时恢复，但其值小于在加荷瞬间产生的瞬时变形。在卸荷后的一段时间内变形还会继续恢复，称为徐变恢复。最后残存的不能恢复的变形，称为残余变形。

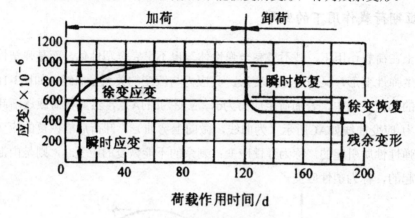

图 3-19　徐变变形与徐变恢复

混凝土产生徐变的原因，一般认为是由于在长期荷载作用下，水泥石中的凝胶体产生粘性流功，向毛细管内迁移，或者凝胶体中的吸附水或结晶水向内部毛细管迁移渗透所致。

影响混凝土徐变的因素主要有水泥石的强度及数量、荷载的大小及加荷的龄期。水灰比较小或水中养护，徐变小；水泥用量大，水泥石相对含量多，徐变大；混凝土所用骨料的弹性模量较大时，徐变较小；荷载大且加荷龄期早，徐变大。

混凝土的徐变对结构物的影响有有利方面，也有不利方面。有利的是徐变可消除钢筋混凝土内的应力集中，使应力产生重分配，从而使结构物中局部集中应力得到缓和。对大体积混凝土则能消除一部分内于温度变形所产生的破坏应力。不利的是在预应力钢筋混凝土中，混凝土的徐变会造成预应力损失。

3.6　混凝土的耐久性

混凝土抵抗环境介质作用并长期保持其良好的使用性能和外观完整性，从而维持混凝土结构安全、正常使用的能力称为耐久性。混凝土耐久性主要包括抗渗、抗冻、抗侵蚀、抗碳化、抗碱—集料反应及混凝土中的钢筋耐锈蚀等性能。

3.6.1　抗渗性

抗渗性指砼在有压水、油等液体作用下，抵抗渗透的能力。抗渗性是决定混凝土耐久性最主要的因素，若混凝土的抗渗性差，不仅周围水等液体物质易渗入内部，而当遇有负温或环境水中含有侵蚀性介质时，混凝土就易遭受冰冻或侵蚀作用而破坏，对钢筋混凝土还将引起其内部钢筋锈蚀并导致表面混凝土保护层开裂与剥落。因此,对地下建筑、水坝、水池、港工、海工等工程,必须要求混凝土具有一定的抗渗性。

混凝土的抗渗性用抗渗等级表示。抗渗等级是以28天龄期的标准试件,在标准试验方法下进行试验,以每组6个试件,4个试件未出现渗水时,所承受的最大静水压来表示,共有P4、P6、P8、P10、P12等5个等级,分别表示混凝土能抵抗0.4MPa、0.6MPa、0.8MPa、1.0MPa、1.2MPa的静水压力而不渗水。《普通混凝土配合比设计规程》(JGJ55-2011)中规定,抗渗等级等于或大于P6级的混凝土称为抗渗混凝土。

混凝土渗水的主要原因是由于内部的空隙形成连通的渗水通道。这些孔道除产生于施工振捣不密实外,主要来源于水泥浆中多余水分的蒸发而留下的气孔、水泥浆泌水所形成的毛细孔及粗骨料下部界面水富集形成的孔穴。

提高混凝土抗渗性的主要措施有提高混凝土的密实度和改善混凝土中的孔隙结构,减少连通孔隙,这些可通过采用低的水灰比、选择好的骨料级配、充分振捣和养护、掺入引气剂等方法来实现。

3.6.2 抗冻性

混凝土的抗冻性是指混凝土在饱和水状态下,能经受多次冻融循环而不破坏,同时也不严重降低其所具有的性能的能力。在寒冷地区,特别是接触水又受冻环境条件下,混凝土要求具有较高的抗冻性。

混凝土的抗冻性用抗冻等级来表示。抗冻等级是以 28 天龄期的混凝土标准试件,在饱和水状态下承受反复冻融循环,以抗压强度损失不超过 25%,且质量损失不超过 5%时所能承受的最大循环次数来确定。根据《水工混凝土结构设计规范》(SL191-2008)水利建筑工程混凝土的抗冻等级分为 F50、F100、F150、F200、F250、F300、F400 共 7 个等级,分别表示混凝土能承受冻融循环的最大次数不小于 50,100,150,200,250 和 300次。《普通混凝土配合比设计规程》(JGJ55-2011)中规定,抗冻等级等于或大于 F50 级的混凝土称为抗冻混凝土。

混凝土受冻融破坏的原因,是由于混凝土内部孔隙中的水在负温下结冰后体积膨胀,对未结冰的水产生挤压作用,形成静水压力,当这种压力产生的内应力超过混凝土的抗拉强度,混凝土就会产生裂缝,多次冻融循环使裂缝不断扩展,导致混凝土强度降低,同时结构表面及边角处混凝土易在水压力作用下脱落,使质量降低。混凝土的密实度,孔隙率和孔隙构造,孔隙的充水程度是影响抗冻性的主要因素。

提高混凝土抗冻性的主要措施有提高混凝土的密实程度,即用较小的水灰比,捣实充分;改善孔隙结构特征,掺引气剂,减水剂和防冻剂。

3.6.3 抗侵蚀性

当混凝土所处环境中含有侵蚀性介质时，混凝土便会遭受侵蚀，通常有软水侵蚀、硫酸盐侵蚀、镁盐侵蚀、碳酸侵蚀、一般酸侵蚀与强碱侵蚀等，其侵蚀机理同水泥石的腐蚀。随着混凝土在地下工程、海岸工程等恶劣环境中的大量应用，对混凝土的抗侵蚀性提出了更高的要求。

混凝土的抗侵蚀性与所用水泥品种、混凝土的密实度和孔隙特征等有关。密实和孔隙封闭的混凝土，环境水及侵蚀介质不易侵入，抗侵蚀性较强。

提高混凝土抗侵蚀性的主要措施是合理选择水泥品种，降低水灰比，提高混凝土密实度和改善孔结构。

3.6.4 碳化

混凝土的碳化是指混凝土内水泥石中的 Ca（OH）$_2$ 与空气中的 CO_2，在湿度适宜时发生化学反应，生成 $CaCO_3$ 和水，也称中性化。

混凝土的碳化是 CO_2 由表及里逐渐向混凝土内部扩散的过程。碳化引起起水泥石化学组成及组织结构的变化，对混凝土碱度、强度和收缩产生影响。

影响碳化速度的主要因素有，环境中二氧化碳的浓度、水泥品种、水灰比、环境湿度等。二氧化碳浓度高（如铸造车间），碳化速度快；当环境中的相对湿度在50%～75%时，碳化速度最快，当相对湿度小于25%或在水中时，碳化将停止；水灰比小的混凝土较密实，二氧化碳和水不易侵入，碳化速度就减慢；掺混合材的水泥，水化产物中氢氧化钙较少，抗碳化的缓冲能力低，抗碳化能力差。

碳化对混凝土性能既有有利的影响，也有不利的影响。有利影响是碳化作用产生的碳酸钙填充了水泥石的孔隙，以及碳化时放出的水分有助于未水化水泥的水化，从而可提高混凝土碳化层的密实度，对提高抗压强度有利；不利影响是碱度降低减弱了对钢筋的保护作用。另外，碳化作用还会增加混凝土的收缩，引起混凝土表面产生拉应力而出现微细裂缝，从而降低混凝土的抗拉、抗折强度及抗渗能力。

提高混凝土抗侵蚀性的主要措施是在钢筋混凝土结构中采用适当的保护层，使碳化深度在建筑物设计年限内达不到钢筋表面；根据工程所处环境及使用条件，合理选择水泥品种；使用减水剂，改善混凝土的和易性，提高混凝土的密实度；采用水灰比小，单位水泥用量较大的混凝土配合比；加强施工质量控制，加强养护，保证振捣质量，减少或避免混凝土出现蜂窝等质量事故；在混凝土表面涂刷保护层，防止二氧化碳侵入，或在混凝土表面刷石灰浆等。

3.6.5 碱-骨料反应

碱—骨料反应是指水泥、外加剂等混凝土构成物及环境中的碱（Na_2O、K_2O）与骨料中的活性二氧化硅在潮湿环境下缓慢发生反应，并导致混凝土产生膨胀开裂而破坏。混凝土发生碱—集料反应必须具备三个条件：

（1）水泥中碱含量高。以等当量 Na_2O 计，即（$Na_2O+0.658K_2O$）% 大于 0.6%。

（2）砂、石骨料中含有活性二氧化硅成分。

（3）有水存在。在无水情况下，混凝土不可能发生碱—骨料反应。

碱—骨料反应速度极慢，但造成的危害极大，而且无法弥补，其危害需几年或几十年才表现出来。在实际工程中，为抑制碱-骨料反应的危害，可采取以下方法有控制水泥总含碱量不超过 0.6%；选用非活性骨料；降低混凝土的单位水泥用量，以降低单位混凝土的含碱量；在混凝土中掺入火山灰质混合材料，以缓解和抑制混凝土的碱-骨料反应；防止水分侵入，设法使混凝土处于干燥状态。

3.6.6 提高混凝土耐久性的措施

混凝土所处的环境和使用条件不同，对其耐久性的要求也不相同。提高混凝土耐久性的主要措施有：

（1）根据混凝土工程的特点和所处的环境条件，合理选择水泥品种。

（2）选用质量良好、技术条件合格的砂石骨料。

（3）控制水灰比及保证足够的水泥用量，是保证混凝土密实度并提高混凝土耐久性的关键。《普通混凝土配合比设计规程》（JGJ55-2011）规定了工业与民用建筑所用混凝土的最大水灰比和最小水泥用量的限值，如表3-21所示。

表 3-21 混凝土的最大水胶比和最小胶凝材料用量（JGJ55-2011）

环境类别	环境条件	最大水胶比	最低强度等级	最大氯离子含量%	最小胶凝材料用量（kg）		
					素混凝土	钢筋混凝土	预应力混凝土
一	室内干燥环境；无侵蚀性静水浸没环境	0.6	C20	0.30	250	280	300
二 a	室内潮湿环境；非严寒和非寒冷地区的露天环境；非严寒和非寒冷地区与无侵蚀性的水和土壤直接接触的环境；严寒和寒冷地区的冰冻线以下与无侵蚀性的水和土壤直接接触的环境	0.55	C25	0.20	280	300	300

（续表）

二b	干湿交替环境；水位频繁变动环境；严寒和寒冷地区的露天环境；严寒和寒冷地区的冰冻线以上与无侵蚀性的水和土壤直接接触的环境	0.50 (0.50)	C30 (C25)	0.15	320
三a	严寒和寒冷地区冬季水位变动区环境；寒风环境	0.45 (0.50)	C35 (C30)	0.15	330
三b	盐渍土环境；受除冰盐作用环境；海岸环境	0.40	C40	0.10	330

注：①氯离子含量系指其占胶凝材料总量的百分比

②处于严寒和寒冷地区二b、三a环境中的混凝土应使用引气剂，并可采用括号中的参数

（4）掺入减水剂或引气剂，适量混合材料，改善混凝土的孔结构，对提高混凝土的抗渗性和抗冻性有良好作用。

（5）改善施工操作，保证施工质量（如保证搅拌均匀，振捣密实，加强养护等）。

（6）采取适当的防护措施，如：在混凝土结构表面加保护层、合成高分子材料浸渍混凝土等。

3.7　混凝土的质量控制和强度评定

3.7.1　混凝土的质量检验与控制

混凝土质量是影响混凝土结构可靠性的一个重要因素。混凝土质量受多种因素的影响，质量是不均匀的。即使是同一种混凝土，它也受原材料质量的波动、施工配料的误差限制条件和气温变化等等的影响。在正常施工条件下，这些影响因素都是随机的，因此，混凝土的质量也是随机的。为保证混凝土结构的可靠性，必须在施工过程的各个工序对原材料、混凝土拌合物及硬化后的混凝土进行必要的质量检验和控制。

1.　对原材料的质量控制

混凝土是由多种材料混合制作而成，任何一种组成材料的质量偏差或不稳定都会造成混凝土整体质量的波动。水泥要严格按其技术质量标准进行检验，并按有关条件进行合理选用水泥品种，特别要注意水泥的有效期；粗、细骨料应检测其杂质和有害物质的含量，不符合国家标准规定的，应经处理并检验合格后方可使用；采用天然水现场进行拌和的混凝土，对拌和用水的质量应按标准进行检验。水泥、砂、石和外加剂等主要材料应检查产

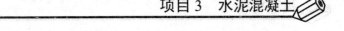

品合格证、出厂检验报告或进行复验。掺合料进场时，必须具有质量证明书，按不同品种、等级分别存储在专用的仓罐内，并做好明显标记，防止受潮和环境污染。

2. 混凝土配合比的质量控制

混凝土的配合比应根据设计的混凝土强度等级、耐久性、坍落度的要求，按《普通混凝土配合比设计规程》经过试配确定，不得使用经验配合比。设计出合理的配合比后，要测定现场砂、石含水率，将设计配合比换算为施工配合比。试验室应结合原材料实际情况，确定一个既满足设计强度要求，又满足施工和易性要求，同时经济合理的混凝土配合比。当原材料的变更时会影响混凝土强度，需根据原材料的变化，及时调整混凝土的配合比。生产时应检验配合比设计资料、试件强度试验报告、骨料含水率测试结果和施工配合比通知单。首次使用混凝土配合比应进行开盘鉴定，其工作性能应满足设计配合比的要求。开始生产时应至少留一组标准养护试件，作为检验配合比的依据。

3. 混凝土生产施工工艺质量的控制

混凝土的原材料必须称量准确，根据《混凝土结构工程施工质量验收规范》（GB50204-2002）的规定，每盘称量的允许偏差应控制在水泥、掺合料±2%，粗、细骨料±3%，拌合用水、外加剂±2%。每工作班抽查不少于一次，各种衡器应定期检验。

混凝土的运输、浇筑及间歇的全部时间不应超过混凝土的初凝时间。要及时观察、检查混凝土的施工记录。在运输、浇筑过程中要防止离析、泌水、流浆等不良现象发生，并分层按顺序振捣，严防漏振。混凝土浇筑完毕后，应按施工技术方案及时采取有效的养护措施，应随时观察并检查混凝土施工记录。

3.7.2　混凝土强度的检验与评定方法

1. 检验

对硬化后的质量检验，主要是检验混凝土的抗压强度。因为混凝土质量波动直接反映在强度上，通过对混凝土强度的管理就能控制住整个混凝土工程质量。对混凝土的强度检验是按规定的时间与数量在搅拌地点或浇筑地点抽取有代表性的试样，按标准方法制作试件、标准养护至规定的龄期后，进行强度试验（必要时也需进行其他力学性能及抗渗、抗冻试验），以评定混凝土质量。对已建成的混凝土，也可采用非破损试验方法进行检查。

2. 评定

在正常生产控制的条件下，用数理统计方法，求出混凝土强度的算术平均值、标准差和混凝土强度保证率等指标，用以综合评定混凝土强度。

（1）混凝土强度平均值、标准差、保证率。

①强度平均值

$$\overline{f_{cu}} = \frac{1}{n} \sum_{i=1}^{n} f_{cu,i} \tag{3-13}$$

式中：n——试件组数。

$f_{cu,i}$——第 i 组试验值。

②混凝土强度标准差。标准差（σ）也称均方差，反映混凝土强度的离散程度，也反映了施工生产的管理水平。σ 值越大，强度分布曲线就越宽而矮，离散程度越大，则混凝土质量越不稳定。σ 是评定混凝土质量均匀性的重要指标。

$$\sigma = \sqrt{\frac{\sum_{i=1}^{n} f_{cu,i}^2 - n \cdot \overline{f_{cu}}^2}{n-1}} \tag{3-14}$$

③变异系数。变异系数（Cv）又称离差系数，能更合理地反映混凝土质量的均匀性。Cv值越小，说明该混凝土质量越稳定。

$$C_v = \frac{\sigma}{\overline{f_{cu}}} \tag{3-15}$$

④保证率。保证率是指混凝土强度总体分布中，大于设计要求的强度等级值的概率P（%）。以正态分布曲线的阴影部分来表示（如图3-21所示）。强度正态分布曲线下的面积为概率的总和，等于100%。在统计周期内混凝土强度大于或等于要求强度等级值的百分率按下式计算：

首先计算出概率度t，即：

$$t = \frac{\overline{f_{cu}} - f_{cu,k}}{\sigma} \tag{3-16}$$

或

$$t = \frac{\overline{f_{cu}} - f_{cu,k}}{C_v \bullet \overline{f_{cu}}} \tag{3-17}$$

根据标准正态分布曲线方程，可得到概率度t与强度保证率P（%）的关系如表3-22所示。

表 3-22　不同 t 值的保证率 P

t	0.00	0.50	0.84	1.00	1.20	1.28	1.40	1.60	1.645	1.70	1.81	1.88	2.00	2.05	2.33	3.00
P（%）	50.0	69.2	80.0	84.1	88.5	90.0	91.9	94.5	95.0	95.5	96.5	97.0	97.7	99.0	99.4	99.87

工程中P（%）值可根据统计周期内，混凝土试件强度不低于要求强度等级标准值的组数与试件总数之比求得，即：

$$P = \frac{N_0}{N} \times 100\% \tag{3-18}$$

式中：N_0——统计周期内，同批混凝土试件强度大于或等于规定强度等级值的组数。

　　N——统计周期内同批混凝土试件总组数，$N \geq 25$。

根据以上数值，按表3-23可确定混凝土生产质量水平。

表 3-23 混凝土生产质量水平（GB50164）

生产质量水平		优良		一般	
评定指标生产场所	强度等级	<C20	≥C20	<C20	≥C20
混凝土强度标准差 σ（MPa）	商品混凝土厂和预制混凝土构件厂	≤3.0	≤3.5	≤4.0	≤5.0
	集中搅拌混凝土的施工现场	≤3.5	≤4.0	≤4.5	≤5.5
强度等于或大于混凝土强度等级值的百分率P（%）	商品混凝土厂、预制混凝土构件厂及集中搅拌混凝土的施工现场	≥95		≥85	

（2）统计方法评定。

①标准差已知方案。当混凝土的生产条件在较长时间内能保持一致，且同一品种混凝土的强度变异性能保持稳定时，每批的强度标准差 σ 可按常数考虑。

强度评定应由连续的三组试件组成一个验收批，其强度应同时满足下式要求：

$$f_{cu} \geq f_{cu,k} + 0.7\sigma \tag{3-19}$$
$$f_{cu,min} \geq f_{cu,k} - 0.7\sigma \tag{3-20}$$

当混凝土强度等级不高于 C20 时，其强度的最小值尚应满足下式要求：

$$f_{cu,min} \geq 0.85 f_{cu,k} \tag{3-21}$$

当混凝土强度等级高于 C20 时，其强度的最小值尚应满足下式要求：

$$f_{cu,min} \geq 0.90 f_{cu,k} \tag{3-22}$$

式中：f_{cu}——同一验收批混凝土强度的平均值，Mpa。

　　$f_{cu,k}$——混凝土立方体抗压强度标准值，Mpa。

$f_{cu,min}$——同一验收批混凝土强度的最小值，Mpa。

σ——验收批混凝土强度的标准差，Mpa。

验收批混凝土强度的标准差，应根据前一个检验期内同一品种混凝土试件的强度，按下式计算：

$$\sigma = \frac{0.59}{m} \sum_{i=1}^{m} \Delta f_{cu,i} \qquad (3\text{-}23)$$

式中：$\triangle f_{cu,i}$——前一检验期第 i 批试件强度最大与最小值之差。

m——前一检验期内验收的总批数（m≮15）

②标准差未知方案

当混凝土的生产条件在较长时间内不能保持一致，且混凝土强度变异性不能保持稳定时，或在前一个检验期内的同一品种混凝土没有足够的数据以确定验收批混凝土立方体抗压强度的标准差时，应由不少于 10 组的试件组成一个验收批，其强度应满足下列要求：

$$f_{cu} - \lambda_1 S_{fcu} \geq 0.9 f_{cu,k} \qquad (3\text{-}24)$$

$$f_{cu,min} \geq \lambda_2 f_{cu,k} \qquad (3\text{-}25)$$

式中：$S_{f_{cu}}$——同一验收批混凝土立方体抗压强度标准差。

当计算值小于0.06 $f_{cu,k}$ 时，取 $S_{f_{cu}} = 0.06 f_{cu,k}$；

λ_1、λ_2——合格判定系数。按表 3-24 取用。

表 3-24　混凝土强度的合格判定系数

试件组数	10～14	15～24	≥25
λ_1	1.70	1.65	1.60
λ_2	0.09	0.85	

验收批混凝土强度的标准差 $S_{f_{cu}}$，按下式计算：

$$s_{f_{cu}} = \sqrt{\frac{\sum_{i=1}^{n} f_{cu,i} - n \overline{f}^2_{cu}}{n-1}} \qquad (3\text{-}26)$$

式中：$f_{cu,i}$——验收批第 i 组试件的强度值，Mpa，

n——验收批混凝土试件的总组数。

（3）非统计方法评定。按非统计方法评定混凝土强度，其强度同时满足下式要求时，该验收批混凝土强度为合格。

$$f_{cu} \geq 1.15 f_{cu,k} \qquad (3\text{-}27)$$

$$f_{cu,min} \geqslant 0.95 f_{cu,k} \qquad (3\text{-}28)$$

此方法规定一定验收批的试件组数为 2~9 组。当一个验收批的混凝土试件仅有一组时，则该组试件强度值应不低于强度标准值的 15%。

3.7.3　混凝土强度的合格性判定

混凝土强度的合格性判定主要有以下几点：

（1）混凝土强度应分批进行检验评定，当检验结果满足合格条件时，则该混凝土判为合格；否则，该混凝土判为不合格。

（2）由不合格批混凝土制成的结构或构件，应进行鉴定。对经鉴定为不合格的结构或构件，必须及时处理。

（3）当对混凝土试件强度的代表性有异议时，可对结构或构件进行无破损或半破损检验，并按有关规定进行混凝土强度的评定。

（4）结构或构件拆模、出厂、吊装、预应力筋张拉或放张，以及施工期间需短暂负荷的混凝土强度，应满足设计要求或现行国家标准的有关规定。

【例题】根据以往资料，甲、乙、丙三个施工队施工水平各不相同。若按混凝土的强度变异系数CV来衡量则甲队CV = 10%，乙队CV = 15%，丙队CV = 20%。今有某工程要求混凝土强度等级为C30，混凝土的强度保证率为95%（保证率系数t = 1.645），问这三家施工单位在保证质量的条件下，各家的混凝土配制强度各为多少？指出哪家最节约水泥，并说明理由。

【解】 $f_{cu,0} = f_{cu,k} + 1.645\sigma$

$$f_{cu,0} = \frac{f_{cu,k}}{(1 - 1.645 C_v)} = \frac{30}{1 - 1.645 C_v}$$

$$C_v = \frac{\sigma}{\bar{f}_{cu}} \quad (\bar{f}_{cu} \text{可等于} f_{cu,0})$$

甲队：$f_{cu,0} = 35.9$（MPa）

乙队：$f_{cu,0} = 39.8$（MPa）

丙队：$f_{cu,0} = 44.7$（MPa）

水泥用量 $m_{co} = \dfrac{m_{wo}}{w/c}$，$f_{cu,0}$ 小，w/c 就大，m_{co} 就小，所以甲队最节约水泥。

3.8 普通混凝土的配合比设计

混凝土配合比是指混凝土中各组成材料数量之间的比例关系。这种关系常用两种方法表示：一种是单位用量表示法。以1m³混凝土中各组成材料的用量表示，例如水泥：砂：石子：水＝330kg：765kg：1352g：180kg；另一种是相对用量表示。以水泥的质量为1，并按"水泥：砂：石子：水胶比（水）"的顺序来表示，例如1：2.32：4.10：W/C＝0.55。

配合比设计是保证混凝土质量一个很重要的环节，配合比设计的合理与否，直接影响着混凝土结构的质量和建设成本。

3.8.1 混凝土配合比设计的基本要求

混凝土配合比设计的基本要求主要有以下几个：

（1）满足混凝土结构设计的强度等级。

（2）满足混凝土施工所要求的和易性。

（3）满足结构所处环境的抗渗、抗冻、耐蚀等耐久性要求。

（4）在满足上述三项要求的前提下，尽量节省胶凝材料、降低成本，达到经济的目的。

3.8.2 混凝土配合比设计的资料准备

在设计混凝土配合比之前，必须通过调查研究及统计分析，掌握下列基本资料：

（1）了解工程设计要求的混凝土强度等级，施工单位的施工管理水平，以便确定混凝土配制强度。

（2）了解工程的性质特点及结构的体积尺寸，以便选择合理的水泥品种，确定所配制拌和物的流动性，所选用粗骨料的最大粒径等。

（3）了解工程所处环境对混凝土耐久性的要求，以便选择合理的水泥品种，确定所配制混凝土的最大水胶比和最小水泥用量。

（4）了解混凝土施工方法及管理水平，以便选择混凝土拌和物坍落度及骨料的最大粒径。

（5）掌握原材料的性能指标，包括：水泥的品种、强度等级、密度；砂、石骨料的种类、表观密度、级配、最大粒径、拌合用水的水质情况、外加剂的品种、性能、适宜掺量等。

3.8.3　混凝土配合比设计的三个参数

混凝土配合比设计的三个重要参数是水胶比、单位用水量和砂率，它们与混凝土各组成材料之间有着非常密切的关系。即水与胶凝材料之间的比例关系，常用水胶比表示；砂与石子之间的比例关系，常用砂率表示；水泥浆与骨料之间的比例关系，常用单位用水量表示。在配合比设计中正确地确定这三个参数，就能满足混凝土配合比设计的四项基本要求。混凝土配合比设计中确定三个参数的原则是：在满足混凝土强度和耐久性的基础上，确定混凝土的水胶比；在满足混凝土施工要求的和易性基础上，根据粗骨料的种类和规格确定混凝土的单位用水量；砂在骨料中的数量应以填充石子空隙后略有富余的原则来确定。

3.8.4　混凝土配合比设计的步骤

混凝土配合比设计共分四个步骤，首先按照原材料和混凝土的技术要求，计算出初步配合比，再按照初步配合比，拌制混凝土并测定和调整和易性，得到满足和易性要求的基准配合比，然后制作成形的混凝土试件，养护至规定的龄期后测定其强度，确定满足设计和施工强度要求的试验室配合比，最后根据现场砂、石的实际含水情况，换算各材料用量比，来确定施工配合比。

1. 初步配合比的确定

（1）确定混凝土的配制强度（$f_{cu,0}$）。

①当混凝土的设计强度等级小于C60时，配制强度$f_{cu,0}$按下式计算：

$$f_{cu,0} \geq f_{cu,k} + 1.645\sigma \tag{3-29}$$

式中：$f_{cu,0}$——混凝土配制强度，MPa；

$f_{cu,k}$——混凝土立方体抗压强度标准值，即混凝土设计强度等级值，MPa。

σ——混凝土强度标准差，MPa。

标准差 σ 的确定方法如下：

1）应根据同类混凝土的统计资料计算确定。计算时，强度试件组数不应少于25组。

2）混凝土强度等级为C20和C25级，其强度标准差计算值小于2.5MPa时，计算配制强度用的标准差应取不小于2.5MPa；当混凝土强度等级等于或大于C30级，其强度标准差计算值小于3.0MPa时，计算配制强度用的标准差应取不小于3.0Mpa。

3）施工单位无历史统计资料时，σ可按表3-25取用。

表 3-25　混凝土强度标准差 σ 取值

混凝土强度等级	＜C20	C20～C35	＞C35
σ/（MPa）	4.0	5.0	6.0

②当混凝土的设计强度等级不小于C60时，配制强度$f_{cu,0}$按下式计算：

$$f_{cu,0} \geq 1.15 f_{cu,k}$$ （3-30）

式中：$f_{cu,0}$——混凝土配制强度，MPa。

$f_{cu,k}$——混凝土立方体抗压强度标准值，即混凝土设计强度等级值，MPa。

（2）确定水胶比（W/B）

①计算满足强度要求的水胶比

当混凝土的强度等级小于C60时，水胶比按下式计算：

$$\frac{W}{B} = \frac{\alpha_a f_b}{f_{cu,0} + \alpha_a \alpha_b f_b}$$ （3-31）

式中：$f_{cu,0}$——混凝土配制强度，MPa。

α_a、α_b——回归系数，其值按下述方法确定：1）根据工程所使用的原材料，通过试验建立的水胶比与混凝土强度关系式确定；2）当不具备上述试验统计资料时，可按《普通混凝土配合比设计规程》（JGJ55-2011）规定的选用，如表3-26所示。

表 3-26 回归系数 α_a、α_b 选用表

回归系数	碎石	卵石
α_a	0.53	0.49
α_b	0.20	0.13

f_b——胶凝材料28天抗压强度实测值，MPa。f_b可按照《水泥胶砂强度检验方法》（GB/T 17671-1999）规定的胶砂强度试验方法测定。当胶凝材料28d胶砂抗压强度值f_b无实测值时，可按下式计算：

$$f_b = \gamma_f \gamma_s f_{ce}$$ （3-32）

式中：γ_f、γ_s——分别为粉煤灰影响系数和粒化高炉矿渣粉影响系数，可按表3-27选用。

表 3-27　粉煤灰影响系数 γf 和粒化高炉矿渣粉影响系数 γs

种类掺量（%）	粉煤灰影响系数γ_f	粒化高炉矿渣粉影响系数γ_s
0	1.00	1.00
10	0.85～0.95	1.00
20	0.75～0.85	0.95～1.00
30	0.65～0.75	0.90～1.00
40	0.55～0.65	0.80～0.90
50	-	0.70～0.85

注：①采用 I 级粉煤灰宜取上限值

②采用 S75 级粒化高炉矿渣粉宜取下限值，采用 S95 级粒化高炉矿渣粉宜取上限值，采用 S105

级粒化高炉矿渣粉可取上限值加 0.05

③当超出表中的掺量时，粉煤灰和粒化高炉矿渣粉影响系数应经试验确定

f_{ce}——水泥28d胶砂抗压强度试验测定值（MPa）。当水泥28天胶砂强度f_{ce}无实测值时，按下式计算：

$$f_{ce} = \gamma_c f_{ce,g}　　　　　　　（3-33）$$

式中：$f_{ce,g}$——水泥强度等级标准值（MPa）。

γ_c——水泥强度等级值的富余系数，可按实际统计资料确定，当缺乏实际统计资料时，也可按表3-28选用。

表 3-28　水泥强度等级值的富余系数 γ c

水泥强度等级	32.5	42.5	52.5
富余系数γc	1.12	1.16	1.10

②按耐久性校核水胶比。根据现行国家标准（JGJ55－2011）的规定，应按表 3-21 中规定的最大水胶比进行耐久性校核。为了保证混凝土的耐久性，需要控制水胶比及水泥用量，水胶比不得大于表 3-21 中的最大水胶比值，若计算所得的水胶比大于规定的最大水胶比值时，应取规定的最大水灰比值。

（3）用水量的确定。

①干硬性和塑性混凝土的用水量。当混凝土的水胶比在 0.40～0.80 时，每立方米干硬性和塑性混凝土用水量按表 3-29 选用。当混凝土的水胶比小于 0.40 时，可通过试验来确定。

表 3-29　干硬性和塑性混凝土的用水量（单位：kg/m³）

拌和物稠度		卵石最大粒径/mm				碎石最大粒径/mm			
项目	指标	10	20	31.5	40	16	20	31.5	40
维勃稠度/s	16～20	175	160	—	145	180	170	—	155
	11～15	180	165	—	150	185	175	—	160
	5～10	185	170	—	155	190	180	—	165
坍落度/mm	10～30	190	170	160	150	200	185	175	165
	35～50	200	180	170	160	210	195	185	175
	55～70	210	190	180	170	220	205	195	185
	75～90	215	195	185	175	230	215	205	195

注：①本表用水量系采用中砂时的平均取值。采用细砂时，每立方米混凝土用水量增加5～10kg；采用粗砂时，则可减少5～10kg

②掺用各种外加剂或掺合料时，用水量应相应调整

②流动性和大流动性混凝土的用水量。掺外加剂时，每立方米流动性和大流动性混凝土的用水量 m_{wo} 按下式计算：

$$m_{wa} = m_{wo}(1 - \beta) \qquad (3\text{-}34)$$

式中： m_{wa} ——掺外加剂混凝土每立方米混凝土的用水量，kg。

m_{wo} ——未掺外加剂混凝土每立方米混凝土的用水量，kg。计算时先以表3-26中90mm坍落度的用水量为基础，再按每增大20mm坍落度相应增加5kg/m³用水量来计算，当坍落度增大到180mm以上时，随坍落度相应增加的用水量可减少；

β ——外加剂的减水率（%），经混凝土试验确定。

（4）外加剂用量的确定。每立方米混凝土中外加剂用量 m_{ao} 按下式计算：

$$m_{ao} = m_{bo}\beta_a \qquad (3\text{-}35)$$

式中： m_{ao} ——每立方米混凝土的外加剂用量， $m_{fo} = m_{bo} \cdot \beta_f$ 。

m_{bo} ——计算配合比中每立方米混凝土的胶凝材料用量，kg，可按下式计算：

$$m_{bo} = \frac{m_{wo}}{W / B} \qquad (3\text{-}36)$$

为了保证混凝土的耐久性，由上式计算得出的胶凝材料用量还应满足表3-21规定的最小胶凝材料用量的要求，若计算出的胶凝材料用量大于规定值，则耐久性合格；否则耐久性不合格。若计算得出的胶凝材料用量小于规定的最小胶凝材料用量，则应取规定的最小胶凝材料用量。

式中： β_a ——外加剂的掺量（%），经试验确定。

（5）矿物掺合料用量的确定。每立方米混凝土的矿物掺合料用量 m_{fo} 按下式计算：

$$m_{fo} = m_{bo} \cdot \beta_f \qquad (3\text{-}37)$$

式中： m_{fo} ——计算配合比中每立方米混凝土的矿物掺合料用量，kg。

β_f ——矿物掺合料掺量（%），应通过试验确定。

（6）水泥用量的确定。每立方米混凝土的水泥用量 m_{co} 按下式计算：

$$m_{co} = m_{bo} - m_{fo} \qquad (3\text{-}38)$$

式中： m_{co} ——计算配合比中每立方米混凝土的水泥用量，kg。

m_{bo} ——计算配合比中每立方米混凝土的胶凝材料用量，kg。

m_{fo} ——计算配合比中每立方米混凝土的矿物掺合料用量，kg。

（7）砂率的确定。砂率应根据集料的技术指标、混凝土拌合物性能和施工要求，参考既有历史资料确定。当缺乏砂率的历史资料时，混凝土砂率的确定应符合下列规定：

①坍落度小于10mm的混凝土，其砂率应经试验确定。

②坍落度为10mm～60mm的混凝土，其砂率可根据粗集料品种、最大公称粒径及水胶比按表3.28选取。

③坍落度大于60mm的混凝土，其砂率可经试验确定，也可在表3-30的基础上，按坍落度每增大20mm砂率增大1%的幅度予以调整。

表 3-30　混凝土的砂率（单位：%）

水胶比	卵石最大粒径（mm）			碎石最大粒径（mm）		
	10	20	40	16	20	40
0.40	26～32	25～31	24～30	30～35	29～34	27～32
0.50	30～35	29～34	28～33	33～38	32～37	30～35
0.60	33～38	32～37	31～36	36～41	35～40	33～38
0.70	36～41	35～40	34～39	39～41	38～43	36～41

注：①本表数值系中砂的选用砂率，对细砂或粗砂，可相应地减小或增大砂率

　　②只用一个单粒级粗骨料配制混凝土时，砂率应适当增大

　　③采用人工砂时，砂率可适当增大

（8）砂、石用量的确定。

①质量法。质量法又称假定表观密度法，是指假定一个混凝土拌合物的表观密度值，联立已确定的砂率，可得下式方程组，进一步计算可求得1m³混凝土中粗、细集料用量。

$$\begin{cases} m_{co}+m_{fo}+m_{go}+m_{so}+m_{wo}=m_{cp} \\ \beta_s = \dfrac{m_{so}}{m_{so}+m_{go}} \times 100\% \end{cases} \quad (3\text{-}39)$$

式中：m_{co}——每立方米混凝土的水泥用量，kg。

m_{fo}——每立方米混凝土的矿物掺合料用量，kg。

m_{go}——每立方米混凝土的粗骨料用量，kg。

m_{so}——每立方米混凝土的细骨料用量，kg。

m_{wo}——每立方米混凝土的用水量，kg。

m_{cp}——每立方米混凝土拌合物的假定质量（其值可取 2350kg～2450kg），kg。

β_s——砂率，%。

②体积法。体积法是假定混凝土拌合物的体积等于各组成材料的绝对体积与拌和物中所含空气的体积之和。联立 1m³ 混凝土拌合物的体积和混凝土的砂率两个方程，可得下式方程组，进一步计算可求得 1m³ 混凝土拌合物中粗、细骨料用量。

$$\begin{cases} \dfrac{m_{co}}{\rho_c} + \dfrac{m_{fo}}{\rho_f} + \dfrac{m_{go}}{\rho'_g} + \dfrac{m_{so}}{\rho'_s} + \dfrac{m_{wo}}{\rho_w} + 0.01a = 1 \\[4mm] \beta_s = \dfrac{m_{so}}{m_{so} + m_{go}} \times 100\% \end{cases} \tag{3-40}$$

式中：ρ_c——水泥密度（可取 2900～3100kg/m³），kg/m³。

ρ_f——矿物掺合料密度，kg/m³。

ρ'_g——粗集料的表观密度，kg/m³。

ρ'_s——细集料的表观密度，kg/m³。

ρ_w——水的密度（可取 1000kg/m³），kg/m³。

α——混凝土的含气量百分数。在不使用引气型外加剂时，α 可取 1。

（9）写出初步计算配合比。

①以 1m³ 混凝土中各组成材料的实际用量表示。

②以组成材料用量之比表示：$m_{co} : m_{so} : m_{go} : m_{fo} : m_{wo}$

$$= 1 : m_{so}/m_{co} : m_{go}/m_{co} : m_{fo}/m_{co} : W/C$$

2. 基准配合比的确定

初步配合比是否满足和易性要求，必须通过试验进行验证和调整，直到混凝土拌合物的和易性符合要求为止，然后提出供检验强度用的基准配合比。

（1）按初步计算配合比，称取实际工程中使用的材料进行试拌，混凝土搅拌方法应与生产时用的方法相同。

（2）混凝土配合比试配时，每次混凝土的最小搅拌量应符合表3-31的规定；当采用机械搅拌时，其搅拌量不应小于搅拌机额定搅拌量的1/4。

表 3-31　混凝土试配的最小搅拌量

骨料最大粒径/mm	拌和物数量/L
31.5及以下	20
40	25

（3）试配时材料称量的精确度为：骨料±1%；水泥、水及外加剂均为±0.5%。

（4）混凝土搅拌均匀后，检查拌合物的和易性。当拌和物坍落度或维勃稠度不能满足要求，或粘聚性和保水性不良时，应在保持水灰比不变的条件下，相应调整用水量或砂率，直到符合要求为止。然后测定其表观密度，计算供强度试验用的基准配合比。具体调整方法如表3-32所示。

表 3-32　混凝土拌合物和易性的调整方法

试配混凝土的实测情况	调整方法
混凝土较稀，实测坍落度大于设计要求	保持砂率不变的前提下，增加砂、石用量；或保持水胶比不变，减少水和水泥用量
混凝土较稠，实测坍落度小于设计要求	保持水胶比不变，增加水泥浆用量。每增大 10mm 坍落度值，需增加水泥浆 5%～8%
由于砂浆过度，引起坍落度过大	降低砂率
砂浆不足以包裹石子、黏聚性、保水性不良	单独加砂，增大砂率

需要注意的是，每次调整材料用量后，都须重新拌制混凝土并再测其流动性，观察评价黏聚性和保水性，直到流动性、黏聚性和保水性均满足设计要求时，混凝土拌合物的和易性才算合格。

（5）计算基准配合比。

①计算调整至和易性满足要求后拌合物的总质量＝$C_{拌}+S_{拌}+G_{拌}+W_{拌}$。

②测定混凝土拌和物的实际表观密度 ρ_{ct}（kg/m³）。

③按下式计算混凝土基准配合比，以 1m³ 混凝土各材料用量计。

$$\left.\begin{aligned} C_{基}&=\frac{C_{拌}}{C_{拌}+S_{拌}+G_{拌}+W_{拌}}\rho_{ct}\\[2mm] S_{基}&=\frac{S_{拌}}{C_{拌}+S_{拌}+G_{拌}+W_{拌}}\rho_{ct}\\[2mm] G_{基}&=\frac{G_{拌}}{C_{拌}+S_{拌}+G_{拌}+W_{拌}}\rho_{ct}\\[2mm] W_{基}&=\frac{W_{拌}}{C_{拌}+S_{拌}+G_{拌}+W_{拌}}\rho_{ct} \end{aligned}\right\} \tag{3-41}$$

则基准配合比为 $1:\dfrac{S_{基}}{C_{基}}:\dfrac{G_{基}}{C_{基}}:\dfrac{W_{基}}{C_{基}}$，其中 C 表示水泥，S 表示砂，G 表示石子，W 表示水。

3. 试验室配合比的确定

（1）试验室配合比的含义及确定思路。试验室配合比是同时满足和易性和强度要求的混凝土各组成材料用量之比。经调整后的基准配合比虽工作性已满足要求，但其硬化后的强度是否真正满足设计要求还需要通过强度试验检验。试验室配合比确定思路是在基准配合比拌制混凝土、制作标准试块，标准养护到规定龄期后，测定混凝土试块的强度，若强度不合格则需调整，直至强度满足要求后，得到的混凝土各组成材料的质量之比即为混凝土的试验室配合比。

（2）制作标准试块。采用三个不同的配合比分别制作三组混凝土标准试块（每组三块），其中一组为基准配合比，另外两组配合比的 W/B 分别增加或减少 0.05，用水量应与基准配合比相同，砂率可分别增加或减少 1%。

（3）测定强度，确定胶水比。将三组试块在标准条件下养护 28d 测定抗压强度。由试验得出的 28 天抗压强度与胶水比的关系曲线，用作图法求出满足混凝土配制强度($f_{cu,o}$)要求的胶水比，再换算成水胶比。

（4）确定用水量（m_w）。在基准配合比用水量的基础上，根据制作强度试件时测得的坍落度或维勃稠度，进行适当的调整；或是取基准配合比的用水量。

（5）胶凝材料用量应以用水量乘以选定的胶水比计算确定。

（6）外加剂用量直接取基准配合比的外加剂用量。

（7）粗、细集料的用量取基准配合比的粗、细集料用量，或是在基准配比的粗、细集料用量的基础上，按选定的水胶比进行适当调整。

（8）根据实测的混凝土表观密度 $\rho_{c,t}$，按下列方式对配合比进行校正。

①计算混凝土表观密度计算值 $\rho_{c,c}$

$$\rho_{c,c} = m_c + m_f + m_g + m_s + m_w \tag{3-42}$$

式中：m_c——每立方米混凝土的水泥用量，kg。

m_f——每立方米混凝土的矿物掺合料用量，kg。

m_g——每立方米混凝土的粗骨料用量，kg。

m_s——每立方米混凝土的细骨料用量，kg。

m_w——每立方米混凝土的用水量，kg。

②计算混凝土配合比校正系数 δ。

$$\delta = \frac{\rho_{c,t}}{\rho_{c,c}} \tag{3-43}$$

式中：$\rho_{c,t}$——混凝土表观密度实测值，kg/m³。

$\rho_{c,c}$——混凝土表观密度计算值，kg/m³。

③当混凝土表观密度实测值与计算值之差的绝对值不超过计算值的 2% 时，可不进行校正；当二者之差超过 2% 时，应将配合比中各组成材料的用量均乘以校正系数 δ，即为试验室配合比。

4. 施工配合比的确定

混凝土的初步配合比、基准配合比和试验室配合比均是以干燥状态集料为基准得到的配合比。而在施工现场或混凝土搅拌站，堆放在空气中的砂、石常含有一定量的水，且含水量随气温的变化而变化。因此在混凝土拌制前必须根据所用集料的实际含水情况，对试验室配合比进行相应的换算，换算得到的配合比称为施工配合比。

换算施工配合比的原则：胶凝材料的用量不变，从计算的加水量中扣除由湿集料带入拌合物中的水量。假设施工现场砂、石含水率分别为 a%、b%，则施工配合比的各种材料单位用量，以 $1m^3$ 混凝土计，按式（3-44）计算：

$$\left. \begin{array}{l} m'_c = m_c \\ m'_s = m_s(1+a\%) \\ m'_g = m_g(1+b\%) \\ m'_f = m_f \\ m'_w = m_w - m_s a\% - m_g b\% \end{array} \right\} \quad (3\text{-}44)$$

式中：m'_c、m'_s、m'_g、m'_f、m'_w——依次表示 $1m^3$ 混凝土拌合物中，施工时用的水泥、砂、石子、矿物掺和料和水的质量，kg。

　　　　a%——砂的含水率，%。

　　　　b%——石的含水率，%。

【例题】某框架结构工程现浇钢筋混凝土梁，混凝土的设计强度等级为 C35，设计使用年限为 50 年，结构位于寒冷地区，施工要求坍落度为 35~50mm（混凝土由机械搅拌、机械振捣），根据施工单位历史统计资料，混凝土强度标准差 σ= 5.0MPa。采用的原材料情况如下：

水泥：42.5 级普通水泥，密度是 $3.10g/cm^3$；强度富裕系数为 1.16

砂：级配合格的中砂，表观密度 $2600kg/m^3$

石子：5~20mm 的碎石，表观密度 $2650kg/m^3$

拌合及养护用水：饮用水

掺合料为I级粉煤灰，掺量为 20%，密度 $2.2g/cm^3$

试求：1. 计算混凝土的初步配合比。

　　　2. 若经试配混凝土的强度符合要求，无需作调整。又知现场砂子含水率为 3%，石子含水率为 1%，试计算混凝土施工配合比。

【解】

1. 混凝土的设计配合比

（1）确定混凝土配制强度 $f_{cu,0}$。

$$f_{cu,0} = f_{cu,k} + 1.645\sigma = 35 + 1.645 \times 5 = 43.2 MPa$$

（2）计算水胶比（W/B）。

1）按强度要求计算水胶比。

$$\frac{W}{B} = \frac{\alpha_a f_b}{f_{cu,0} + \alpha_a \alpha_b f_b}$$

$$f_{ce} = \gamma_c f_{ce,k} = 1.16 \times 42.5 = 49.3 MPa$$

当采用碎石时 $\alpha_a = 0.53$、$\alpha_b = 0.20$，查表 3-27 粉煤灰掺量为 40%，粒化高炉矿渣粉掺量为 0，γ_f 取 0.85、γ_s 取 1.00。

$$f_b = \gamma_f \gamma_z f_{ce} = 0.85 \times 1.00 \times 49.3 = 41.9 MPa$$

$$W/B = \frac{\alpha_a \cdot f_b}{f_{cu,0} + \alpha_a \cdot \alpha_b \cdot f_b} = \frac{0.53 \times 41.9}{43.2 + 0.53 \times 0.20 \times 41.9} = 0.47$$

2）按耐久性校核水胶比。由于混凝土结构处于寒冷地区，且设计使用年限为 50 年，故需按耐久性要求校核水胶比。查表 3-21，可得允许最大水胶比为 0.50。按强度计算的水胶比小于规范要求的最大值，故耐久性合格，采用的初步水胶比为 0.47。

（3）确定单位用水量（m_{wo} w）。依题意，混凝土拌合物坍落度为 35mm～50mm，碎石最大粒径为 20mm，查表 3-29，单位用水量取 m_{wo} w = 195kg。

（4）计算单位胶凝材料用量（m_{bo}）。已知混凝土单位用水量为 195kg，水胶比为 0.47，单位胶凝材料用量为：

$$m_{bo} = \frac{m_{wo}}{W/B} = \frac{185}{0.47} = 415 kg$$

根据混凝土所处环境条件属寒冷地区的钢筋混凝土，查表 3-21，最小胶凝材料用量不低于 320kg/m³，计算出的胶凝材料用量大于规定值，则耐久性合格。故取单位胶凝材料用量为 415kg。

（5）计算单位粉煤灰用量（m_{fo}）。

$$m_{fo} = m_{bo} \cdot \beta_f = 415 \times 20\% = 83 kg$$

（6）计算单位水泥用量（m_{co}）。

$$m_{co} = m_{bo} - m_{fo} = 415 - 83 = 332 kg$$

（7）选定砂率（β_s）。已知骨料最大粒径 20mm，水胶比 0.47，查表 3-30 可得砂率为 35%。

（8）计算砂、石用量（m_{so}、m_{go}）假定混凝土拌合物 m_{cp} 的密度为 2400kg/m³，按质量法计算。

$$\begin{cases} m_{co} + m_{fo} + m_{go} + m_{so} + m_{wo} = m_{cp} \\ \beta_s = \dfrac{m_{so}}{m_{so} + m_{go}} \times 100\% \end{cases}$$

$$\begin{cases} 332 + 83 + m_{go} + m_{so} + 195 = 2400 \\ 35\% = \dfrac{m_{so}}{m_{so} + m_{go}} \times 100\% \end{cases}$$

解得：$m_{so} = 627 kg/m^3$，$m_{go} = 1163 kg/m^3$

初步配合比可以表示为：

1m³ 混凝土各种组成材料用量：$m_{bo} = 415kg$，$m_{so} = 627kg$，$m_{go} = 1163kg$，$m_{wo} = 195kg$。

换算成按比例法表示的形式为 $m_{bo} : m_{so} : m_{go} : m_{wo} = 1 : 1.51 : 2.80 : 0.47$

2. 调整和易性，确定基准配合比

（1）计算试拌材料用量。依据碎石的最大粒径为 20mm，确定拌合物的最小搅拌量为 20L。按初步配合比试拌 20L 拌合物，其材料用量为：

水泥用量　　　　　　$332 \times 0.02 = 6.64kg$

粉煤灰用量　　　　　$83 \times 0.02 = 1.66kg$

水用量　　　　　　　$195 \times 0.02 = 3.90kg$

砂用量　　　　　　　$627 \times 0.02 = 12.54kg$

碎石用量　　　　　　$1163 \times 0.02 = 23.26kg$

（2）拌制混凝土，测定和易性，确定基准配合比。称取各种材料，按要求拌制混凝土，测定其坍落度为 25mm，小于设计要求的 35mm～50mm 的坍落度值。为此保持水胶比不变，增加 5% 的水胶浆，即将水泥用量提高到 6.97kg，粉煤灰用量提高到 1.74kg，水用量提高到 4.10kg，再次拌合并测定坍落度值为 40mm，黏聚性和保水性均良好，满足施工和易性要求。此时测得的混凝土拌合物的表观密度为 2460kg/m³，经过调整后各种材料的用量分别是：水泥为 6.97kg，粉煤灰为 1.74kg，水为 4.10kg，砂为 12.54kg，碎石为 23.26kg。

根据实测的混凝土拌合物的表观密度，计算出每立方米混凝土各种材料用量，即得出混凝土的基准配合比。

水泥：$C_{基} = \dfrac{6.97}{6.97 + 1.74 + 4.10 + 12.54 + 23.26} \times 2460 = \dfrac{6.97}{48.61} \times 2460 = 353 kg/m^3$

粉煤灰：$F_{\underline{基}}=\dfrac{1.74}{6.97+1.74+4.10+12.54+23.26}\times2460=\dfrac{1.74}{48.61}\times2460=88kg/m^3$

水：$W_{\underline{基}}=\dfrac{4.10}{6.97+1.74+4.10+12.54+23.26}\times2460=\dfrac{4.10}{48.61}\times2460=207kg/m^3$

砂：$S_{\underline{基}}=\dfrac{12.54}{6.97+1.74+4.10+12.54+23.26}\times2460=\dfrac{12.54}{48.61}\times2460=635kg/m^3$

石：$G_{\underline{基}}=\dfrac{23.26}{6.97+1.74+4.10+12.54+23.26}\times2460=\dfrac{23.26}{48.61}\times2460=1177kg/m^3$

则 $1m^3$ 混凝土各种组成材料用量：$C_{\underline{基}}+F_{\underline{基}}=353+88=441kg$，$S_{\underline{基}}=635kg$，$G_{\underline{基}}=1177kg$，$W_{\underline{基}}=207kg$。

换算成按比例法表示的形式为 $m_b:m_s:m_g:m_w=1:1.44:2.67:0.47$

3. 计算施工配合比

将设计配合比换算成现场施工配合比，用水量应扣除砂、石所含水量，而砂、石则应增加砂、石的含水量。已知施工现场砂、石含水率分别为 3%、1%，则施工配合比的各材料单位用量计算如下：

$$m'_c=m_c=353kg$$
$$m'_s=m_s(1+a\%)=635\times(1+3\%)=654kg$$
$$m'_g=m_g(1+b\%)=1177\times(1+1\%)=1189kg$$
$$m'_f=m_f=88kg$$
$$m'_w=m_w-m_sa\%-m_gb\%=207-635\times3\%-1177\times1\%=200kg$$

【例题】已知每拌制 $1m^3$ 混凝土需要干砂 606kg，水 180kg，经实验室配合比调整计算后，砂率宜为 34%，水灰比宜为 0.6。测得施工现场的含水率砂为 7%，石子的含水率为 3%，试计算施工配合比。

【解】

$$\frac{w}{c}=0.6\Rightarrow c=\frac{w}{0.6}=\frac{180}{0.6}kg=300kg$$

$$S_P=\frac{Ms}{Ms+M_G}\Rightarrow0.34=\frac{606}{606+M_G}\Rightarrow M_G=\frac{606-0.34\times606}{0.34}kg=1176.35kg$$

$$G'=G(1+3\%)=1176.35(1+3\%)=1211.64kg$$

$$S'=S(1+7\%)=606(1+7\%)=648.42kg$$

$$W'=W-S7\%-G3\%=180-606\times7\%-1176.35\times3\%=102.29kg$$

$$c'=c$$

故：$C':W':S':G'=300:102.29:648.42:1211.64=1:0.34:2.16:4.04$

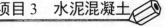

3.9 其他混凝土

3.9.1 泵送混凝土

泵送混凝土是指在施工现场通过压力泵（混凝土输送泵）及输送管道进行浇筑的混凝土。泵送混凝土对原材料的要求如下：

（1）胶凝材料。应选用保水性好、泌水性小的水泥。宜选用硅酸盐水泥、普通硅酸盐水泥，并宜掺加适量的粉煤灰或其他活性矿物掺合料。单位胶凝材料用量宜≥300kg；水胶比应≤0.60。

（2）细骨料。宜采用中砂，其通过筛孔边长为 0.30mm 方孔筛的颗粒含量应≥15%或通过筛孔边长为 0.15mm 方孔筛的颗粒含量应≥5%。砂率较普通混凝土大 8%～10%，控制在 38%～45%。

（3）粗骨料。应采用连续级配，且其针、片状颗粒含量宜≤10%，粗骨料的最大粒径应与输送管径及输送泵相匹配；砂率宜为 35%～45%之间。

（4）外加剂。为确保泵送混凝土的和易性和可泵性，应掺加适量的泵送剂或减水剂，掺用引气型外加剂的泵送混凝土的含气量宜≤4%。外加剂的掺量需经试验确定。

（5）掺合料。掺入适量的矿物掺合料，如粉煤灰等，可提高拌合物的保水性，避免出现分层离析、泌水和输送管道堵塞等现象。

泵送混凝土应具有良好的和易性和自密实性，在运输、泵送和成型过程中不离析、不泌水，易充满模型。坍落度应根据选用的原材料、混凝土运输距离、混凝土泵与混凝土输送管径、泵送距离与高度、气温等具体施工条件试配确定（入泵坍落度为 100mm～220mm）。试配时，应考虑坍落度经时损失，坍落度经时损失应控制在 30mm/h 以内。

泵送混凝土适用于大体积混凝土、高层建筑、桥梁、隧道、地下工程及施工场地狭小的混凝土工程的施工。

3.9.2 水下混凝土

水下混凝土是指在地面上拌制，在水中浇筑和硬化的混凝土，也称导管混凝土。是将混凝土通过竖立的管子，依靠混凝土的自重进行灌注的方法。混凝土从管子底端缓慢流出，向四周扩散，不致被周围的水流所扰动，从而保证其质量。

水下混凝土必须具有良好的和易性，其水泥用量要求比一般混凝土多，用量在380kg/m³～450kg/m³之间，含砂率在40%～50%之间，粗骨料宜用不大于31.5的卵石或青石，水灰比控制在0.55以下，混凝土中可掺入缓凝剂，导管直径一般为最大石子粒径的8倍，管

子间距一般为4.5m。

混凝土在水下虽然可以凝固硬化，但浇筑质量较差。因此，只是在不得已的情况下，或在一些次要建筑物的水下部分，才采取水下浇筑的方法。对水下浇筑混凝土要求较高，必须具有水下不分离性、自密实性、低泌水性和缓凝等特性。

3.9.3 抗渗混凝土

抗渗混凝土是指抗渗等级不低于 P6，兼有防水和承重两种功能的不透水混凝土。

抗渗混凝土的抗渗机理是通过改进混凝土配合比，选择合适的集料级配，降低水胶比，掺入适量外加剂，减少和破坏存在于混凝土内部的毛细管网络或缝隙，提高混凝土的密实性、憎水性和抗渗性，以达到防水的目的。抗渗混凝土对原材料的要求如下：

（1）混凝土中的水泥和矿物掺合料的总量不宜小于 $320kg/m^3$。

（2）宜采用级配良好的中砂，砂率不宜小于 45%；对于厚度较小、钢筋稠密、埋设件较多等不易浇捣施工的工程可提高到 40%。

（3）粗集料最大公称粒径不宜大于 40mm。

（4）抗渗混凝土的最大水胶比如表 3-33 所示。

表 3-33 抗渗混凝土的最大水胶比

抗渗等级	最大水胶比	
	C20～C30 混凝土	C30 以上混凝土
P6	0.60	0.55
P6～P12	0.55	0.50
P12 以上	0.50	0.45

3.9.4 喷射混凝土

喷射混凝土是借助喷射机械，利用压缩空气或其他动力，将按一定配比的拌和料，由喷射机的喷口以高速高压喷射到受喷面上，迅速凝结固化而成的混凝土。喷射混凝土对原材料的要求如下：

（1）胶凝材料。应优先选用不低于 42.5 级的硅酸盐水泥或普通硅酸盐水泥，因为这两种水泥的 C_3S 和 C_3A 含量较高，与速凝剂的相容性好，能速凝、快硬，后期强度也较高。根据需要可掺入适量的粉煤灰、矿渣粉等矿物掺合料，但需经试验确定。

（2）细骨料。宜选用中粗砂，细度模数宜＞2.5，级配良好。砂子过细，会使干缩增大；砂子过粗，则会增加回弹量；含泥量宜≤3.0%；干喷时砂的含水率宜控制在 5%～7%。

（3）粗骨料。宜采用连续级配，其最大粒径宜≤16mm，含泥量宜≤1.0%。

（4）外加剂。喷射混凝土必须掺用适量的速凝剂。使用前应进行与水泥适应性和速凝效果检验，其掺量为水泥质量的 2.5%～4%，掺量过大，混凝土强度的降低更为严重；初凝时间应≤5 分钟，终凝时间应≤10 分钟；根据需要，也可掺入适量的减水剂、早强剂等外加剂，但需经试验确定。

（5）掺合料。混凝土用纤维根据混凝土的设计要求，可掺入适量的钢纤维或合成纤维，以提高混凝土的抗裂性能。

喷射混凝土具有较高的密实度和强度，与岩石的粘结力强，抗渗性能好。但喷射混凝土抗压强度比基准混凝土低；干缩比普通混凝土大；施工厚度不易掌握、回弹量较大、表面粗糙、劳动条件较差等缺点。主要用于隧道等的支护，边坡、坝堤等岩体工程的护面，薄壁与薄壳工程的施工，结构修补与加固等工程。

3.9.5 高性能混凝土

高性能混凝土，简称 HPC，是一种新型高技术混凝土，采用常规材料和工艺生产，具有混凝土结构所要求的各项力学性能，具有高耐久性、高工作性和高体积稳定性的混凝土。

与普通混凝土相比，高性能混凝土的技术要求以耐久性为核心，具体体现在新拌混凝土应有良好的工作性及泵送施工的易泵性；硬化混凝土的高抗渗、抗冻和抗腐蚀性；混凝土使用的长久性能；良好的高体积稳定性。为此，高性能混凝土在配置上的特点是采用低水胶比，选用优质原材料，且必须掺加足够数量的掺合料（矿物细掺料）和高效外加剂。

高性能混凝土就是能更好地满足结构功能要求和施工工艺要求的混凝土，能最大限度地延长混凝土结构的使用年限，降低工程造价，其良好的技术特性至今已在不少重要工程中被采用，特别是在桥梁、高层建筑、海港建筑等工程中显示出其独特的优越性；其在工程安全使用性、经济合理性、环境条件的适应性等方面产生了明显的效益，被认为是目前全世界性能最为全面的混凝土，也是今后混凝土技术的发展方向。

3.9.6 预拌混凝土

预拌混凝土是指水泥、集料、水以及根据需要掺入的外加剂、矿物掺合料等组分按一定比例，在搅拌站经计量、拌制后出售的，并采用运输车在规定时间内运送至使用地点的混凝土拌合物，又称商品混凝土。

预制混凝土的强度与普通混凝土相同，可以是中强混凝土，亦可以是高强混凝土。另外，预拌混凝土的和易性包含较高的流动性及良好的黏聚性和保水性，以保证混凝土在运输、浇筑、捣固及停放时不出现离析、泌水现象；同时还要保证混凝土具有良好的可泵性。

预制混凝土的优点有：材料计量较精确，混凝土质量波动小；集中生产，集中供应，加快了施工进度；减少建筑材料贮运损耗和生产工艺损耗，比分散生产可节约 10%以上；

减少了工地用工和各种管理费用；减少了噪声污染、粉尘污染和道路污染问题，综合社会效益较高。

预制混凝土分为通用品和特制品两大类。产品符号标记的含义如下：

（1）通用品用 A 表示，特质品用 B 表示。

（2）混凝土强度等级用 C 和强度等级值表示。

（3）坍落度以 mm 为单位的混凝土坍落度值表示。

（4）粗集料最大公称粒径用 GD 和粗集料最大公称粒径值表示。

（5）水泥品种用其代号表示。

（6）当有抗冻、抗渗及抗折强度要求时，应分别用 F 及抗冻强度值、P 及抗渗强度值、Z 及抗折强度等级值表示。抗冻、抗渗及抗折强度直接标记在强度等级之后。

例如产品 1 标记释义：A C30-150-GD31.5-P·S。其标记含义：通用品预拌混凝土，强度等级为 C30，坍落度为 150mm，粗集料最大公称粒径为 31.5mm，采用矿渣硅酸盐水泥。

产品 2 标记释义：B C35-F50-P8-180-GD31.5-P·O。其标记含义：特制品预拌混凝土，强度等级为 C35，抗冻等级为 F50，抗渗等级为 P8，坍落度为 180 mm，粗集料最大公称粒径为 31.5 mm，采用普通硅酸盐水泥。

【例题】试比较水下混凝土与泵送混凝土的相同和不同之处。

【解】水下混凝土：一般不采用振捣，而是依靠自重（或压力）和自然流动摊平，要采用特殊的施工方法，而且要求混凝土拌和物具有良好的和易性，即流动性要大，粘聚性要好，泌水性要小。坍落度以 150mm～180mm 为宜，且具有良好的保持流动性的能力。

泵送混凝土：必须有可泵送性，即在泵压作用下，能在输送管道中连续稳定的通过而不产生离析。泵送混凝土必须具有足够的稠度，在泵送过程中不泌水不离析。坍落度以 100mm～180mm 为最佳。

实训 4　普通混凝土试验

一、混凝土拌合物取样和试样制备

（一）混凝土拌合物取样

（1）混凝土拌合物试验用料取样应根据不同要求，从同一盘搅拌或同一车运送的混凝土中取出；取样量应多于试验所需的量的 1.5 倍，且不小于 20L。

（2）混凝土拌合物的取样应具有代表性，宜采用多次采样的方法。一般在同一盘混凝土或同一车混凝土中的约 1/4 处、1/2 处和 3/4 处之间分别取样，从第一次取样到最后一次取样不宜超过 15 分钟，然后人工搅拌均匀。

（3）从取样完毕到开始做各项性能试验不宜超过 5 分钟。

（二）试样制备

（1）在试验室制备混凝土拌合物时，拌合时试验室的温度应保持在 20±5℃，所用材料的温度应与试验室温度保持一致。（需要模拟施工条件下所用的混凝土时，所用原材料的温度宜与施工现场保持一致）

（2）试验室拌合混凝土时，材料用量应以质量计。称量精度：骨料为±1%；水、水泥、掺合料、外加剂均为±0.5%。

（3）混凝土拌合物的制备应符合《普通混凝土配合比设计规定》JGJ55 中的有关规定。

（4）从试样制备完毕到开始做各项性能试验不宜超过 5 分钟。

二、混凝土拌合物的和易性试验

（一）试验目的

测定混凝土拌合物的和易性，为混凝土配合比设计、混凝土拌合物质量评定提供依据。

（二）仪器与设备

1. 坍落度法

（1）坍落度筒。底部内径（200±2）mm，顶部内径（100±2）mm，高度（300±2）mm 的截圆锥形金属筒，内壁必须光滑。如图 3-20 所示。

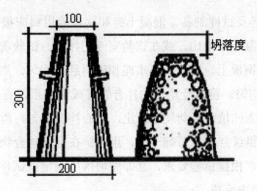

图 3-20　坍落度的测定

（2）金属捣棒。直径 16mm，长 650mm，端部为弹头形。

（3）钢板。尺寸 600mm×600mm，厚度 3mm～5mm，表面平整。

（4）钢尺和直尺。300mm～500mm，最小刻度 1mm。

（5）小铁铲、抹刀、漏斗等。

2．维勃稠度法（V.B 法）

（1）V.B 稠度仪。由振动台、容器、坍落度筒、旋转架 4 部分组成。如图 3-21 所示。

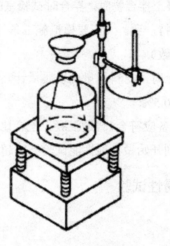

图 3-21　维勃稠度仪

（2）其他。同坍落度法。

（三）试验步骤

1．坍落度法

坍落度法适用于集料最大粒径不大于 37.5mm（水工混凝土为 40mm）、坍落度不小于 10mm 的混凝土。

（1）拌和物取样及试样制备。混凝土拌和物试验用料应根据不同要求，从同一拌和盘或同一车运送的混凝土中取出，或在试验室专门拌制。试验前，将称好的砂料、水泥放在清洁、表面湿润的钢板上，用铁铲将水泥和砂料翻拌均匀。然后加入称好的粗骨料（石子），再将全部拌合均匀。将拌合均匀的拌合物堆成圆锥形，在中心作一个凹坑，将称量好的水（约一半）倒入凹坑中，勿使水溢出，小心拌合均匀。再将材料堆成圆锥形作一凹坑，倒入剩余的水，继续拌合。每翻一次，用铁铲在全部拌合物面上压切一次，翻拌一版不少于 6 次。拌好后，根据试验要求，立即做坍落度测定或试件成型，从加水时算起，全部操作必须在 30 分钟内完成。

（2）润湿坍落度筒及其他用具，把筒放在不吸水的刚性水平底板上，双脚踏紧踏板，使坍落度筒在装料时保持位置固定。

（3）用小铲将试样分 3 层装入筒内，捣实后每层高度为筒高的 1/3 左右。每层用捣棒在截面上沿螺旋方向由外向中心均匀插捣 25 次。插捣底层时，捣棒应贯穿整个深度；插捣第二层和顶层时，捣棒应插捣至下一层 10mm～20mm。顶层装填应灌至高出筒口，插捣过程中，如混凝土沉落至低于筒口，应随时添加。顶层插捣完后，刮去多余的混凝土并用抹刀抹平。

（4）清除筒边混凝土并垂直平稳地提起坍落度筒（提离过程应在 5～10 秒内完成），将筒轻放于试样旁边，量测筒高与坍落后混凝土试体顶部中心点之间的高度差（mm），即为坍落度值，准确至 1mm。从开始装料至提起坍落度筒的整个过程应不间断进行，并应在 2～3 分钟内完成。

（5）坍落度筒提离后，若混凝土发生崩坍或一边剪坏现象，则应重新取样再测。若第二次仍出现上述现象，则表示该混凝土和易性不好，应予记录。

（6）观察黏聚性及保水性。用捣棒在已坍落的混凝土上锥体侧面轻轻敲打，若锥体逐渐下沉，表示黏聚性良好；若锥体倒塌、部分崩裂或出现离析现象，则表示黏聚性不好。保水性以混凝土拌和物中稀浆析出程度来评定，若坍落度筒提起后无稀浆或仅有少量稀浆从底部吸出，表示保水性良好。若有较多稀浆析出且锥体部分混凝土因失浆集料外露，表明保水性能不好。此外还要评判插捣时的棍度（分上、中、下 3 级），镘刀抹平程度（多、中、少 3 级），综合判定黏聚性和含砂情况。

2．维勃稠度法

维勃稠度法适用于集料最大粒径不大于 37.5mm（水工混凝土为 40mm）、V.B 稠度在 5～30 秒之间的混凝土。

（1）把维勃稠度仪放置在坚实水平的底面上，用湿布把容器、坍落度筒、喂料斗内壁及其他用具湿润。

（2）将喂料斗提到坍落度筒上方扣紧，校正容器位置，使其中心与喂料中心重合，然后拧紧固定螺丝。

（3）把按要求取得的混凝土试样用小铲分三层经喂料斗均匀地装入筒内，装料及插捣方法应符合要求（与坍落度测定装料方法相同）。

（4）把喂料斗转离，垂直地提起坍落度筒，此时应注意不使混凝土拌合物试体产生横向扭动。

（5）把透明圆盘转到混凝土圆台体顶面，放松测杆螺丝，降下圆盘，使其轻轻接触到混凝土顶面。

（6）拧紧定位螺丝，并检查测杆螺丝是否已经完全放松。

（7）在开启振动台的同时用秒表计时，当震动到透明圆盘的底面被水泥浆布满的瞬间停表计时，并关闭振动台。

（8）记录秒表上的时间（精确至 1 秒），即为该混凝土拌合物的维勃稠度值，精确至1秒。

三、混凝土立方体抗压强度试验

（一）试验目的

测定混凝土立方体抗压强度，评定混凝土的质量。

（二）仪器与设备

（1）压力试验机。精度不低于±2%，其量程应能使试件的预期破坏荷载值不少于全量程的20%，也不大于全量程的80%。

（2）试模。由铸铁和钢组成，应具有足够的刚度并便于拆装。试模尺寸应根据集料最大粒径确定：当集料最大粒径在30mm以下时，试模边长为100mm；集料最大粒径40mm以下时，试模边长为150mm；集料最大粒径80mm以下时，试模边长为300mm。

（3）捣实设备。可选用下列两种之一：①振动台：频率为（50±3）Hz，空载时振幅约为0.5mm；②捣棒：直径16mm，长650mm，一端为弹头形。

（4）养护室。标准养护室温度应为（20±3）℃，相对湿度在95%以上。

（三）试件成型

（1）制作试件前检查试模。拧紧螺栓并清刷干净，在其内壁涂上一薄层矿物油脂。一般以3个试件为一组。

（2）以混凝土设备条件、现场施工方法及混凝土稠度可采用下列两种方法之一进行成型。

（3）振动台成型（坍落度小于90mm）。将拌和物一次装入试模，振动应持续到表面呈现水泥浆为止。

（4）人工插捣（坍落度大于90mm）。人工插捣时，混凝土拌合物应分二层装入试模，每层的装料厚度大致相等。插捣用的钢制捣棒长为600mm，直径为16mm，端部应磨圆。插捣应按螺旋方向从边缘向中心均匀进行，插捣底层时，捣棒应达到试模表面，插捣上层时，捣棒应穿入下层深度为20mm～30mm，插捣时捣棒应保持垂直，不得倾斜。同时，还应用抹刀沿试模内壁插入数次.每层的插捣次数应根据试件的截面而定，一般每100cm² 截面积不应少于12次。插捣完后，刮除多余的混凝土，并用抹刀抹平。

（5）养护。试件成型后，大混凝土初凝前1～2小时需将表面抹平。用湿布或塑料布覆盖，在（20±5）℃室内静置1天（不得超过2天），然后编号拆模。拆模后的试件，应立即送养护室养护，试件之间应保持10mm～20mm的距离，并应避免用水直接冲淋试件。

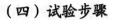

（四）试验步骤

（1）试件从养护地点取出后，应尽快试验，以免试件内部的温度和湿度发生变化。

（2）试压前应先擦拭表面，测量尺寸（精确至 1mm）并检查其外观。

（3）将试件安放在试验机下压板上，试件中心与下压板中心对准，试件承压面应与成型时的顶面垂直。开动试验机，当上压板与试件接近时，调整球座，均衡接触，以 0.3MPa/s～0.5MPa/s 的速度连续而均匀地加荷，当试件接近破坏而开始迅速变形时，应停止调整油门，直至破坏，然后记录破坏荷载。

（五）　试验结果

混凝土立方体抗压强度按式（3-45）计算，精确至 0.1Mpa。

$$f_{cu} = \frac{F}{A} \tag{3-45}$$

式中：F——破坏荷载，N。

A——受压面积，mm^2。

以 3 个试件测值的算术平均值为该组试件的抗压强度值，3 个测值中的最大值或最小值，若有一个与中间值的差值超过中间值的 15% 时，则把最大值及最小值一并舍去，取中间值作为该组试件的抗压强度值。若有两个测值与中间值的差超过中间值的 15%，则该组试件的试验结果无效。

取 150mm×150mm×150mm 试件的抗压强度为标准值，用其它尺寸试件测得的强度值均应乘以尺寸换算系数，其值为对 200mm×200mm×200mm 试件为 1.05；对 100mm×100mm×100mm 试件为 0.95。

项目小结

本章是建筑材料课程的重点之一。主要介绍普通混凝土的组成材料，新拌混凝土的和易性及评定指标，硬化混凝土的力学性能、耐久性及其影响因素，混凝土配合比设计方法及混凝土质量控制等。此外，还简要介绍了混凝土外加剂及其作用原理和应用及其他品种混凝土。

在混凝土组成材料中，水泥是关键也是最重要的组成成分，应将已学过的水泥知识运用到混凝土中来。砂和石子是同一性状\粒径不同的骨料，而所起的作用基本相同，应掌握在配制混凝土时的技术要求。

混凝土配合比设计，要求掌握它的三个最重要参数：水灰比、砂率、单位用水量，正确处理三者之间的关系及其定量的原则，熟练的掌握配合比的计算及调整方法。为了保证混凝土结构的可靠性，必须对混凝土进行质量控制，要对混凝土各个施工环节进行质量控制和检查，另外还要用数理统计方法对混凝土的强度进行检验评定。

外加剂已成为改善混凝土性能的极有效的措施之一，在国内外已得到广泛应用，被视为组成混凝土的第五种原材料，应着重了解它们的类别、性质和使用条件，同时也要了解其作用机理。

项目习题

一、单选题

1. 轻混凝土通常干表观密度轻达（   ）kg/m³ 以下。

A．1000　　　　　B．2300　　　　　C．1900　　　　　D．2800

2. 立方体抗压强度标准值是混凝土抗压强度总体分布中的一个值，强度低于该值得百分率不超过（   ）。

A．5%　　　　　B．15%　　　　　C．10%　　　　　D．2%

3. （   ）是既满足强度要求又满足工作性要求的配合比设计。

A．初步配合比　　B．基准配合比　　C．施工配合比　　D．试验室配合比

4. 在混凝土中掺入（   ）对混凝土抗冻性有明显改善。

A．早强剂　　　　B．缓凝剂　　　　C．引气剂　　　　D．减水剂

5. 坍落度小于（   ）的新拌混凝土，采用维勃稠度仪测定其工作性。

A．15mm　　　　B．20mm　　　　C．25mm　　　　D．10mm

6. 轻骨料混凝土与普通混凝土相比更适宜用于（   ）。

A．地下工程　　　B．防射线工程　　C．有抗震要求的结构　D．水工建筑

7. 混凝土配合比设计时，确定用水量的主要依据是（   ）。

A．骨料的品种与粗细，所要求的流动性大小

B．骨料的品种与粗细，水灰比、砂率

C．骨料的品种粗细，水泥用量

D．混凝土拌合物的流动性或水灰比、混凝土的强度

8. 影响合理砂率的主要因素是（   ）。

A．骨料的品种与粗细、混凝土拌合物的流动性或水灰比

B. 骨料的品种与粗细、混凝土的强度

C. 混凝土拌合物的流动性或水灰比、混凝土的强度

D. 骨料的品种与粗细、水泥用量

9. 砂的粗细程度用（　　）来表示。

A. 压碎指标值　　　　B. 级配区　　　　C. 细度模数　　　　D. 比表面积

10. 建筑工程一般采用（　　）作细骨料。

A. 山砂　　　　　　B. 河砂　　　　　C. 湖砂　　　　　　D. 海砂

11. 普通通用砂的细度模数的范围一般在（　　），以其中的中砂为宜。

A. 3.7～1.6　　　　B. 3.0～2.3　　　C. 3.7～3.1　　　　D. 2.2～1.6

12. 配制砼时，水泥浆量太多，会使（　　）。

A. 黏聚性降低　　　　　　　　　B. 保水性提高

C. 耐久性、强度降低　　　　　　D. 耐久性、黏聚性、强度降低

13. 当混凝土拌合物流动性偏小时，应采取（　　）的办法来调整。

A. 延长搅拌时间　　　　　　　　B. 加适量水泥

C. 加适量水　　　　　　　　　　D. 保持水灰比不变的情况下，增加水泥浆数量

14. 混凝土拌合物的和易性好坏，不仅直接影响工人浇注混凝土的效率，而且会影响（　　）。

A. 混凝土硬化后的强度　　　　　B. 混凝土密实度

C. 混凝土耐久性　　　　　　　　D. 混凝土密实度、强度、耐久性

15. 混凝土强度等级是按照（　　）来划分的。

A. 立方体抗压强度值　　　　　　B. 立方体杭压强度标准值

C. 立方体抗压强度平均值　　　　D. 棱柱体抗压强度值

16. 影响混凝土强度的最大因素是（　　）。

A. 水灰比　　　　B. 骨料的性能　　C. 砂率　　　　　D. 施工工艺

17. 测定混凝土强度的标准试件尺寸为（　　）。

A. 10cm×10cm×10cm　　　　　B. 20cm×20cm×20cm

C. 7.07cm×7.07cm×7.07cm　　　D. 15cm×15cm×15cm

18. 选用（　　）的骨料，就可以避免混凝土遭受碱—骨料反应。

A. 活性　　　　B. 非活性　　　　C. 碱性小　　　　D. 碱性大

19. 试配调整混凝土时，保水性较差，应采用（　　）措施来改善。

A. 增加砂率　　B. 减少砂率　　　C. 增加水泥　　　D. 减少水泥

20. 施工所需的混凝土拌合物坍落度的大小主要由（　　）来选取。

A. 水灰比和砂率　　　　　　　　B. 水灰比和捣实方式

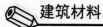

C. 骨料的性质、最大粒径和级配　　D. 构件的截面尺寸大小、钢筋疏密，捣实方式

二、多选题

1. 集料中有害杂质包括（　　）。

A. 含泥量和泥块含量　　　　　　　B. 硫化物和硫酸盐含量

C. 轻物质含量　　　　　　　　　　D. 云母含量

2. 砂的筛分析试验可以检测以下哪些指标（　　）。

A. 级配　　　　　　B. 压碎指标值　　　C. 细度模数　　　　D. 含泥量

3. 影响砼强度的因素有（　　）。

A. 水泥强度　　　　　B. 水灰比　　　　C. 养护条件　　　　D. 骨料的品种

4. 提高混凝土耐久性的措施有（　　）。

A. 采用高强度水泥　　　　　　　　B. 选用质量良好的砂、石骨料

C. 适当控制混凝土水灰比　　　　　D. 掺引气剂

5. 设计混凝土配合比时要确定的三个重要参数是（　　）。

A. 最小水泥用量　　B. 砂率　　　　C. 单位用水量　　　D. 水胶比

6. 砼配合比设计需满足的基本要求有（　　）。

A. 工作性要求　　　　　　　　　　B. 符合经济原则，节约水泥，降低成本的要求

C. 强度要求　　　　　　　　　　　D. 耐久性要求

7. 混凝土中水泥品种的选择要依据（　　）。

A. 工程特点　　　　　　　　　　　B. 施工要求的和易性

C. 粗集料的种类　　　　　　　　　D. 工程所处环境

8. 混凝土拌合物的水灰比过大时，会造成（　　）。

A. 坍落度降低　　　　　　　　　　B. 黏结性和保水性差

C. 混凝土强度降低　　　　　　　　D. 流浆

三、填空题

1. 混凝土拌合物的和易性包括_____、_____和_____三个方面等的含义。

2. 测定混凝土拌合物和易性的方法有_____法和_____法。

3. 水泥混凝土的基本组成材料有_____、_____、_____和_____。

4. 混凝土硬化前拌合物的性质主要是指混凝土拌合物的_____，也称工作性_____。

5. 为保证混凝土耐久性，必须同时满足_____水灰比和_____水泥用量的要求。

6. 混凝土施工配合比要依据砂、石_____的进行折算。

7. 当混凝土拌合物坍落度太小时，保持_____不变，增加适量的_____；当坍落度太大时，保持_____不变，增加适量的_____。

8. 混凝土的强度标准差值越小，表明混凝土质量越稳定，施工水平_____。

9. 高强混凝土是强度等级为_____以上的混凝土。

10. 混凝土中掺入引气剂后，可明显提高硬化混凝土的_____和_____。

四、判断题

1. 两种砂子的细度模数相同，它们的级配不一定相同。（　　）

2. 为了使砂的表面积尽量小，以节约水泥，应尽量选用粗砂。（　　）

3. 试拌混凝土中砂越细越好。（　　）

4. 混凝土用砂的细度模数越大，则该砂的级配越好。（　　）

5. 粗骨料中较理想的颗粒形状应是球形或立方体形颗粒。（　　）

6. 在结构尺寸及施工条件允许下，尽可能选择较大粒径的粗骨料，这样可以节约水泥。（　　）

7. 因水资源短缺，所以应尽可能采用污水和废水养护混凝土。（　　）

8. 砂、石的级配若不好，应进行调配，以满足混凝土和易性、强度及耐久性要求。（　　）

9. 若混凝土构件截面尺寸较大，钢筋较密，或用机械振捣，则坍落度可选择小些。（　　）

10. 混凝土拌合物中水泥浆越多，和易性越好。（　　）

11. 在水泥浆用量一定的条件下，砂率过大，砼拌合物流动性小，保水性差，易离析。（　　）

12. 混凝土的流动性用坍落度来表示。（　　）

13. 选择坍落度的原则应当是在满足施工要求的条件下，尽可能采用较小的坍落度。（　　）

14. 砂率是指混凝土中砂与石子的质量百分率。（　　）

15. 潮湿养护的时间越长，混凝土强度增长越快。（　　）

16. 混凝土试块的尺寸越小，测得的强度值越高。（　　）

17. 在混凝土拌合物中，保持 W/C 不变增加水泥浆量，可增大拌合物的流动性。（　　）

18. 水泥砼的养护条件对其强度有显著影响，一般是指湿度、温度、龄期。（　　）

19. 混凝土配合比设计的三个参数是指：水灰比、砂率、水泥用量。（　　）

20. 混凝土的配制强度必须高于该砼的设计强度等级。（　　）

五、简答题

1. 普通混凝土有哪些材料组成？它们在混凝土中各起什么作用？

2. 试论述卵石、碎石、轻骨料拌制混凝土的拌合物及其制品的优缺点。

3. 对用于混凝土的骨料有何要求？

4. 试说明骨料级配的含义，怎样评定级配是否合格？骨料级配良好有何技术经济意义？

5. 现有两种砂子，若细度模数相同，其级配是否相同？若两者的级配相同，其细度模数是否相同？

6. 什么是混凝土拌合物的和易性？影响和易性的主要因素有哪些？如何改善混凝土拌和物的和易性？

7. 和易性与流动性之间有何区别？混凝土试拌调整时，发现坍落度太小，如果单纯加用水量去调整，混凝土的拌和物会有什么变化？

8. 影响普通混凝土强度的因素有哪些？采用哪些措施可以提高普通混凝土的强度？

9. 土木工程用混凝土在耐久性方面主要存在那些问题？如何提高混凝土的耐久性？

10. 干缩变形、温度变形对混凝土有什么不利影响，影响干缩变形的因素有哪些？

11. 简述混凝土用减水剂的减水机理及主要技术经济效果？

12. 某工地施工人员拟采用下述方案提高混凝土拌合物流动性，问哪个方案不可行，哪个方案可行，哪个方案最优，说明理由。

（1）多加水。

（2）保持水灰比不变加水泥浆。

（3）加氯化钙。

（4）加减水剂。

（5）加强振捣。

六、计算题

1. 500g 干砂筛分试验结果如下：4.75mm→15g、2.36mm→70g、1.18mm→110g、0.6mm→125g、0.3mm→90g、0.15mm→80g、试计算此砂的细度模数，并分析该砂的粗细程度和级配情况。

2. 水泥标号为 425 号，其富余系数为 1.16。石子采用碎石，其材料系数 A＝0.49，B＝0.13。试计算配制 C25 混凝土的水灰比。（σ＝5.0MPa）

3. 混凝土的设计配合比为 mc：ms：mg ＝1：2.34：4.32，W/C ＝0.6，施工现场搅拌混凝土，现场砂石的情况：砂的含水率为 4%，石的含水率为 2%，请问每搅拌一盘混

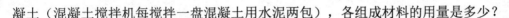

凝土（混凝土搅拌机每搅拌一盘混凝土用水泥两包），各组成材料的用量是多少？

4．某实验室按初步配合比称取 15L 混凝土的原材料进行试拌，水泥 5.2kg，砂 8.9kg，石子 18.1kg，W/C＝0.6。试拌结果坍落度小，于是保持 W/C 不变，增加 10％的水泥浆后，坍落度合格，测得混凝土拌和物表观密度为 2380 kg/m³，试计算调整后的基准配合比。

5．某混凝土拌合物经试拌调整满足和易性要求后，各组成材料用量为水泥 3.15kg，砂 6.24kg，卵石 12.48kg，水 1.89kg，实测混凝土拌合物表观密度为 2450kg/m³。试计算 1m³ 混凝土的各种材料用量。

6．某混凝土的实验室配合比为 1∶2.1∶4.0，W/C＝0.60，混凝土的体积密度为 2410 kg/m³。求 1m³ 混凝土各材料用量。

7．已知混凝土经试拌调整后，各项材料用量为：水泥 3.10kg，水 1.86kg，砂 6.24kg，碎石 12.8kg，并测得拌和物的表观密度为 2500kg/m³，试计算：

（1）每方混凝土各项材料的用量为多少？

（2）如工地现场砂子含水率为 2.5％，石子含水率为 0.5％，求施工配合比。

8．混凝土计算配合比为 1∶2.13∶4.31，W/C＝0.58，在试拌调整时，增加 10％的水泥浆用量，水泥用量为 320kg。求该混凝土的基准配合比。

9．某工地砼施工配合比为：C′∶S′∶G′∶W′＝308∶700∶1260∶128（kg），此时砂含水率 a 为 6.2％，碎石含水率 b 为 3.6％。试求：

（1）该砼实验室配合比。

（2）若使用 42.5P•O 水泥（实测强度 45MPa），问该砼能否达到 C20 要求（t＝1.645，σ＝5.0MPa）。

10．配制混凝土时，制作 10cm×10cm×10cm 立方体试件 3 块，在标准条件下养护 7 天后，测得破坏荷载分别为 140KN、135KN、140KN。试估算该混凝土 28 天的标准立方体抗压强度。

项目4 建筑砂浆

【项目导读】

建筑砂浆在建筑工程中是一种用量大、用途广泛的建筑材料。它是由无机胶凝材料、细骨料、水、外加剂和掺合料按适当比例配制而成的。我们要掌握砌筑砂浆的主要组成材料、技术性能和配合比的计算方法，熟悉不同抹面砂浆的特性，了解隔热砂浆、吸声砂浆、防辐射砂浆等特殊砂浆的特点和用途。

【项目目标】

➢ 掌握砌筑砂浆的分类和组成材料的技术要求

➢ 掌握砌筑砂浆的技术性质、熟悉其配合比设计的方法和步骤

➢ 了解其他几种常用砂浆的性能特点及适用条件

建筑砂浆在建筑工程中是一种用量大、用途广泛的建筑材料。它是由无机胶凝材料、细骨料、掺加料和水等材料按适当比例配制而成，可以用来砌筑砖、石、砌块等构成砌体；作为墙面、地面、梁柱面的砂浆抹面，装饰保护墙体；用于大型墙板、砖、石墙的勾缝；用来镶贴大理石、水磨石、瓷砖、面砖、马赛克等。建筑砂浆按胶凝材料的不同，可分为水泥砂浆、石灰砂浆、聚合物砂浆和混合砂浆等；按用途可分为砌筑砂浆、抹面砂浆、装饰砂浆和特种砂浆（如绝热砂浆、防水砂浆、耐酸砂浆等）。

建筑砂浆与混凝土的差别仅限于不含粗骨料，可以说是无粗骨料的混凝土。因此，有关混凝土性质的规律，如和易性、强度和耐久性等的基本理论和要求，原则上也适应于砂浆。但砂浆为薄层铺筑或粉刷，基底材料各自不同，并且在房屋建筑中大多是涂铺在多孔而吸水的基底上，由于这些应用上的特点，故对砂浆性质的要求及影响因素又与混凝土不尽相同。此外，施工工艺和施工条件的差异，对砂浆也提出了与混凝土不尽相同的技术要求。因此，合理选择和使用砂浆，对保证工程质量、降低工程造价具有重要意义。

4.1 砂浆的组成材料

建筑砂浆的主要组成材料有水泥、掺加料、细骨料、外加剂、水等。

4.1.1　水泥

1. 水泥的品种

水泥品种的选择与混凝土基本相同，通用硅酸盐系列水泥和砌筑专用水泥都可以用来配制建筑砂浆。砌筑水泥是专门用来配制砌筑砂浆和内墙抹面砂浆的少熟料水泥，强度低，配制的砂浆具有较好的和易性。另外，对于一些有特殊用途的砂浆，如用于预制构件的接头、接缝或用于结构加固、修补裂缝等的砂浆，可采用膨胀水泥；装饰砂浆使用白水泥、彩色水泥等。

2. 强度等级

水泥的强度等级应根据砂浆强度等级进行选择，其强度等级宜为砂浆强度等级的 4～5 倍。为合理利用资源，节约材料，配制砂浆时尽量选用低强度等级水泥和砌筑水泥。在配制砌筑砂浆时，M15 及以下强度等级的砌筑砂浆宜选用 32.5 级的通用硅酸盐水泥或砌筑水泥；M15 以上强度等级的砌筑砂浆宜选用 42.5 级的通用硅酸盐水泥或砌筑水泥；如果水泥强度等级过高，可适当掺入掺加料。

3. 水泥用量

为保证砌筑砂浆的保水性能，满足保水率要求，对水泥和掺合料的用量规定：水泥砂浆中水泥用量 $\geqslant 200 kg/m^3$，水泥混合砂浆中水泥和掺加料总量应 $\geqslant 350 kg/m^3$，预拌砌筑砂浆中水泥和掺加料总量应 $\geqslant 200 kg/m^3$。

4.1.2　掺加料

当采用高强度等级水泥配制低强度等级砂浆时，因水泥用量较少，砂浆易产生分层、泌水。为改善砂浆的和易性、节约胶凝材料、降低砂浆成本，在配制砂浆时可掺入磨细生石灰、石灰膏、石膏、粉煤灰、电石膏等材料作为掺合料。但石灰膏的掺入会降低砂浆的强度和粘结力，并改变使用范围，其掺量应严格控制。高强砂浆、有防水和抗冻要求的砂浆不得掺加石灰膏及含石灰成分的保水增稠材料。

用生石灰生产石灰膏，应用孔径不大于 3mm×3mm 的筛网过滤，熟化时间不得少于 7 天，陈伏两周以上为宜；采用磨细的生石灰粉时，其品质应符合国家标准的有关规定，熟化时间不宜小于 2 天，否则会因过火石灰颗粒熟化缓慢、体积膨胀，使已经硬化的砂浆产生鼓泡、崩裂现象。沉淀池中储存的石灰膏，应采取防止干燥、冻结和污染的措施。严禁使用脱水硬化的石灰膏。消石灰粉因颗粒太粗，不得直接使用于筑砌砂浆中。磨细生石灰粉也必须熟化成石灰膏后方可使用。

为了保证电石膏的质量，电石消解后经 3mm×3mm 的筛网过筛，经加热至 70℃并保持 20 分钟，没乙炔气味时方可使用。因电石膏中乙炔含量大会对人体造成伤害，因此按规定检验合格后才可使用。

砂浆中加入粉煤灰、磨细矿粉等矿物掺合料时，掺合料的品质应符合国家现行的有关标准要求，掺量可经试验确定，粉煤灰不宜使用 III 级粉煤灰。

为方便现场施工时对掺量进行调整，统一规定膏状物质（石灰膏、电石灰膏等）试配时的稠度为（120±5）mm，稠度不同时，应按表 4-1 所示换算其用量。

表 4-1　石灰膏不同稠度的换算系数

稠度（mm）	120	110	100	90	80	70	60	50	40	30
换算系数	1.00	0.99	0.97	0.95	0.93	0.92	0.90	0.88	0.87	0.86

4.1.3　细骨料

配制砂浆的细集料最常用的是天然砂。原则上应符合混凝土用砂的技术要求。

由于砂浆层较薄，应对砂是最大粒经加以限制，理论上不应超过砂浆层厚度的 1/4～1/5。例如砖砌体用砂浆宜选用中砂，最大粒径不大于 2.5mm 为宜；石砌体用砂浆宜选用粗砂，砂的最大粒径应不大于 4.75mm；光滑的抹面及勾缝的砂浆宜采用细砂，其最大粒径不大于 1.2mm 为宜。毛石砌体常配制小石子砂浆，其所用砂为在普通砂中掺入 20%～30%粒径为 5mm～10mm 或 5mm～20mm 的小石子。

砂中含泥对砂浆的和易性、强度、变形性和耐久性均有不利影响。为了保证质量，砂中的粘土杂质应有所限制，对强度等级为 M2.5 以上的砌筑砂浆，含泥量不应超过 5%；对强度等级为 M2.5 级的水泥混合砂浆，含泥量不应超过 10%。

当采用人工砂、山砂、炉渣等作为细骨料时，应根据经验或试配来确定其技术指标，保证不影响砂浆质量才能够使用。

4.1.4　外加剂

为了改善或提高砂浆的某些性能，更好地满足施工和使用的要求，可在砂浆中掺入一定量的外加剂。砌筑砂浆中掺入的砂浆外加剂，应具有法定检测机构出具的该产品砌体强度形式检验报告，并经砂浆性能试验合格后，方可使用。

4.1.5　水

拌制砂浆用水应符合现行行业标准《混凝土用水标准》JGJ63 的规定。

4.2　砌筑砂浆的主要技术性质

砌筑砂浆是指将砖、石、砌块等粘结成为砌体的砂浆称为砌筑砂浆。砌筑砂浆起着胶结块材和传递荷载的作用，是砌体的重要组成部分。砌筑砂浆的主要技术性质包括新拌砂浆的和易性、硬化后砂浆的强度和粘结强度，以及抗冻性、变形性等指标。

4.2.1　新拌砂浆的和易性

和易性是指在搅拌运输和施工过程中不易产生分层、析水现象，并且易于在粗糙的砖、石等表面上铺成均匀的薄层的综合性能。通常用流动性和保水性两项指标表示。

和易性好的砂浆，在运输和操作时，不会出现分层、泌水等现象，而且容易在粗糙的砖、石、砌块表面上铺成均匀的薄层，保证灰缝既饱满又密实，能够将砖、石、砌块很好地粘结成整体，而且可操作的时间较长，有利于施工操作。和易性不良的砂浆施工操作困难，灰缝难以添实，水分易被砖石吸收使砂浆很快变的干稠，与砖石材料也难以紧密粘结。

1.　流动性

砂浆在自重或外力作用下流动的性能称为砂浆的流动性，也叫稠度。表示砂浆流动性大小的指标是沉入度，它是用砂浆稠度仪测定的，是以砂浆稠度测定仪的圆锥体沉入砂浆中深度来表示，其单位为 mm。

砂浆流动性的选择与基底材料种类及吸水性能、施工条件、砌体的受力特点以及天气情况等有关。对于多孔吸水的砌体材料和干热的天气，则要求砂浆的流动性大一些；相反对于密实不吸水的砌体材料和湿冷的天气，要求砂浆的流动性小一些。可参考表 4-2 和表 4-3 来选择砂浆流动性。

表 4-2　砌筑砂浆流动性要求（单位：mm）

砌体种类	砂浆稠度
烧结普通砖砌体	70～90
石砌体	30～50
轻骨料混凝土小型空心砌块砌体	60～90
烧结多孔砖、空心砖砌体	60～80
烧结普通砖平拱式过梁	50～70
空心墙，筒拱	
普通混凝土小型空心砌块砌体	
加量混凝土砌块砌体	

表 4-3 抹面砂浆流动性要求 （单位：mm）

抹灰工程	机械施工	手工操作
准备层	80～90	110～120
底层	70～80	70～80
面层	70～80	90～100
石膏浆面层	—	90～120

影响砂浆流动性的主要因素是砂浆的用水量、胶凝材料及掺加料的品种和用量、砂的粗细程度，形状及级配、外加剂品种与掺量、拌和的均匀程度、搅拌时间等。

2. 保水性

搅拌好的砂浆在运输、停放和使用过程中，阻止水分与固体料之间、细浆体与集料之间相互分离，保持水分的能力称为砂浆的保水性。保水性良好的砂浆水分不易流失，易于摊铺成均匀密实的砂浆层；反之，保水性差的砂浆，易出现泌水、分层离析，同时由于水分易被砌体吸收，影响水泥的正常硬化，降低砂浆的粘结强度。

砂浆保水性可用分层度或保水率评定。分层度的测定是将已测定稠度的砂浆入满分层度筒内（分层度筒内径为150mm，分为上下两节，上节高度为200mm，下节高度为100mm），轻轻敲击筒周围 1～2 下，刮去多余的砂浆并抹平。静置 30 分钟后，去掉上部 200mm 砂浆，取出剩余 100mm 砂浆倒出在搅拌锅中拌 2min 再测稠度，前后两次测得的稠度差值即为砂浆的分层度（以 mm 计）。砂浆合理的分层度应控制在 10mm～20mm，分层度大于 20mm 的砂浆容易离析、泌水、分层或水分流失过快、不便于施工。一般水泥砂浆分层度不宜超过 30mm，水泥混合砂浆分层度不宜超过 20mm。若分层度过小，如分层度为零的砂浆，虽然保水性好但及易发生干缩裂缝。分层度小于 10mm 的砂浆硬化后容易产生干缩裂缝。

考虑到我国目前砂浆品种日益增多，有些新品种砂浆用分层度试验来衡量砂浆各组分的稳定性或保持水分的能力已不太适宜，而且在砌筑砂浆实际试验应用中与保水率试验相比，分层度试验难操作、可复验性差且准确性低，所以在《砌筑砂浆配合比设计规程》（JGJ/T98-2010）中取消了分层度指标，规定用保水率衡量砌筑砂浆的保水性。砂浆保水率就是用规定稠度的新拌砂浆，按规定的方法进行吸水处理，吸水处理后砂浆中保留的水的质量，并用原始水量的质量百分数来表示。砌筑砂浆的保水率要求如表 4-4 所示。

表 4-4 砌筑砂浆的保水率

砌筑砂浆品种	水泥砂浆	水泥混合砂浆	预拌砌筑砂浆
保水率（%）	≥80	≥84	≥88

影响砂浆保水性的主要因素是骨料粒经和细微颗粒的含量,所以要提高砂浆的保水能力,可以采用较大用量的胶凝材料;采用较细的砂;掺入可塑性掺合料(石灰膏或粘土膏);掺入磨细掺合料;掺入适量的引气剂、塑化剂等外加剂。

【例题】 对新拌砂浆的技术要求与混凝土拌和物的技术要求有何异同?

【解】 砂浆和混凝土相比,最大的区别在于:砂浆没有粗骨料;砂浆一般为一薄层,多抹铺在多孔吸水的基底上。所以砂浆的技术要求与混凝土有所不同。新拌砂浆和混凝土拌和物一样,都必须具备良好的和易性。但是混凝土的和易性是要求混凝土拌和物在运输和施工过程中不易分层离析,浇铸时容易捣实,成型后表面容易修整,以期硬化后能够得到均匀密实的混凝土。而砂浆的和易性要求砂浆在运输和施工过程中不分层、析水,且能够在粗糙的砖石表面铺抹成均匀的薄层,与底层粘结性良好。

4.2.2　硬化后砂浆的技术性质

砂浆硬化后与砖石粘结,传递和承受各种外力,使砌体具有整体性和耐久性,故硬化砂浆的技术性质包括抗压强度、粘结力、变形性、耐久性。

1. 抗压强度与强度等级

砂浆强度是以边长为 70.7mm×70.7mm×70.7mm 的立方体试块,在温度为 20±3℃,一定湿度下养护 28 天,测得极限抗压强度。根据《砌筑砂浆配合比设计规程》(JGJ/T98-2010)规定,水泥砂浆及预拌砂浆的强度等级分为 M5、M7.5、M10、M15、M20、M25、M30,水泥混合砂浆的强度等级分为 M5、M7.5、M10、M15。

砂浆的实际强度除了与砂浆组成材料性质和用量有关外,还与基底材料的吸水性有关,因此其强度可分为下列两种情况。

1)不吸水基层材料:用于粘结吸水性较小、密实的底面材料(如石材)的砂浆,影响砂浆强度的因素与混凝土基本相同,主要取决于水泥强度和水灰比,即砂浆的强度与水泥强度和灰水比成正比关系。计算公式如下:

$$f_{m,o} = Af_{ce}(\frac{C}{W} - B) \tag{4-1}$$

式中:$f_{m,o}$ —— 砂浆 28d 试配抗压强度(试件用有底试模成型),MPa。

f_{ce} —— 水泥 28 天的实测抗压强度,MPa。

$\frac{C}{W}$ —— 灰水比。

A、B ——经验系数,可取 $A=0.29$,$B=0.4$。

2）吸水性基层材料：用于粘结吸水性较大的底面材料（如砖、砌块）的砂浆，砂浆中一部分水分会被底面吸收，由于砂浆必须具有良好的和易性，即使用水量不同，经底层吸水后，留在砂浆中的水分大致相同，可视为常量。在这种情况下，砂浆强度主要取决于水泥强度和水泥用量，而与水灰比无关。砂浆强度计算公式如下：

$$f_{m,o} = \frac{\alpha f_{ce} Q_c}{1000} + \beta \qquad （4-2）$$

式中：$f_{m,o}$ —— 砂浆的试配强度（试件用无底试模成型），MPa，精确至 0.1MPa。

Q_c —— 每立方米砂浆的水泥用量，精确至 1kg。

f_{ce} —— 水泥的实测强度值，MPa。

α、β ——砂浆的特征系数，其中 $\alpha = 3.03$，$\beta = -5.09$，也可由当地的统计资料计算获得。

2. 粘结力

砌体是通过砂浆把块状材料粘结成为整体的，砂浆应具有一定的粘结力。砂浆的抗压强度越高，其粘结力也越大。此外，砂浆的粘结力与墙体材料的表面状态、清洁程度、湿润情况以及施工养护条件等都有关系。

砌筑砂浆的粘结力，直接关系砌体的抗震性能和变形性能，可通过砌体抗剪强度试验测评。试验表明，水泥砂浆中掺入石灰膏等掺加料，虽然能改善和易性，但会降低粘结强度。而掺入聚合物的水泥砂浆，其粘结强度有明显提高，所以砂浆外加剂中常含有聚合物组分。我国古代在石灰砂浆中掺入糯米汁、黄米汁也是为了提高砂浆粘结力。

聚合物砂浆与普通砂浆相比，抗拉强度高、弹性模量低、干缩变形小、抗冻性和抗渗性好，粘结强度高，具有一定的弹性，抗裂性能高。这对解决砌体裂缝、渗漏、空鼓、脱落等质量通病非常有利。

3. 变形性

砂浆在承受荷载，以及温度和湿度发生变化时，均会发生变形。如果变形过大或不均匀，就会引起开裂。例如抹面砂浆若产生较大收缩变形，会使面层产生裂纹或剥离等质量问题。因此要求砂浆具有较小的变形性。

砂浆变形性的影响因素很多，有胶凝材料的种类和用量、用水量、细骨料的种类、质量以及外部环境条件等。

（1）结构变形对砂浆变形的影响。砂浆属于脆性材料，墙体结构变形会引起砂浆裂缝。当地基不均匀沉降、横墙间距过大，砖墙转角应力集中处未加钢筋、门窗洞口过大，变形缝设置不当等原因而使墙体因强度、刚度、稳定性不足而产生结构变形，超出砂浆允许变形值时，砂浆层开裂。

（2）温度对砂浆变形的影响。温度变化导致建筑材料膨胀或收缩，但不同材质有不同的温度系数和变形应力。热膨胀在界面产生温度应力，一旦温度应力大于砂浆抗拉强度，将使材料发生相对位移，导致砂浆产生裂缝。暴露在阳光下的外墙砂浆层的温度往往会超过气温，加上昼夜和寒暑温差的变化，产生较大的温度应力，砂浆层产生温度裂缝，虽然裂缝较为细小，但如此反复，裂纹会不断的扩大。

（3）湿度变化对砂浆变形的影响。外墙抹面砂浆长期裸露在空气中，往往因湿度的变化而膨胀或收缩。砂浆的湿度变形与砂浆含水量和干缩率有关。由湿度引起的变形中，砂浆的干缩速率是一条逆降的曲线，初期干缩迅速，时间长会逐渐减缓。虽然湿度变化造成的收缩是一种干湿循环的可逆过程，但膨胀值是其收缩值的 1/9，当收缩应力大于砂浆的抗拉强度时，砂浆必然产生裂缝。

实际工程中，可通过掺加抗裂性材料，提高砂浆的塑性、韧性，来改善砂浆的变形性能。如配制聚合物水泥砂浆、阻裂纤维水泥砂浆（以水泥砂浆为基体，以非连续的短纤维或者连续的长纤维作增强材料所组成的水泥基复合材料）、膨胀类材料抗裂砂浆等。

4. 耐久性

硬化后的砂浆要与砌体一起经受周围介质的物理化学作用，因而砂浆应具有一定的耐久性。试验证明，砂浆的耐久性随抗压强度的增大而提高，即它们之间存在一定的相关性。防水砂浆或直接受水和受冻融作用的砌体，对砂浆还应有抗渗和抗冻性要求。在砂浆配制中除控制水灰比外，常加入外加剂来改善抗渗和抗冻性能，如掺入减水剂、引气剂及防水剂等。并通过改进施工工艺，填塞砂浆的微孔和毛细孔，增加砂浆的密实度。砌筑砂浆的抗冻性要求表 4-5 所示。

表 4-5　砌筑砂浆的抗冻性要求

使用条件	抗冻指标	质量损失率（%）	强度损失率（%）
夏热冬暖地区	F15		
夏热冬冷地区	F25	≤5	≤25
寒冷地区	F35		
严寒地区	F50		

4.3　砌筑砂浆配合比设计

砂浆配合比用每立方米砂浆中各种材料的用量来表示。砌筑砂浆应根据工程类别及砌体部位的设计要求来选择砂浆的类别与强度等级，再按砂浆强度等级确定其配合比。

砂浆强度等级确定后，一般可以通过查有关资料或手册来选取砂浆配合比。如需计算及试验，较精确的确定砂浆配合比，可采用《砌筑砂浆配合比设计规程》（JGJ/T98-2010）中的设计方法，按照下列步骤进行：

（1）计算砂浆试配强度 $f_{m,o}$（MPa）。

（2）针对不同的砌筑材料按公式计算计算每立方米砂浆中的水泥用量 Q_c（kg）。

（3）计算每立方米砂浆中掺加料用量 Q_D（kg）。

（4）确定每立方米砂浆中砂用量 Q_S（kg）。

（5）按砂浆稠度选择每立方米砂浆中用水量 Q_W（kg）。

（6）砂浆试配和调整。

4.3.1　水泥混合砂浆配合比设计

1. 确定砂浆的试配强度

砂浆试配强度按下式计算：

$$f_{m,o} = kf_2 \tag{4-3}$$

式中：$f_{m,o}$ —— 砂浆的试配强度，精确至 0.1MPa。

f_2 —— 砂浆抗压强度平均值（即设计强度等级值），精确至 0.1MPa。

K —— 系数，按表 4-6 取值。

表 4-6　砌筑砂浆强度标准差 σ 及 k 值　　　　　　　（MPa）

强度等级 施工水平	σ							k
	M5	M7.5	M10	M15	M20	M25	M30	
优良	1.00	1.50	2.00	3.00	4.00	5.00	6.00	1.15
一般	1.25	1.88	2.50	3.75	5.00	6.25	7.50	1.20
较差	1.50	2.25	3.00	4.50	6.00	7.50	9.00	1.25

2. 计算水泥用量 Q_c

（1）不吸水基底砂浆。由于不吸水基底砂浆的强度影响因素与混凝土相似，当砂浆试配强度确定后，可根据选用的水泥强度由式（4-4）确定所需的水灰比，再根据施工稠度要求所得的单位体积砂浆用水量 Q_W，由下式计算水泥用量：

$$Q_c = Q_W(C/W) \tag{4-4}$$

（2）多孔吸水基底砂浆。对于多孔吸水基底砂浆，按下式计算水泥用量：

$$Q_c = \frac{1000(f_{m,o} - \beta)}{\alpha \cdot f_{ce}} \tag{4-5}$$

式中：Q_c——1m³ 砂浆的水泥用量，精确至 1kg。

　　　f_{ce}——水泥的实测强度，精确至 0.1MPa。

　　　α、β——砂浆的特征系数，$\alpha = 3.03$、$\beta = -15.09$。

在无法取得水泥的实测强度值时，可按式（4-6）计算：

$$f_{ce} = \gamma_c f_{ce \cdot k} \tag{4-6}$$

式中：$f_{ce,k}$——水泥强度等级值（MPa）。

　　　γc——水泥强度的富余系数，可按实际统计资料确定。无统计资料时可取 $\gamma c = 1.0$。

3. 计算掺合料用量 Q_D

$$Q_D = Q_A - Q_C \tag{4-7}$$

式中：Q_D—— 1m³ 砂浆的掺合料用量，精确至1kg。掺合料使用石灰膏时的稠度应为 120±5 mm，当稠度不同时，其用量应乘以表 4-1 所示的换算系数进行换算。

　　　Q_c——1m³ 砂浆的水泥用量，精确至 1kg。

　　　Q_A—— 1m³ 砂浆中水泥和掺合料的总量，精确至 1kg，可为 350kg。当计算出水泥用量已超过 350kg/m³，则不必采用掺加料，直接使用纯水泥砂浆即可。

4. 确定砂用量 Q_S

每立方米砂浆中的砂用量，应以干燥状态（含水率＜0.5％）的堆积密度值作为计算值。当含水率＞0.5％时，应考虑砂的含水率，若含水率为 a% 时，则砂用量等于 Q_S（1+a%）。

5. 确定用水量 Q_W

每立方米砂浆中的用水量，按砂浆稠度等要求，可根据经验或按表 4-7 选用。

表 4-7　每立方米砂浆中用水量选用值

砂浆品种	水泥混合砂浆	水泥砂浆
用水量（kg/m³）	210～310	270～330

注：①水泥混合砂浆中的用水量，不包括石灰膏或电石膏中的水

②当采用细砂或粗砂时，用水量分别取上限或下限

③稠度小于 70mm 时，用水量可小于下限

④施工现场气候炎热或干燥季节，可酌量增大用水量

4.3.2 水泥砂浆配合比选用

根据试验及工程实践，供试配的水泥砂浆配合比可按表 4-8 选用，水泥粉煤灰砂浆材料用量可按表 4-9 选用。

表 4-8 每立方米水泥砂浆材料用量（单位：kg）

强度等级	水泥用量 Q_C	用砂量 Q_S	用水量 Q_W
M5	200～230		
M7.5	230～260		
M10	260～290		
M15	290～330	砂的堆积密度值	270～330
M20	340～400		
M25	360～410		
M30	430～480		

注：①M15 及 M15 以下强度等级水泥砂浆，水泥强度等级为 32.5 级；M15 以上强度等级水泥砂浆，水泥强度等级为 42.5 级

②当采用细砂或粗砂时，用水量分别取上限或下限

③稠度小于 70mm 时，用水量可小于下限

④施工现场气候炎热或干燥时，可酌量增加用水量

⑤试配强度应按公式 4-3 计算

表 4-9 每立方米水泥粉煤灰砂浆材料用量　　　　　　　　　　单位：kg

砂浆强度等级	水泥和粉煤灰总量	粉煤灰	砂	用水量
M5	210～240			
M7.5	240～270	粉煤灰掺量可占胶凝材料总量的 15%～25%	砂的堆积密度值	270～330
M10	270～300			
M15	300～330			

注：①表中水泥强度等级为 32.5 级

②当采用细砂或粗砂时，用水量分别取上限或下限

③稠度小于 70mm 时，用水量可小于下限

④施工现场气候炎热或干燥季节，可酌量增加用水量

⑤试配强度应按公式 4-3 计算

4.3.3 水泥砂浆配合比试配、调整和确定

按计算或查表所得配合比进行试拌，按《建筑砂浆基本性能试验方法标准》（JGJ/T70-2009）测定砌筑砂浆拌合物的稠度和保水率，当不能满足要求时，应调整材料用量，直到符合要求为止，然后确定为试配时的砂浆基准配合比。

试配时至少采用 3 个不同的配合比，其中一个为基准配合比，另外两个配合比的水泥用量按基准配合比分别增加及减少 10%，在保证稠度和保水率合格的条件下，可将用水量、掺合料用量和保水增稠材料用量作相应调整。

采用与工程实际相同的材料和搅拌方法试拌砂浆，分别测定不同配比砂浆的表观密度及强度，选定符合试配强度及和易性要求、水泥用量最少的配合比作为砂浆配合比。

根据拌合物的密度，校正材料的用量，保证每立方米砂浆中的用量准确。其校正步骤如下：

（1）按确定的砂浆配合比计算砂浆理论表观密度值 ρ_t （精确至 10 kg/m³）：

$$\rho_t = Q_c + Q_D + Q_s + Q_w \tag{4-8}$$

（2）根据砂浆的实测表观密度 ρ_c 计算校正系数：

$$\delta = \frac{\rho_c}{\rho_t} \tag{4-9}$$

（3）当砂浆的实测表观密度与理论表观密度值之差的绝对值不超过理论值的 2% 时，配合比不作调整；当超过 2% 时，应将试配得到的配合比每项材料用量均乘以校正系数后，确定为砂浆设计配合比。

砂浆配合比以各种材料用量的比例形式表示：

水泥：掺加料：砂：水＝Q_C：Q_D：Q_S：Q_w

【例题】要求设计用于砌筑砖墙的 M10 等级，稠度 50～70mm 的水泥混合砂浆配合比。原材料的主要参数如下：

水泥：32.5 级矿渣硅酸盐水泥，强度富余系数为 1.1

砂：中砂，堆积密度为 1450kg/m³，含水率为 2%

石灰膏：稠度 100mm

施工水平：一般

【解】（1）计算试配强度 $f_{m,o}$

$$f_{m,o} = Kf_2 = 10×1.20 = 12（MPa）$$

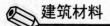

（2）计算水泥用量 Q_c

$$f_{ce} = 32.5 \times 1.1 = 35.75 \text{（MPa）}$$

$$Q_c = \frac{1000(f_{m,o} - \beta)}{\alpha \cdot f_{ce}}$$

式中已知 $\alpha = 3.03$、$\beta = -15.09$，可得：

$$Q_c = \frac{1000(12+15.09)}{3.03 \times 35.75} = 250\text{kg}$$

（3）计算石灰膏用量 Q_D

$$Q_D = Q_A - Q_c$$

式中取 $Q_A = 350$kg，则：

$$Q_D = 350\text{-}250 = 100\text{kg}$$

由于石灰膏稠度为 100mm，查表 4-1 可知稠度换算系数为 0.97，所以

$$Q_D = 100 \times 0.97 = 97\text{kg}。$$

（4）计算砂子用量 Q_S

$$Q_S = 1450 \times （1+2\%） = 1479\text{kg}$$

（5）确定用水量 Q_W

可选取 280kg，扣除砂中所含水量，拌合用水量为：

$$Q_W = 280 - 1450 \times 2\% = 251\text{kg}$$

（6）砂浆试配时各材料的用量比例：

$$Q_c : Q_D : Q_S : Q_W = 1 : 0.39 : 5.92 : 1.00$$

经试配、调整，最后确定施工所用的砂浆配合比。

4.4 抹面砂浆

凡涂抹在建筑物基底材料的内外表面，兼有保护基层和增加美观作用的砂浆，可统称为抹面砂浆。根据抹面砂浆功能不同，一般可将抹面砂浆分为普通抹面砂浆、装饰砂浆和

具有某些特殊功能的抹面砂浆（如防水砂浆、绝热砂浆、吸音砂浆和耐酸砂浆等）。

与砌筑砂浆相比，抹面砂浆的特点和技术要求有以下几点：

（1）抹面层不承受荷载。

（2）抹面砂浆应具有良好的和易性，容易抹成均匀平整的薄层，便于施工。

（3）抹面层与基底层要有足够的粘结强度，使其在施工中或长期自重和环境作用下不脱落、不开裂。

（4）抹面层多为薄层，并分层涂沫，面层要求平整、光洁、细致、美观。

（5）多用于干燥环境，大面积暴露在空气中。

抹面砂浆的组成材料与砌筑砂浆基本上是相同的。但为了防止砂浆层的收缩开裂，有时需要加入一些纤维材料，或者为了使其具有某些特殊功能需要选用特殊骨料或掺加料。与砌筑砂浆不同，对抹面砂浆的主要技术性质不是抗压强度，而是和易性以及与基底材料的粘结强度。

4.4.1 普通抹面砂浆

普通抹面砂浆对建筑物和墙体起到保护作用。它可以抵抗风、雨、雪等自然环境对建筑物的侵蚀，并提高建筑物的耐久性，同时经过抹面的建筑物表面或墙面又可以达到平整、光洁、美观的效果。

常用的普通抹面砂浆有水泥砂浆、石灰砂浆、水泥混合砂浆、麻刀石灰砂浆（简称麻刀灰）、纸筋石灰砂浆（简称纸筋灰）等。普通抹面砂浆通常分为两层或三层进行施工。

（1）底层砂浆。底层砂浆的作用是使砂浆与基底能牢固地粘结，因此要求底层砂浆具有良好的和易性、保水性和较好的粘结强度，使其在施工中或长期自重及环境作用下不脱落，不开裂。

（2）中层砂浆。中层砂浆主要起着找平作用，所使用砂浆基本上与底层相同，在施工中，底层和中层砂浆可以同时施工。

（3）面层砂浆。面层砂浆主要起着装饰作用并兼有对墙体的保护及达到表面美观的效果，一般要求砂较细，易于抹平，不会出现空鼓、酥皮等现象。未来确保表面不开裂，常需缴入聚乙烯醇纤维等物质，增强砂浆抵抗收缩的能力。

各层抹灰面的作用和要求不同，因此每层所选用的砂浆也不一样。同时不同的基底材料和工程部位，对砂浆技术性能要求也不同，这也是选择砂浆种类的主要依据。如水泥砂浆宜用于潮湿或强度要求较高的部位；混合砂浆多用于室内底层或中层或面层抹灰；石灰砂浆、麻刀灰、纸筋灰多用于室内中层或面层抹灰；水泥砂浆不得涂抹在石灰砂浆层上。

4.4.2 装饰砂浆

装饰砂浆是指涂抹在建筑物内外墙表面，具有美观装饰效果的抹面砂浆。

装饰砂浆的底层和中层抹灰与普通抹面砂浆基本相同，但是其面层要选用具有一定颜色的胶凝材料和骨料或者经各种加工处理，使得建筑物表面呈现各种不同的色彩、线条和花纹等装饰效果。

1. 装饰砂浆的组成材料

（1）胶凝材料。装饰砂浆所用胶结材料与普通抹面砂浆基本相同，只是灰浆类饰面更多地采用白色水泥或彩色水泥。

（2）集料。装饰砂浆所用集料，除普通天然砂外，石碴类饰面常使用石英砂、彩釉砂、着色砂、彩色石碴等。

（3）颜料。装饰砂浆中的颜料，应采用耐碱和耐光晒的矿物颜料。

2. 装饰砂浆主要饰面方式

装饰砂浆饰面方式可分为灰浆类饰面和石碴类饰面两大类。

（1）灰浆类饰面。主要通过水泥砂浆的着色或对水泥砂浆表面进行艺术加工，从而获得具有特殊色彩、线条、纹理等质感的饰面。其主要优点是材料来源广泛，施工操作简便，造价比较低廉，而且通过不同的工艺加工，可以创造不同的装饰效果。常用的灰浆类饰面有以下几种：

①拉毛灰：拉毛灰是用铁抹子或木蟹，将罩面灰浆轻压后顺势拉起，形成一种凹凸质感很强的饰面层。拉细毛时用棕刷粘着灰浆拉成细的凹凸花纹。

②甩毛灰：甩毛灰是用竹丝刷等工具将罩面灰浆甩涂在基面上，形成大小不一而又有规律的云朵状毛面饰面层。

③仿面砖：仿面砖是在采用掺入氧化铁系颜料（红、黄）的水泥砂浆抹面上，用特制的铁钩和靠尺，按设计要求的尺寸进行分格划块，沟纹清晰，表面平整，酷似贴面砖饰面。

④拉条：拉条是在面层砂浆抹好后，用一凹凸状轴辊作模具，在砂浆表面上滚压出立体感强、线条挺拔的条纹。条纹分半圆形、波纹形、梯形等多种，条纹可粗可细，间距可大可小。

⑤喷涂：喷涂是用挤压式砂浆泵或喷斗，将掺入聚合物的水泥砂浆喷涂在基面上，形成波浪、颗粒或花点质感的饰面层。最后在表面再喷一层甲基硅醇钠或甲基硅树脂疏水剂，可提高饰面层的耐久性和耐污染性。

⑥弹涂：弹涂是用电动弹力器，将掺入 107 胶的 2~3 种水泥色浆，分别弹涂到基面上，形成 1mm~3mm 圆状色点，获得不同色点相互交错、相互衬托、色彩协调的饰面层。最后刷一道树脂罩面层，起防护作用。

（2）石碴类饰面。石碴类饰面是用水泥（普通水泥、白水泥或彩色水泥）、石碴、水拌成石碴浆，同时采用不同的加工手段除去表面水泥浆皮，使石碴呈现不同的外露形式以及水泥浆与石碴的色泽对比，构成不同的装饰效果。

石碴类饰面比灰浆类饰面色泽较明亮，质感相对丰富，不易褪色，耐光性和耐污染性也较好。常用的石碴类饰面有以下几种：

①水刷石：将水泥石碴浆涂抹在基面上，待水泥浆初凝后，以毛刷蘸水刷洗或用喷枪以一定水压冲刷表层水泥浆皮，使石碴半露出来，达到装饰效果。

②干粘石：干粘石又称甩石子，是在水泥浆或掺入 107 胶的水泥砂浆粘结层上，把石碴、彩色石子等粘在其上，再拍平压实而成的饰面。石粒的 2/3 应压入粘结层内，要求石子粘牢，不掉粒并且不露浆。

③斩假石：斩假石又称剁假石，是以水泥石碴（掺 30%石屑）浆作成面层抹灰，待具有一定强度时，同钝斧或凿子等工具，在面层上剁斩出纹理，而获得类似天然石材经雕琢后的纹理质感。

④水磨石：水磨石是由水泥、彩色石碴或白色大理石碎粒及水按一定比例配制，需要时掺入适量颜料，经搅拌均匀，浇筑捣实、养护，待硬化后将表面磨光而成的饰面。常常将磨光表面用草酸冲洗、干燥后上蜡。

水刷石、干粘石、斩假石和水磨石等装饰效果各具特色。在质感方面：水刷石最为粗犷，干粘石粗中带细，斩假石典雅庄重，水磨石润滑细腻。在颜色花纹方面：水磨石色泽华丽、花纹美观；斩假的颜色与斩凿的灰色花岗石相似；水刷石的颜色有青灰色、奶黄色等；干粘石的色彩取决于石碴的颜色。

4.4.3　防水砂浆

用作防水层的砂浆称为防水砂浆。砂浆防水层又称作刚性防水层，适用于不受振动和具有一定刚度的混凝土或砖石砌体的表面。防水砂浆主要有以下三种：

（1）水泥砂浆：是由水泥、细骨料、掺合料和水制成的砂浆。普通水泥砂浆多层抹面用作防水层。

（2）掺加防水剂的防水砂浆：在普通水泥中掺入一定量的防水剂而制成的防水砂浆是目前应用最广泛的一种防水砂浆。常用的防水剂有硅酸钠类、金属皂类、氯化物金属盐及有机硅类。

（3）膨胀水泥和无收缩水泥配制砂浆：由于该种水泥具有微膨胀或补偿收缩性能，

从而能提高砂浆的密实性和抗渗性。

防水砂浆的配合比为水泥与砂的质量比一般不宜大于 1∶2.5，水灰比应为 0.50～0.60，稠度不应大于 80mm。水泥宜选用 325 号以上的普通硅酸盐水泥或 425 号矿渣水泥，砂子宜选用中砂。防水砂浆施工方法由人工多层抹压法和喷射法等。各种方法都是以防水抗渗为目的，减少内部连通毛细孔，提高密实度。

4.4.4　隔热砂浆

采用水泥等胶凝材料以及膨胀珍珠岩、膨胀蛭石、陶粒砂等轻质多孔骨料，按照一定比例配制的砂浆。其具有质量轻、保温隔热性能好（导热系数一般为 0.07～0.1W/m·K）等特点，主要用于屋面、墙体绝热层和热水、空调管道的绝热层。常用的隔热砂浆有水泥膨胀珍珠岩砂浆、水泥膨胀蛭石砂浆、水泥石灰膨胀蛭石砂浆等。

4.4.5　吸声砂浆

一般采用轻质多孔骨料拌制而成的吸声砂浆，由于其骨料内部孔隙率大，因此吸声性能也十分优良。吸声砂浆还可以在砂浆中掺入锯末、玻璃纤维、矿物棉等材料拌制而成。主要用于室内吸声墙面和顶面的吸音处理。

4.4.6　耐腐蚀砂浆

水玻璃类耐酸砂浆一般采用水玻璃作为胶凝材料拌制而成，常掺入氟硅酸纳作为促硬剂。耐酸砂浆主要作为衬砌材料、耐酸地面或内壁防护层等。

耐碱砂浆使用 42.5 强度等级以上的普通硅酸盐水泥（水泥熟料中铝酸三钙含量应小于 9%），细骨料可采用耐碱、密实的石灰岩类（石灰岩、白云岩、大理岩等）、火成岩类（辉绿岩、花岗岩等）制成的砂和粉料，也可采用石英质的普通砂。耐碱砂浆可耐一定温度和浓度下的氢氧化钠和铝酸钠溶液的腐蚀，以及任何浓度的氨水、碳酸钠、碱性气体和粉尘等的腐蚀。

硫磺砂浆以硫磺为胶结料，加入填料、增韧剂，经加热熬制而成的砂浆。采用石英粉、辉绿岩粉、安山岩粉作为耐酸粉料和细骨料。硫磺砂浆具有良好的耐腐蚀性能，几乎能耐大部分有机酸、无机酸，中性和酸性盐的腐蚀，对乳酸也有很强的耐蚀能力。

4.4.7　防辐射砂浆

可采用重水泥（钡水泥、锶水泥）或重质骨料（黄铁矿、重晶石、硼砂等）拌制而成，可防止各类辐射的砂浆，主要用于射线防护工程。

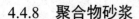

4.4.8　聚合物砂浆

聚合物砂浆是在水泥砂浆中加入有机聚合物乳液配制而成，具有粘结力强、干缩率小、脆性低、耐蚀性好等特性，用于修补和防护工程。常用的聚合物乳液有氯丁胶乳液、丁苯橡胶乳液、丙烯酸树脂乳液等。

实训 5　建筑砂浆试验

一、砂浆组批原则及取样规定

（一）砂浆组批原则

（1）砌筑砂浆。同一品种、同一强度的砂浆，每一楼层或 250m³ 砌体（基础砌体可按一个楼层计）为一个取样单位，每取样单位标准养护试块的留置不得少于一组（每组 6 块），一般要求至少要取三组试件才能评定，如果仅有一组试件，那么此组试件的平均值不得低于设计强度标准值。

（2）干拌砂浆。同强度等级每 400 吨为一验收批，不足 400 吨也按一批计。每批从 20 个以上的不同部位取等量样品。总质量不少于 15kg，分成两份，一份送试，一份备用。

（3）建筑地面用砂浆。建筑地面用水泥砂浆，以每一层或 1000m² 为一检验批，不足 1000m² 也按一批计。每批砂浆至少取样一组。当改变配合比时也应相应地留量试块。

（二）试验室制备砂浆

（1）在试验室制备砂浆试样时，所用材料应提前 24 小时运入室内。拌合时，试验室的温度应保持在 20±5℃。当需要模拟施工条件下所用的砂浆时，所用原材料的温度宜与施工现场保持一致。

（2）试验所用原材料应与现场使用材料一致。砂应通过 4.75mm 筛。

（3）试验室拌制砂浆时，材料用量应以质量计。水泥、外加剂、掺合料等的称量精度应为±0.5%，细骨料的称量精度应为±1%。

（4）在试验室搅拌砂浆时应采用机械搅拌，搅拌机应符合现行行业标准《试验用砂浆搅拌机》JG/T3033 的规定，搅拌的用量宜为搅拌机容量的 30%～70%，搅拌时间不应少于 120 秒。掺有掺合料和外加剂的砂浆，其搅拌时间不应少于 180 秒。

二、砂浆的稠度试验

（一）试验目的

检验砂浆配合比或施工过程中控制砂浆的稠度，以达到控制用水量的目的。

（二）仪器与设备

（1）砂浆稠度仪。由试锥、容器和支座三部分组成，如图 4-1 所示。试锥由钢材或铜材制成，试锥连同滑杆的质量为 300±2g；盛浆容器由钢板制成，筒高应为 180mm，锥底内径应为 150 mm；支座应包括底座、支架及刻度显示三部分，应由铸铁、钢或其他金属制成。

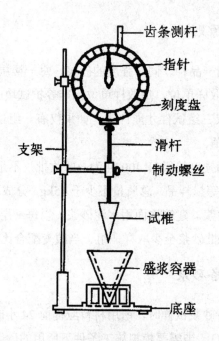

图 4-1　砂浆稠度仪

（2）钢制捣棒。直径为 10 mm，长度为 350 mm，端部磨圆。

（3）秒表等。

（三）试验步骤

（1）应先采用少量润滑油轻擦润杆，再将润杆上多余的油用吸油纸擦净，使润杆能自由滑动。

（2）应先采用湿布擦净盛浆容器和试锥表面，再将砂浆拌合物一次装入容器；砂浆表面宜低于容器口 10 mm，用捣棒自容器中心向边缘均匀地插捣 25 次，然后轻轻地将容器摇动或敲击 5～6 下，使砂浆表面平整，随后将容器置于稠度测定仪的底座上。

（3）拧开制动螺丝，向下移动滑杆，当试锥尖端与砂浆表面刚接触时，应拧紧制动螺丝，使齿条试杆下端刚接触滑杆上端并将指针对准零点上。

（4）拧开制动螺丝，同时计时间，10 秒时立即拧紧螺丝将齿条测杆下端接触滑杆上端，从刻度盘上读出下沉深度（精确至 1 mm），即为砂浆的稠度值。

（5）盛浆容器内的砂浆，只允许测定一次稠度，重复测定时，应重新取样测定。

（四）试验结果

同一编号砂浆应取两次试验结果的算术平均值作为测定值，并应精确至 1 mm；当两次试验值之差大于 10mm 时，应重新取样测定。

三、砂浆的分层度试验

（一）试验目的

测定砂浆拌合物的分层度，以确定在运输及停放时砂浆拌合物的稳定性。

（二）仪器与设备

砂浆分层度测定仪（如图 4-2 所示）、砂浆稠度测定仪、振动台、抹刀、木锤等。

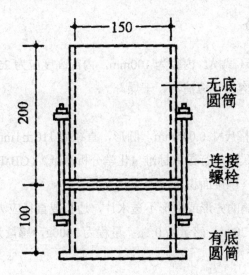

图 4-2　砂浆分层度测定仪（单位 mm）

（三）试验步骤

（1）将试样一次装入分层度筒内，待装满后，用木锤在容器周围距离大致相等的四个不同地方轻轻敲击 1～2 次，如砂浆沉落到低于筒口，则应随时添加，然后刮去多余砂浆，并抹平。

（2）按测定砂浆流动性的方法，测定砂浆的沉入度值 K_1，以 mm 计。

（3）静置 30min 后，去掉上面 200mm 砂浆，剩余的砂浆倒出，放在搅拌锅中拌 2 分钟。

（4）再按测定流动性的方法，测定砂浆的沉入度 K_2，以 mm 计。

（四）试验结果

（1）前后两次沉入度之差，为该砂浆的分层度，即$\triangle = K_1 - K_2$，以 mm 计。

（2）取两次试验结果的算术平均值作为该砂浆的分层度值，精确至 1mm。

（3）当两次试验值之差大于 10 mm 时，应重新取样测定。

四、砂浆的保水性试验

（一）试验目的

测定砂浆拌合物的保水性，为砂浆配合比设计、砂浆拌合物质量评定提供依据。

（二）仪器与设备

（1）金属或硬塑料环试模。内径为 100mm，内部高度应为 25mm。

（2）可密封的取样容器。应清洁、干燥。

（3）2kg 的重物。

（4）金属滤网。网格尺寸 0.045mm，圆形，直径为 110±1mm。

（5）超白滤纸。应采用现行国家标准《化学分析滤纸》（GB/T1914）规定的中速定性滤纸，直径应为 110mm，单位面积质量为 200g/m²。

（6）2 片金属或玻璃的方形或圆形不透水片，边长或直径应大于 110mm。

（7）天平。量程为 200g，感量为 0.1g；量程为 2000g，感量为 1g。

（8）干燥箱。

（三）试验步骤

（1）称量底部不透水片与干燥试模质量 m_1 和 8 片中速定性滤纸质量 m_2。

（2）将砂浆拌合物一次装入试模，并用抹刀插捣数次，当装入的砂浆略高于试模边缘时，用抹刀以 45°角一次性将试模表面多余的砂浆刮去，然后再用抹刀以较平的角度在试模表面反方向砂浆刮平。

（3）抹掉试模边的砂浆，称量试模、底部不透水片与砂浆总质量 m_3。

（4）用金属滤网覆盖在砂浆表面，再在滤网表面放上 8 片滤纸，用上部不透水片盖在滤纸表面，以 2kg 重物把上部不透水片压住。

（5）静置 2 分钟后移走重物及上部不透水片，取出滤纸（不包括滤网）迅速称量滤纸质量 m_4。

（四）试验结果

（1）砂浆含水率按式（4-10）计算，精确至 0.1%。

$$a＝（m_6 - m_5）/m_6×100\%\qquad（4\text{-}10）$$

式中：a——砂浆含水率，%。

　　　m_5——烘干后砂浆样本的质量，g，精确至 1g。

　　　m_6——砂浆样本的总质量，g，精确至 1g。

取两次试验结果的算术平均值作为砂浆的含水率，精确至 0.1%。当两个测定值之差超过 2%，此组试验结果应为无效。

（2）砂浆保水性按式（4-11）计算。

$$W＝〔1 - (m_4 - m_2)/a×(m_3 - m_1)〕×100\%\qquad（4\text{-}11）$$

式中：W——保水性，%；

　　　m_1——底部不透水片与干燥试模质量，g，精确至 1g。

　　　m_2——8 片滤纸吸水前的质量，g，精确至 0.1g。

　　　m_3——试模、底部不透水片与砂浆总质量，g，精确至 1g。

　　　m_4——8 片滤纸吸水后的质量，g，精确至 0.1g。

　　　a——砂浆含水率%。

取两次试验结果的算术平均值作为砂浆的保水率，精确至 0.1%,且第二次试验应重新取样测定。当两个测定值之差超过 2%时，此组试验结果为无效。

五、砂浆立方体抗压强度试验

（一）试验目的

检测砂浆立方体抗压强度是否满足工程要求。

（二）仪器与设备

（1）试模。应为 70.7mm×70.7mm×70.7mm 的带底试模，应符合现行行业标准《混凝土试模》JG237 的规定选择，应具有足够的钢度并拆卸方便。试模的内表面应机械加工，其不平度应为每 100mm 不超过 0.05mm，组装后各相邻的不垂直度不应超过 ±0.5°。

（2）钢制捣棒。直径为 10mm，长度为 350mm，端部磨圆。

（3）压力试验机。精确应为 1%，时间破坏荷载应不小于压力机量程的 20%，且不应大于全量程的 80%。

（4）垫板。试验机上、下压板及试件之间可垫以钢垫板，垫板的尺寸应大于试件的承压面，其不平度应为每 100 mm 不超过 0.02 mm。

（5）振动台。空载中台面的垂直振幅应为（0.5±0.05）mm，空载频率应为（50±3）Hz，空载台面振幅均匀度不应大于 10%，一次试验应至少能固定 3 个试模。

（三）试件制备

（1）应采用立方体试件，每组试件应为 3 个。

（2）应采用黄油等密封材料涂抹试模的外接缝，试模内应涂刷薄层机油或隔离剂。应将拌制好的砂浆一次性装满砂浆试模，成型方法应根据稠度而确定。

①人工插捣。当稠度大于 50 mm 时，宜采用人工插捣法。应采用捣棒均匀地由边缘向中心按螺旋方式插捣 25 次，插捣过程中当砂浆沉落低于试模口时，应随时添加砂浆，可用油灰刀插捣数次，并用手将试模一边抬高 5mm～10mm 各振动 5 次，砂浆应高出试模顶面 6mm～8mm。

②机械振动：当砂浆稠度不大于 50 mm 时，宜采用机械振动法。将砂浆一次装满试模，放置到振动台上，振动时试模不得跳动，振动 5～10 秒或持续到表面泛浆为止，不得过振。

（3）应待表面水分稍干后，在将高出试模部分的砂浆沿试模顶面刮去并抹平。

（4）试件养护

①试件制作后应在温度为（20±5）℃的环境下静置（24±2）小时，对试件进行编号、拆模。当气温较低时，或者凝结时间大于 24h 的砂浆，可适当延长时间，但不应超出 2 天。试件拆模后应立即放入温度为（20±2）℃，相对湿度为 90% 以上的标准养护室中养护。养护期间，试件彼此间隔不得小于 10mm，混合砂浆、湿拌砂浆试件上面应覆盖，防止有水滴在试件上。

②从搅拌加水开始计时，标准养护龄期应为 28 天，也可根据相关标准要求增加 7 天或 14 天。

（四）试验步骤

（1）试件从养护地点取出后应及时进行试验。试验前应将试件表面擦拭干净，测量尺寸，并检查其外观，并应计算试件的承压面积。当实测尺寸与公称尺寸之差不超过 1 mm 时，可按公称尺寸进行计算。

（2）将试件安放在试验机的下压板或下垫板上，试件的承压面应与成型时的顶面垂直，试件中心应与下压板或下垫板中心对准。开动试验机，当上压板与试件或上垫板接近时，调整球座，使接触面均衡受压。承压试验应连续而均匀地加荷，加荷速度应为 0.25～1.5KN/s；砂浆强度不大于 2.5MPa 时，宜取下限。当试件接近破坏而开始迅速变形时，停止调整试验机油门，直至试件破坏，然后记录破坏荷载。

（五）试验结果

砂浆立方体抗压强度按式（4-12）计算，精确至 0.1MPa。

$$f_{m,cu}=\frac{N_u}{A}$$

（4-12）

式中：$f_{m,cu}$——砂浆立方体试件抗压强度，MPa。

N_u——试件破坏荷载，N。

A——试件承压面积，mm^2。

以三个试件测值的算术平均值作为该组试件的砂浆立方体试件抗压强度平均值，精确至 0.1MPa。当三个测值的最大值或最小值中有一个与中间值的差值超出中间值的 15%时，应把最大值及最小值一并舍去，取中间值作为该组试件的抗压强度值。当两个测值与中间值的差值均超出中间值的 15%时，该组试验结果应为无效。

项目小结

砂浆是由胶凝材料、细集料、掺和料和水配制而成，在建筑中起黏结、传递应力、衬垫、防护和装饰等作用。建筑砂浆按其用途可分为砌筑砂浆、抹面砂浆和特种砂浆。

砂浆的和易性包括流动性和保水性。其中流动性用稠度表示，用砂浆稠度仪检测；保水性用分层度和保水率表示，用砂浆分层度仪检测。

砂浆的强度是砂浆立方体标准试块在标准条件下养护 28 天测得的抗压强度，分为多个强度等级。影响砂浆抗压强度的主要因素是水泥的强度等级和用量，砂的质量、掺和料的品种及用量、养护条件等对砂浆强度也有一定影响。

砂浆的配合比主要是确定每立方米砂浆中各种材料的用量。首先根据要求确定初步配合比，再在实验室进行试配、调整，确定最终配合比。

项目习题

一、单选题

1. 水泥强度等级宜为砂浆强度等级的（ ）倍，且水泥强度等级宜小于32.5级。

A. 2～3　　　　B. 4～5　　　　C. 5～6　　　　D. 3～4

2. 凡涂在建筑物或构件表面的砂浆，可统称为（ ）。

A. 砌筑砂浆　　B. 抹面砂浆　C. 混合砂浆　D. 防水砂浆

3. 砂浆的和易性包括（ ）。

A. 流动性、保水性　　　　B. 粘聚性、保水性

C. 流动性、粘聚性　　　　D. 流动性、粘聚性、保水性

4. 砂浆的流动性用（ ）来评价。

A. 沉入度　　　B. 分层度　　　C. 坍落度　　　　D. 维勃稠度

5. 砂浆抗压强度标准试件尺寸是边长为（ ）mm的立方体。

A. 150　　　B. 120　　　C. 100　　　　D. 70.7

6. 砂浆抗压强度试验的试件数量为一组（ ）块。

A. 3　　　　B. 6　　　　C. 9　　　　D. 12

7. 进行砂浆抗压强度试验时，试验荷载应连续均匀施加，其加荷速度应控制在（ ）范围。

A. 0.3～0.5MPa/s　　　　　　B. 0.5～0.8MPa/s

C. 0.5～1.5KN/s　　　　　　D. 1.0～1.5MPa/s

8. 水泥砂浆的养护温度和湿度是（ ）。

A. 温度20±10C，相对湿度90%以上　B. 温度20±20C，相对湿度90%以上

C. 温度20±20C，相对湿度95%以上　D. 温度20±10C，相对湿度95%以上

二、多选题

1. 下列（ ）选项中，可以要求砂浆的流动性大些。

A. 多孔吸水的材料　　　　B. 干热的天气

C．手工操作砂浆　　　　　　　　D．密实不吸水砌体材料

2．对砌筑砂浆的技术要求包括（　　）。

A．坍落度　　　　B．强度　　　　C．粘结性　　　　D．保水性

3．砌筑砂浆为改善其和易性和节约水泥用量，常掺入（　　）。

A．石灰膏　　　　B．麻刀　　　　C．粘土膏　　　　D．石膏

4．用于砌筑砖砌体的砂浆强度主要取决于（　　）。

A．水泥用量　　B．砂子用量　　C．水灰比　　　D．水泥强度等级

5．用于石砌体的砂浆强度主要决定于（）。

A．水泥用量　　B．砂子用量　　C．水灰比　　　D．水泥强度等级

三、判断题

1．砂浆的和易性包括流动性、粘聚性、保水性三方面的含义。（　　）

2．用于多孔吸水基面上的砌筑砂浆，其强度主要决定于水泥标号和水泥用量，而与水灰比的大小无关。（　　）

3．砌筑砂浆可视为无粗骨料的混凝土，影响其强度的主要因素应与混凝土的基本相同，即水泥强度和水灰比。（　　）

4．砂浆的流动性是用分层度表示的。（　　）

5．砂浆抗压强度标准试件尺寸是边长为100mm的立方体。（　　）

6．砂浆抗压强度试验的试件数量为一组三块。（　　）

7．水泥砂浆和水泥混合砂浆的养护温度和湿度要求是一样的。（　　）

8．进行砂浆分层度测定时，砂浆在分层度仪中应静置30分钟。（　　）

四、填空题

1．砂浆的和易性包括＿＿＿＿＿和＿＿＿＿＿两方面的含义。

2．砂浆流动性指标是＿＿＿＿＿，其单位是＿＿＿＿＿；砂浆保水性指标是＿＿＿＿＿，其单位是＿＿＿＿＿。

3．砂浆的强度主要取决于＿＿＿＿＿、＿＿＿＿＿和＿＿＿＿＿。

4．测定砂浆强度的试件尺寸是边长为＿＿＿＿＿的立方体，在＿＿＿＿＿标准条件下养护，测定其抗压强度。

5．砂浆强度试件的制作应根据砂浆的用途不同，选用不同底板的试模。用于普通烧结砖的砌筑砂浆，其强度试件的制作，试模底板应采用＿＿＿＿＿；用于岩石等弱吸水材料的砌筑砂浆，其强度试件的制作，试模底板应采用＿＿＿＿＿。

6．砂浆配制强度的确定与＿＿＿＿＿和＿＿＿＿＿有关。

五、简答题

1. 什么是新拌砂浆的和易性？如何评定？怎么才能提高砂浆的保水性？

2. 砌筑砂浆配合比设计的基本要求是什么？

3. 砂浆抗压强度代表值如何确定？

4. 砌筑多孔砌块和密实砌块用砂浆的强度公式有何不同，为什么？

5. 如何配制防水砂浆，在技术性能方面有哪些要求？

六、计算题

1. 配制 M5 水泥混合砂浆，选用下列原材料：32.5 级强度等级的复合水泥，强度富余系数为 1.1；中砂，级配良好、含水率 2%，紧堆密度为 1500kg/m³；石灰膏：稠度为（120±5）mm。（说明：施工单位施工水平一般，要求砂浆沉入度为 70mm～90 mm）。求该砂浆的配合比。

2. 今测得某组水泥砂浆 3 个试件的破坏荷载值分别为：31.2、25.5、32.4，求该组试件抗压强度代表值。

项目 5　建筑钢材

【项目导读】

钢材在建筑结构中主要承受拉力、压力、弯曲、冲击等外力作用，施工中还经常对钢材进行冷弯或焊接等，是重要的建筑工程材料之一。通过本章学习，应熟悉建筑钢材的分类方式、主要力学性能和工艺性能，了解不同化学成分对钢材性能的影响，掌握建筑钢材的标准和选用，以及钢材的锈蚀与防治措施。

【项目目标】

➢ 了解钢材的分类、优缺点及工程应用，钢材中主要元素及其对钢材性能的影响

➢ 掌握钢材的力学性能，掌握冷加工时效处理的方法、目的和应用

➢ 掌握各种钢的牌号表示方法、意义及工程应用

➢ 掌握建筑钢材的锈蚀与防止

5.1　建筑钢材的基本知识

生铁和钢的主要成分都是铁，二者的主要区别是含碳量不同。钢是含碳量在 0.021%～2.11% 之间的铁碳合金。我们通常将其与铁合称为钢铁，为了保证其韧性和塑性，含碳量一般不超过 1.7%。钢的主要元素除铁、碳外，还有硅、锰、硫、磷等。生铁是含碳量大于 2% 的铁碳合金，工业生铁含碳量一般在 2%～4.3%，并含 C、Si、Mn、S、P 等元素，是用铁矿石经高炉冶炼的产品。

钢材是一种以铁为主要元素、含碳量一般在 2% 以下，并含有其他元素（磷 P、硫 S、氧 O、氮 N、硅 Si 和锰 Mn）的材料。建筑钢材主要包括钢结构用各种型材（如工字钢、角钢、方钢、圆钢、扁钢等）、板材（如钢板等）、混凝土用各种钢筋、钢丝和钢绞线等。

5.1.1　钢的冶炼

钢的冶炼过程：生铁→钢水+钢渣。

钢的冶炼原理就是将熔融的生铁进行氧化，使碳的含量降到一定限度，同时把其它杂质的含量也降到一定限度。根据炼钢设备的不同分为转炉、平炉和电炉三类，常用的炼钢

方法有空气转炉法、氧气转炉法、平炉法、电炉法。

1. 空气转炉炼钢法

空气转炉炼钢法是以熔融状态的铁水为原料，在转炉底部或侧面吹入高压热空气，使杂质在空气中氧化而被除去。其缺点是在吹炼过程中，易混入空气中的氮、氢等有害气体，且熔炼时间短，化学成分难以精确控制，这种钢质量较差，但成本较低，生产效率高。

2. 氧气转炉炼钢法

氧气转炉炼钢法是以熔融铁水为原料，用纯氧代替空气，由炉顶向转炉内吹入高压氧气，能有效地除去磷、硫等杂质，使钢的质量显著提高，而成本却较低。常用来炼制优质碳素钢和合金钢。

3. 平炉炼钢法

以固体或液体生铁、铁矿石或废钢作原料，用煤气或重油为燃料进行冶炼。平炉钢由于熔炼时间长，化学成分可以精确控制，杂质含量少，但成本较转炉钢高。其缺点是能耗大、成本高、冶炼周期长。

4. 电炉炼钢法

用电热进行高温冶炼而得到的钢。一般用高压电弧作为热源，故熔炼的温度高，且温度可以自由调节，清除杂质则容易得多，故电炉钢的质量最好，但成本最高。主要用于冶炼优质碳素钢及特殊合金钢。

5.1.3 钢的分类

1. 按化学成分分类

按化学成分分类，钢分为碳素钢和合金钢。

（1）碳素钢。碳素钢的化学成分主要是铁，其次是碳，故也称铁—碳合金。其含碳量为 0.02%～2.06%。此外尚含有极少量的硅、锰和微量的硫、磷等元素。碳素钢按含碳量又可分为：低碳钢（含碳量小于 0.25%）、中碳钢（含碳量为 0.25%～0.60%）、高碳钢（含碳量大于 0.60%）。

（2）合金钢。是指在炼钢过程中，有意识地加入一种或多种能改善钢材性能的合金元素而制得的钢种。常用合金元素有：硅、锰、钛、钒、铌、铬等。按合金元素总含量的不同，合金钢可分为：低合金钢（合金元素总含量小于 5%）、中合金钢（合金元素总含量

为 5%～10%）、高合金钢（合金元素总含量大于 10%）。

2. 按冶炼时脱氧程度分类

按冶炼时脱氧程度分类，钢分为沸腾钢、镇静钢、半镇静钢和特殊镇静钢

（1）沸腾钢。炼钢时仅加入锰铁进行脱氧，则脱氧不完全。这种钢水浇入锭模时，会有大量的 CO 气体从钢水中外逸，引起钢水呈沸腾状，故称沸腾钢，代号为"F"。沸腾钢组织不够致密，成分不太均匀，硫、磷等杂质偏析较严重，故质量较差。但因其成本低、产量高，故被广泛用于一般建筑工程。

（2）镇静钢。炼钢时采用锰铁、硅铁和铝锭等作脱氧剂，脱氧完全，且同时能起去硫作用。这种钢水铸锭时能平静地充满锭模并冷却凝固，故称镇静钢，代号为"Z"。镇静钢虽成本较高，但其组织致密，成分均匀，性能稳定，故质量好。适用于预应力混凝土等重要的结构工程。

（3）半镇静钢。脱氧程度介于沸腾钢和镇静钢之间，为质量较好的钢，其代号为"b"。

（4）特殊镇静钢。比镇静钢脱氧程度还要充分彻底的钢，故其质量最好，适用于特别重要的结构工程，代号为"TZ"。

3. 按有害杂质含量分类

按钢中有害杂质磷（P）和硫（S）含量的多少分类，钢材可分为普通钢、优质钢、高级优质钢和特级优质钢。

（1）普通钢。磷含量不大于 0.045%；硫含量不大于 0.050%。

（2）优质钢。磷含量不大于 0.035%；硫含量不大于 0.035%。

（3）高级优质钢。磷含量不大于 0.025%，高级优质钢的钢号后加"高"字或"A"；硫含量不大于 0.015%。

（4）特级优质钢。磷含量不大于 0.025%，特级优质钢后加"E"；硫含量不大于 0.015%。

4. 按其加工工艺分类

按其加工工艺分类，钢分为锻钢、铸钢、热轧钢和冷拉钢。

（1）锻钢。锻钢是指采用锻造方法生产出来的各种锻材和锻件。锻钢的塑性、韧性和其它的力学性能比铸钢高，能承受较大的冲击力作用，所以，一些重要的机器零件都是采用锻钢件。

（2）铸钢。铸钢是在凝固过程中不经历共晶转变、用于生产铸件的铁基合金，为铸造合金的一种。铸钢是以铁、碳为主要元素的合金，碳含量 0～2%。铸钢分为铸造碳钢、铸造低合金钢和铸造特种钢三类。铸钢主要用于制造一些形状复杂、难以进行锻造或切削

加工成形而又要求较高强度和塑性的零件。

（3）热轧钢。热轧钢是一种优质碳素结构钢，含碳量约为 0.10%～0.15%，属于低碳钢。

（4）冷拉钢。冷拉钢是利用冷挤压技术，通过精确的模具，拉出各类高精度、表面光滑的圆钢、方钢、扁钢、六角钢及其它异型钢。

5. 按其用途分类

按其用途分类，钢可分为建筑及工程用钢、结构钢、工具钢、特殊性能钢和专门用途钢。

（1）建筑及工程用钢。建筑结构工程中最常用的钢种是碳素结构钢、低合金高强度结构钢和钢筋钢。

（2）结构钢（包括机械结构用钢及工程结构用钢）。包括碳素结构钢、优质碳素结构钢、低合金高强度结构钢及合金结构钢等。其中碳素结构钢和低合金高强度结构钢是建筑工程用钢的主要钢种，大多数型钢、钢板、钢筋等是用这些钢轧制的。

（3）工具钢。主要用于刀具，模具等各种工具，含碳量一般较高，便于进行热处理。

（4）特殊性能钢及专门用途钢。主要有桥梁钢、铁道用钢、船舶用钢、压力容器用钢等。

【例题】钢材的脱氧程度对钢材质量有何影响？

【解】脱氧程度不高的钢材中还保留较多的 FeO，在钢材铸锭时，碳与 FeO 反应生成 CO 气泡，并有一部分残留在钢中，造成微裂缝和成分偏析，降低致密性、强度和可焊性，低温下的韧性变差，冷脆性和时效敏感性增大等。脱氧程度对钢材性能与质量的排序：特殊镇静钢＞镇静钢＞半镇静钢＞沸腾钢。

5.2 建筑钢材的主要技术性能

钢材的技术性质主要包括力学性能（抗拉性能、冲击韧性、耐疲劳和硬度等）和工艺性能（冷弯和焊接）两个方面。

5.2.1 力学性能

1. 拉伸性能（抗拉性能）

在外力作用下，材料抵抗变形和断裂的能力称为强度。抗拉性能是建筑钢材最重要的

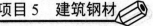

技术性质。其技术指标为由拉力试验测定的屈服点、抗拉强度和伸长率。

　　测定钢材强度的主要方法是拉伸试验，钢材受拉时，在产生应力的同时，相应地产生应变。应力和应变的关系反映出钢材的主要力学特征，如图 5-1 所示。从图中可以看出，低碳钢受拉至拉断，经历了四个阶段：弹性阶段（O－A）、屈服阶段（A－B）、强化阶段（B－C）和颈缩阶段（C－D）。

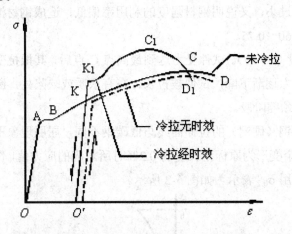

图 5-1　低碳钢受拉的应力一应变图

　　（1）弹性阶段（O－A）。在拉伸的初始阶段，曲线中 OA 段是一条直线，说明应力与应变成正比。如卸去外力，试件能恢复原来的形状，这种性质即为弹性，此阶段的变形为弹性变形。与 A 点对应的应力称为弹性极限，以 σ_p 表示。应力与应变的比值为常数，即弹性模量 E，$E=\sigma/\varepsilon$。弹性模量反映的是钢材抵抗弹性变形的能力，是钢材在受力条件下计算结构变形的重要指标。

　　（2）屈服阶段（A－B）。应力超过 A 点后，应力、应变不再成正比关系，开始出现塑性变形。应力的增长滞后于应变的增长，当应力达 B 上点后（上屈服点），瞬时下降至 B 下点（下屈服点），变形迅速增加，而此时外力则大致在恒定的位置上波动，直到 B 点，这就是所谓的"屈服现象"，似乎钢材不能承受外力而屈服，所以 AB 段称为屈服阶段。与 B 下点（此点较稳定、易测定）对应的应力称为屈服点（屈服强度），用 σ_s 表示，其计算公式如下：

$$\sigma_s = \frac{F_s}{A_0} \tag{5-1}$$

　　钢材受力大于屈服点后，会出现较大的塑性变形，已不能满足使用要求，因此屈服强度是设计上钢材强度取值的依据，是工程结构计算中非常重要的一个参数。

　　（3）强化阶段（B－C）。当应力超过屈服强度后，应力增加又产生应变，钢材得到强化，所以钢材抵抗塑性变形的能力又重新提高，B－C 呈上升曲线，称为强化阶段。对应于最高点 C 的应力值（σ_b）称为极限抗拉强度，简称抗拉强度。其计算公式如下：

$$\sigma_b = \frac{F_b}{A_0} \qquad (5\text{-}2)$$

显然，σ_b 是钢材受拉时所能承受的最大应力值。屈服强度和抗拉强度之比（即屈强比＝σ_s / σ_b）能反映钢材的利用率和结构安全可靠程度。屈强比越小，其结构的安全可靠程度越高，但屈强比过小，又说明钢材强度的利用率偏低，造成钢材浪费。建筑结构钢合理的屈强比一般为 0.60～0.75。

（4）颈缩阶段（C－D）。试件受力达到最高点 C 点后，其抵抗变形的能力明显降低，变形迅速发展，应力逐渐下降，试件被拉长，在有杂质或缺陷处，断面急剧缩小，直到断裂。故 CD 段称为颈缩阶段。

中碳钢与高碳钢（硬钢）的拉伸曲线与低碳钢不同，屈服现象不明显，难以测定屈服点，则规定产生残余变形为原标距长度的 0.2％时所对应的应力值，作为硬钢的屈服强度，也称条件屈服点，用 $\sigma_{0.2}$ 表示。如图 5-2 所示。

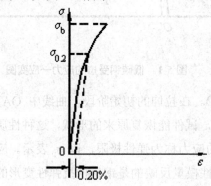

图 5-2　中、高碳钢的应力-应变图

2. 塑性

建筑钢材应具有很好的塑性。钢材的塑性通常用伸长率和断面收缩率表示。试件拉断后，将拉断后的试件拼合起来，测定出标距范围内的长度 L_1（mm），其与试件原标距 L_0（mm）之差为塑性变形值，塑性变形值与之称为伸长率（δ），如图 5-3 所示。

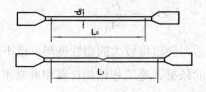

图 5-3　钢材的伸长率

伸长率（δ）按式（5-3）计算：

$$\sigma = \frac{L_1 - L_0}{L_0} \times 100\% \tag{5-3}$$

伸长率是衡量钢材塑性的一个重要指标，δ 值越大，表示钢材塑性好，可避免结构过早破坏，加工性增强，安全性增强。而一定的塑性变形能力，可保证应力重新分布，避免应力集中，从而钢材用于结构的安全性越大。

塑性变形在试件标距内的分布是不均匀的，颈缩处的变形最大，离颈缩部位越远其变形越小。所以原标距与直径之比越小，则颈缩处伸长值在整个伸长值中的比重越大，计算出来的 δ 值就大。通常以 δ_5 和 δ_{10} 分别表示 $L_0 = 5d_0$ 和 $L_0 = 10d_0$ 时的伸长率。对于同一种钢材，其 $\delta_5 > \delta_{10}$。

3. 冲击韧性

冲击韧性是指钢材抵抗冲击荷载而不被破坏的能力。钢材的冲击韧性是用有刻槽的标准试件，在冲击试验机的一次摆锤冲击下，以破坏后缺口处单位面积上所消耗的功（J/cm^2）来表示，即冲击韧性值，其大小用 α_k 表示。α_k 值越大，冲击韧性越好。

影响钢材冲击韧性的因素很多，如硫、磷含量高，存在化学偏析，含非金属夹杂物，焊接形成裂纹，温度降低等，均会降低冲击韧性；对于承受冲击荷载和振动荷载部位的钢材，也必须考虑冲击韧性。

4. 耐疲劳性

在反复荷载作用下的结构构件，钢材往往在应力远小于抗拉强度时发生断裂，这种现象称为钢材的疲劳破坏。疲劳破坏的危险应力用疲劳极限来表示，它是指疲劳试验中，试件在交变应力作用下，于规定的周期基数内不发生断裂所能承受的最大应力。一般把钢材承受交变荷载 $10^6 \sim 10^7$ 次时不发生破坏的最大应力作为疲劳强度。设计承受反复荷载且需进行疲劳验算的结构时，应了解所用钢材的疲劳极限。

一般认为，钢材的疲劳破坏是由拉应力引起的，因此，钢材的疲劳极限与其抗拉强度有关，一般抗拉强度高，其疲劳极限也较高。由于疲劳裂纹是在应力集中处形成和发展的，故钢材的疲劳极限不仅与其内部组织有关，也和表面质量有关。

5. 硬度

硬度是指金属材料在表面局部体积内，抵抗硬物压入表面的能力。亦即材料表面抵抗塑性变形的能力。测定钢材硬度采用压入法。即以一定的静荷载（压力），把一定的压头压在金属表面，然后测定压痕的面积或深度来确定硬度。按压头或压力不同，有布氏法、洛氏法等。

布氏法的测定原理是利用直径为 D（mm）的淬火钢球，以 P（N）的荷载将其压入试件表面，经规定的持续时间后卸除荷载，即得到直径为 d（mm）的压痕，以压痕表面积 F（mm）除荷载 P，所得的应力值即为试件的布氏硬度值 HB，以数字表示，不带单位。

洛氏法测定的原理与布氏法相似，但系根据压头压入试件的深度来表示硬度值（HR），洛氏法压痕很小，常用于判定工件的热处理效果。

各类钢材的 HB 值与抗拉强度之间有一定的相关关系。材料的强度越高，塑性变形抵抗力越强，硬度值也就越大。对于碳素钢，当 HB＜175 时，$\sigma_b \approx 0.36HB$；当 HB＞175 时，$\sigma_b \approx 0.35HB$。根据这一关系，可以直接在钢结构上测出钢材的 HB 值，并估算该钢材的 σ_b。

5.2.2 工艺性能

1. 冷弯性能

冷弯性能是指钢材在常温下承受弯曲变形的能力，是钢材的重要工艺性能。钢材的冷弯性能指标是以试验时的弯曲角度 α 和弯心直径 d 为指标表示，如图 5-4 所示。

钢材的冷弯试验是通过直径（或厚度）为 a 的试件，采用标准规定的弯心直径 d（d＝na，n 为整数），弯曲到规定的角度时（180°或 90°），检查弯曲处有无裂纹、断裂及起层等现象。若没有这些现象则认为冷弯性能合格。钢材冷弯时的弯曲角度越大，弯心直径越小，则表示冷弯性能越好。

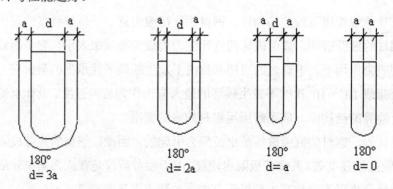

图 5-4　钢材的冷弯试验

钢材的冷弯性能和伸长率均是塑性变形能力的反映，但伸长率是在试件轴向均匀变形条件下测定的，而冷弯性能则是在更严格条件下钢材局部变形的能力，它可揭示钢材内部结构是否均匀，是否存在内应力和夹杂物等缺陷，冷弯试验对焊接质量也是一种严格的检验，能揭示焊件在受弯表面存在未熔合、微裂纹及夹杂物等缺陷。

2. 焊接性能（可焊性）

钢材在一定焊接工艺条件下，在焊接及其附近过热区是否产生裂缝及脆硬倾向，焊接后焊缝处性质应尽可能与母材相同。焊接方式分电弧焊（如钢结构）和电渣压力焊（如钢筋）两种方式。

（1）焊条电弧焊是工业生产中应用最广泛的焊接方法，它的原理是利用电弧放电（俗称电弧燃烧）所产生的热量将焊条与工件互相熔化并在冷凝后形成焊缝，从而获得牢固接头的焊接过程。

（2）电渣压力焊是将两钢筋安放成竖向对接形式，利用焊接电流通过两钢筋间隙，在焊剂层下形成电弧过程和电渣过程，产生电弧热和电阻热，熔化钢筋，加压完成的一种压焊方法。

可焊性受化学成分及含量的影响。含碳量高、含硫量高、合金元素含量高等，均会降低可焊性。一般含碳量小于 0.25%的非合金钢具有良好的可焊性。

3. 冷加工性能及时效处理

（1）冷加工强化处理。将钢材于常温下进行冷拉、冷拔或冷轧使其产生塑性变形，从而提高屈服强度，降低塑性、韧性，由于产生内应力，弹性模量也下降。这个过程称为冷加工强化处理。

冷加工强化的原理是：钢材在塑性变形中晶格的缺陷增多，而缺陷的晶格严重畸变，对晶格的进一步滑移将起到阻碍作用，故钢材的屈服点提高，塑性和韧性降低。由于塑性变形中产生内应力，故钢材的弹性模量 E 降低。将钢材在常温下进行冷加工（如冷拉、冷拔或冷轧），使之产生塑性变形，从而提高屈服强度，但钢材的塑性、韧性及弹性模量则会降低，这个过程称为冷加工强化处理。建筑工地或预制构件厂常用的方法是冷拉和冷拔。

冷拉是将热轧钢筋用冷拉设备加力进行张拉。钢材经冷拉后倔服强度可提高 20%～30%，可节约钢材 10%～20%，钢材经冷拉后屈服阶段缩短，伸长率降低，材质变硬。

冷拔是将光面圆钢筋通过硬质合金拔丝模孔强行拉拔，每次拉拔断面缩小应在 10%以下。钢筋在冷拔过程中，不仅受拉，同时还受到挤压作用，因而冷拔的作用比纯冷拉作用强烈。经过一次或多次冷拔后的钢筋，表面光洁度高，屈服强度提高40%～60%，但塑性大大降低，具有硬钢的性质。

冷轧是使低碳钢丝通过硬质杂辊，在钢丝表面轧制出呈一定规律分布的砸痕。冷拔、冷轧后的钢丝，强度和硬度明显提高，塑性和韧性则显著下降。

冷加工在工程中的应用有具有明显的经济效益；简化施工工艺，使盘条钢筋的开盘、矫直、冷拉三道工序合为一道，直条钢筋则可使矫直、除锈、冷拉合为一道工序；冷加工和时效一般同时采用，通过试验确定冷拉控制参数和时效。

（2）时效。将冷加工处理后的钢筋，在常温下存放 15～20 天，或加热至 100℃～200℃后保持一定时间（2～3 小时），其屈服强度进一步提高，且抗拉强度也提高，同时塑性和韧性也进一步降低，弹性模量则基本恢复。这个过程称为时效处理。

时效处理方法有两种：在常温下存放 15～20 天，称为自然时效，适合用于低强度钢筋；加热至 100℃～200℃后保持一定时间（2～3 小时），称人工时效，适合于高强钢筋。

钢材经冷加工及时效处理后，其应力—应变关系变化的规律，可明显地在应力—应变图上得到反映，如图 5-5 所示。经过时效处理后的钢材，其屈服强度、抗拉强度及硬度都将提高，而塑性和韧性降低。

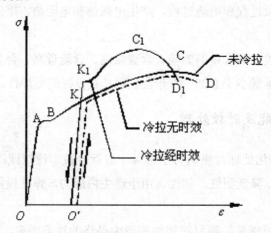

图 5-5　钢筋冷拉时效后应力—应变图的变化

4. 钢材的热处理

按照一定的制度，将钢材加热到一定的温度，在此温度下保持一定的时间，再以一定的速度和方式进行冷却，以使钢材内部晶体组织和显微结构按要求进行改变，或者消除钢中的内应力，从而获得人们所需求的机械力学性能，这一过程就称为钢材的热处理。

钢材的热处理通常有以下几种基本方法：

（1）淬火。将钢材加热至 723℃以上某一温度，并保持一定时间后，迅速置于水中或机油中冷却，这个过程称钢材的淬火处理。钢材经淬火后，强度和硬度提高，脆性增大，塑性和韧性明显降低。

（2）回火。将淬火后的钢材重新加热到 723℃以下某一温度范围，保温一定时间后再缓慢地或较快地冷却至室温，这一过程称为回火处理。回火可消除钢材淬火时产生的内应力，使其硬度降低，恢复塑性和韧性。回火温度愈高，钢材硬度下降愈多，塑性和韧性等性能均得以改善。若钢材淬火后随即进行高温回火处理，则称调质处理，其目的是使钢材的强度、塑性、韧性等性能均得以改善。

（3）退火。将钢材加热至 723℃以上某一温度，保持相当时间后，在退火炉中缓慢冷却。退火能消除钢材中的内应力，细化晶粒，均匀组织，使钢材硬度降低，塑性和韧性提高。

（4）正火。将钢材加热到 723℃以上某一温度，并保持相当长时间，然后在空气中缓慢冷却，则可得到均匀细小的显微组织。钢材正火后强度和硬度提高，塑性较退火为小。

淬火与回火是热处理工艺中很重要的、应用非常广泛的工序。淬火能显著提高钢的强度和硬度。如果再配以不同温度的回火，即可消除（或减轻）淬火内应力，又能得到强度、硬度和韧性的配合，满足不同的要求。所以，淬火和回火是密不可分的两道热处理工艺。

正火与退火的不同点是正火冷却速度比冷却速度稍快，因而正火组织要比退火组织更细一些，其机械性能也有所提高。另外，正火炉外冷却不占用设备，生产率较高，因此生产中尽可能采用正火来代替退火。

5.2.3 钢材的化学成分及其性能的影响

钢材的化学成分主要是指碳、硅、锰、硫、磷等，在不同情况下往往还需考虑氧、氮及各种合金元素。

（1）碳。土木工程用钢材含碳量不大于 0.8%。在此范围内，随着钢中碳含量的提高，强度和硬度相应提高，而塑性和韧性则相应降低，碳还可显著降低钢材的可焊性，增加钢的冷脆性和时效敏感性，降低抗大气锈蚀性。

（2）硅。当硅在钢中的含量较低（小于 1%）时，可提高钢材的强度，而对塑性和韧性影响不明显。

（3）锰。锰是我国低合金钢的主加合金元素，锰含量一般在 1%～2% 范围内，它的作用主要是使强度提高，锰还能消减硫和氧引起的热脆性，使钢材的热加工性质改善。

（4）硫。硫是很有害元素，呈非金属硫化物夹杂物存在于钢中，具有强烈的偏析作用，降低各种机械性能。硫化物造成的低熔点使钢在焊接时易于产生热裂纹，降低可焊性。

（5）磷。磷为有害元素，含量提高，钢材的强度提高，塑性和韧性显著下降，特别是温度愈低，对韧性和塑性的影响愈大，磷在钢中的偏析作用强烈，使钢材冷脆性增大，并显著降低钢材的可焊性。磷可提高钢的耐磨性和耐腐蚀性，在低合金钢中可配合其他元素作为合金元素使用。

（6）氧。氧为有害元素。主要存在于非金属夹杂物内，可降低钢的机械性能，特别是韧性，氧有促进时效倾向的作用，氧化物造成的低熔点亦使钢的可焊形变差。

（7）氮。氮对钢材性质的影响与碳、磷相似，使钢材的强度提高，塑性特别是韧性显著下降。氮可加剧钢材的时效敏感性和冷脆性，降低可焊性。在有铝、妮、钒等的配合下，氮可作为低合金钢的合金元素使用。

（8）钛。钛是强脱氧剂。它能显著提高强度，改善韧性和可焊性，减少时效倾向，是常用的合金元素。

（9）钒。钒是强的碳化物和氮化物形成元素。能有效提高强度，并能减少时效倾向，但增加焊接时的淬硬倾向。

【例题】 简述碳对钢材的力学性质的影响。

【解】 碳是钢材中最重要的元素，对钢材的性质起决定性的影响，钢材中含碳量一般是 2%以下。随着含碳量的增加，钢材的性能变化为：钢材的强度相应的先增加后减小；硬度相应增加；塑性与韧性相应下降；钢材的冷弯性能、焊接与抗腐蚀性能降低。

5.3 建筑钢材的标准与选用

5.3.1 碳素结构钢

1. 碳素结构钢的牌号及其表示方法

按标准规定，我国碳素结构钢分四个牌号，即 Q 195、Q215、Q235 和 Q275。其含碳量在 0.06%～0.38%之间。

碳素结构钢的牌号由代表屈服点的字母、屈服点数值、质量等级符号、脱氧方法等四部分按顺序组成。其中以"Q"代表屈服点；屈服点数值共分 195 MPa、215 MPa、235 MPa、和 275 Mpa 五种；质量等级以硫、磷等杂质含量由多到少，分别表示为 A、B、C、D；脱氧方法以 F 表示沸腾钢、b 表示半镇静钢，Z、TZ 表示镇静钢和特殊镇静钢，Z 和 TZ 在钢的牌号中予以省略。例如 Q235-BF，它表示屈服强度为 235 MPa 的平炉或氧气转炉冶炼的 B 级沸腾碳素结构钢。

随着牌号的增大，其含碳量增加，强度提高，塑性和韧性降低，冷弯性能逐渐变差。同一钢号内质量等级越高，钢材的质量越好，如 Q235C、Q235D 级优于 Q235A、Q235B 级。

2. 碳素结构钢的技术要求

按照标准 GB/T700－2006 规定，碳素结构钢的技术要求包括化学成分、力学性能、冶炼方法、交货状态、表面质量等五个方面。各牌号碳素结构钢的化学成分及力学性能应分别符合表 5-1 和表 5-2 的要求。

表 5-1　碳素结构钢的化学成分（GB/T700—2006）

牌号	等级	化学成分					脱氧方法
		C	Si	Mn	P	S	
Q195	—	0.12	0.30	0.50	0.035	0.040	F、Z
Q215	A	0.15	0.35	1.20	0.045	0.050	F、Z
	B					0.045	
Q235	A	0.22	0.35	1.40	0.045	0.050	F、Z
	B	0.20				0.045	
	C	0.17			0.040	0.040	Z
	D				0.035	0.035	TZ
Q275	A	0.24	0.35	1.50	0.045	0.050	F、Z
	B	0.21			0.045	0.045	Z
	C	0.22			0.040	0.040	Z
	D	0.20			0.035	0.035	TZ

表 5-2　碳素结构钢的力学性能（GB/T700—2006）

牌号	等级	拉伸试验						抗拉强度 σ_s (MPa)	伸长率 δ_5 (%)					冲击试验	
		屈服点 σ_s (MPa)							钢材厚度（直径）(mm)					温度 (℃)	V型冲击功（纵向）(J)
		钢筋厚度（直径）(mm)							≤40	>40~60	>60~100	>100~150	>150~200		
		≤16	>16~40	>40~60	>60~100	>100~150	>150~200								
		≥							≥						≥
195	-	195	185	—	—	—	—	315~430	33	—	—	—	—	—	—
215	A	215	205	195	185	175	165	335~450	31	30	29	27	25	—	—
	B													+20	27
235	A	235	225	215	215	195	185	370~500	26	25	24	22	21	—	—
	B													+20	27
	C													0	
	D													−20	

（续表）

275	A	275	265	255	245	225	215	410~540	22	21	20	18	17	—	—
	B													+20	
	C													0	27
	D													−20	

3. 碳素结构钢各类牌号的特性与用途

建筑工程中应用最广泛的是 Q235 号钢，含碳适中，具有较高的强度，良好的塑性、韧性及可焊性，综合性能好，能满足一般钢结构和钢筋混凝土用钢要求，且成本较低。常轧制成盘条或钢筋，以及圆钢、方钢、扁钢、角钢、工字钢、槽钢等型钢。

Q195、Q215，含碳量低，强度低，塑性、韧性、加工性能和可焊性好，主要用于轧制薄板和盘条、制造铆钉、地脚螺栓等。

Q275，强度、硬度较高，耐磨性较好，塑性和可焊性能有所降低。主要用作铆接与螺栓连接的结构及加工机械零件。

【例题】试说明钢号 Q235AF、Q235D 代表的意义，并比较二者在成分、性能和应用上的异同？

【解】Q235AF 表示屈服强度为 235MPa，由氧气转炉或平炉冶炼的 A 级沸腾碳素结构钢。Q235D 表示屈服强度为 235MPa 的 D 级钢。

Q235-A·F 和 Q235-D 均为 Q235 碳素结构钢，是建筑中应用最多的碳素钢。二者性能差别主要表现在质量等级和脱氧程度上：

（1）按硫、磷含量多少来衡量，Q235-D 磷、硫含量均少于 Q235-A·F，质量较好；

（2）按脱氧程度衡量 Q235-D 为 T Z 镇静钢，质量最好，Q235-A·F 为沸腾钢。

（3）Q235-A·F 钢，仅适用于承受间接动荷载的静荷载的结构，而 Q235-D 可适用于动荷载作用或处在低温环境下的工作条件。

5.3.2 低合金高强度结构钢

在碳素钢的基础上，加入总量小于 5% 的合金元素炼成的钢，称为低合金高强度结构钢，简称低合金结构钢。常用的合金元素有硅、锰、钛、钒、铬、镍、铜等。

由于合金元素的强化作用，使低合金结构钢的强度不但大大高于碳素结构钢，并且具有较好的塑性、韧性和可焊性，耐磨性、耐蚀性及耐低温性也好于碳素钢，其生产工艺与碳素钢相近，比采用碳素结构钢节省钢材，而且可以减轻自重，延长使用寿命，尤其适用于大跨度结构和桥梁工程、承受动力荷载和冲击荷载的结构等。

1. 碳素结构钢的牌号及其表示方法

低合金高强度结构钢的牌号的表示方法为：由代表屈服点的拼音字母（Q）、屈服点数值、质量等级符号（A、B、C、D、E）三部分按顺序组成。它以屈服强度划分成五个等级：Q 295、Q 345、Q 390、Q 420、Q 460。例如：Q295A，表示屈服强度为不小于 295MPa，质量等级为 A 级的低合金结构钢。

2. 低合金高强度结构钢各类牌号的特性与用途

Q295，钢中只含有极少量合金元素，强度不高，但有良好的塑性、冷弯、焊接及耐蚀性能。主要用于建筑工程中对强度要求不高的一般工程结构。

Q345、Q390，综合力学性能好，焊接性能、冷热加工性能和耐蚀性能均好，C、D、E 级钢具有良好的低温韧性。主要用于承受较高荷载的焊接结构。

Q420、Q460，强度高，特别是在热处理后有较高的综合力学性能。主要用于大型工程结构及要求强度高、荷载大的轻型结构。

5.3.3　钢筋混凝土结构用钢

混凝土具有较高的抗压强度，但抗拉强度很低。用钢筋增强混凝土，可大大扩展混凝土的应用范围，而混凝土又对钢筋起保护作用。钢筋混凝土结构的钢筋，主要由碳素结构钢和优质碳素钢制成，包括有热轧钢筋、冷轧扭钢筋和冷轧带肋钢筋、预应力混凝土用钢丝和钢绞线。

1. 热轧钢筋

钢筋混凝土用热轧钢筋，根据其表面状态特征、工艺与供应方式可分为热轧光圆钢筋、热轧带肋钢筋与热轧热处理钢筋等，热轧带肋钢筋通常为圆形横截面，且表面通常带有两条纵肋和沿长度方向均匀分布的横肋。按肋纹的形状分为月牙肋和等高肋，如图 5-6 所示。

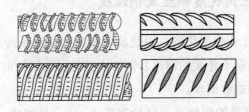

图 5-6　带肋钢筋外形

热轧钢筋按其力学性能，分为I级、II级、III级、IV级，其强度等级代号分别为 HRB335、HRB400、HRB540。H、R、B 分别为热轧、带肋、钢筋三个词的英文首位字母。其中 I

级钢筋由碳素结构钢轧制,其余均由低合金钢轧制而成。

Ⅰ级钢筋的强度较低,但塑性及焊接性能很好,便于各种冷加工,故广泛用于普通钢筋混凝土构件的受力筋及各种钢筋混凝土结构的构造筋。Ⅱ级和Ⅲ级钢筋的强度较高,塑性和焊接性能也较好,广泛用作大、中型钢筋混凝土结构的受力钢筋。Ⅳ级钢筋强度高,但塑性和可焊性较差,可用作预应力钢筋。

2. 冷轧带肋钢筋

冷轧带肋钢筋使用低碳热轧圆盘条经冷轧或冷拔减径后,在其表面冷轧成三面有肋的钢筋。冷轧带肋钢筋按抗拉强度分为五个牌号,分别为 CRB550、CRB650、CRB800、CRB970、CRB1170。符号 C、R、B 分别表示冷轧、带肋、钢筋三个词的英文首位字母,数值为抗拉强度的最小值。

冷轧带肋钢筋克服了肋冷拉、冷拔钢筋握裹力低的缺点,同时具有具有强度高、塑性好,与钢筋粘结牢固,节约钢材,质量稳定等优点。主要用于非预应力构件,与热轧圆盘条相比,强度提高 17%左右,可节约钢材 30%左右;用于预应力构件,与低碳冷拔丝比,伸长率高,钢筋与混凝土之间的粘结力较大,适用于中、小预应力混凝土结构构件,也适用于焊接钢筋网。

3. 预应力混凝土用热处理钢筋

预应力混凝土用热处理钢筋是用热轧带肋钢筋经淬火和回火调质处理后的钢筋。有直径为 6、8.2、10(mm)三种规格。热处理钢筋成盘供应,每盘长约 100m~120m,开盘后钢筋自然伸直,按要求的长度切断。

预应力混凝土用热处理钢筋的具有强度高,可代替高强钢丝使用;配筋根数少,节约钢材;锚固性好,不易打滑,预应力值稳定;施工简便,开盘后钢筋自然伸直,不需调直,不能焊接等优点。主要用作预应力钢筋混凝土轨枕,也用于预应力梁、板结构及吊车梁等。

4. 预应力混凝土用优质钢丝及钢绞线

(1)预应力混凝土用优质钢丝。以优质碳素结构钢盘条为原料,经淬火、酸洗、冷拉制成的用作预应力混凝土骨架的钢丝。钢丝按交货状态和外形可分为:冷拉钢丝、消除应力钢丝、光面钢丝和刻痕钢丝。

预应力混凝土用钢丝的强度高,抗拉强高 σ_b 为 1500MPa 以上,屈服强度 $\sigma_{0.2}$ 为 1100MPa 以上,质量稳定,安全可靠,且柔性好,无接头。主要用于大跨度屋架、大跨度吊车梁、桥梁、电杆、轨枕等的预应力钢筋。

(2)预应力混凝土用钢绞线。由多根圆形断面钢丝捻制而成。钢绞线按左捻制成并经回火处理消除内应力。

钢绞线按应力松弛性能分为两级：Ⅰ级松弛（代号Ⅰ）、Ⅱ级松弛（代号Ⅱ）。公称直径有 9.0mm、12.0mm、15.0mm 三种规格。

钢绞线与其他配筋材料相比，具有强度高、柔性好、质量稳定、成盘供应不需接头等优点。适用于作大型建筑、公路或铁路桥梁、吊车梁等大跨度预应力混凝土构件的预应力钢筋，广泛地应用于大跨度、重荷载的结构工程中。

5.3.4　钢材的选用原则

钢材的选用一般遵循以下几个原则：

（1）荷载性质。对于经常承受动力或振动荷载的结构，容易产生应力集中，从而引起疲劳破坏，需要选用材质高的钢材。

（2）使用温度。对于经常处于低温状态的结构，钢材容易发生冷脆断裂，特别是焊接结构更甚，因而要求钢材具有良好的塑性和低温冲击韧性。

（3）连接方式。对于焊接结构，当温度变化和受力性质改变时，焊缝附近的母体金属容易出现冷、热裂纹，促使结构早期破坏。所以焊接结构对钢材化学成分和机械性能要求应较严。

（4）钢材厚度。钢材力学性能一般随厚度增大而降低，钢材经多次轧制后、钢的内部结晶组织更为紧密，强度更高，质量更好。故一般结构用的钢材厚度不宜超过 40mm。

（5）结构重要性。选择钢材要考虑结构使用的重要性，如大跨度结构、重要的建筑物结构，须相应选用质量更好的钢材。

【案例分析】某厂的钢结构屋架是用中碳钢焊接而成的，使用一段时间后，屋架坍塌，请分析事故原因。

【原因分析】首先是因为钢材的选用不当，中碳钢的塑性和韧性比低碳钢差；且其焊接性能较差，焊接时钢材局部温度高，形成了热影响区，其塑性及韧性下降较多，较易产生裂纹。建筑上常用的主要钢种是普通碳素钢中的低碳钢和合金钢中的低合金高强度结构钢。

5.4　钢材的锈蚀及防止

5.4.1　钢材的锈蚀

钢材的锈蚀是指其表面与周围介质发生化学反应而遭到的破坏过程。

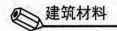

钢材腐蚀的现象普遍存在，如在大气中生锈，特别是当环境中有各种侵蚀性介质或湿度较大时，情况就更为严重。腐蚀不仅使钢材有效截面积均匀减小，还会产生局部锈坑，引起应力集中；腐蚀会显著降低钢的强度、塑性韧性等力学性能。根据钢材与环境介质的作用原理，腐蚀可分为化学腐蚀和电化学腐蚀两种。

1. 化学锈蚀

化学腐蚀指钢材与周围的介质（如氧气、二氧化碳、二氧化硫和水等）直接发生化学作用，生成疏松的氧化物而引起的腐蚀。

这种锈蚀多数是氧化作用，使钢材表面形成疏松的氧化物。在常温下，钢材表面能形成一薄层起保护作用的氧化膜 FeO，可以防止钢材进一步锈蚀。因而在干燥环境下，钢材锈蚀进展缓慢，但在温度和湿度较高的环境中，这种锈蚀进展加快。

2. 电化学锈蚀

电化学锈蚀是建筑钢材在存放和使用中发生锈蚀的主要形式。它是指钢材与电解质溶液接触而产生电流，形成微电池而引起的锈蚀。潮湿环境中的钢材表面会被一层电解质水膜所覆盖，而钢材含有铁、碳等多种成分，由于这些成分的电极电位不同，从而钢的表面层在电解质溶液中构成以铁素体为阳极，以渗碳体为阴极的微电池。在阳极，铁失去电子成为 Fe^{2+} 进入水膜；在阴极，溶于水膜的氧被还原生成 OH^-，随后两者生成不溶于水的 $Fe(OH)_2$，并进一步氧化成为疏松易剥落的红棕色铁锈 $Fe(OH)_3$。由于铁素体基体的逐渐锈蚀，钢组织中的渗碳体等暴露出来的越来越多，于是形成的微电池数目也越来越多，钢材的锈蚀速度也就愈益加速。

5.4.2 影响钢材锈蚀的主要因素

影响钢材锈蚀的主要因素是水、氧及介质中所含的酸、碱、盐等，同时钢材本身的组织成分对锈蚀影响也很大。比方说在钢筋混凝土中，引起钢筋锈蚀的原因主要有：

（1）埋于混凝土中的钢筋处于碱性介质中（新浇混凝土 PH 值约为 12.5 或更高），而氧化保护膜也为碱性，故不致锈蚀。但这种保护膜易被卤素离子、特别是氯离子所破坏，使锈蚀迅速发展。

（2）浇筑混凝土时水灰比控制不好，游离水过多，水化反应之后，游离水份蒸发，使混凝土表面存在许多细微的小孔，由于毛细现象，周围水分会沿着毛细小孔向混凝土内部渗透，锈蚀钢筋。

（3）混凝土的密实性决定了钢筋锈蚀的快慢，混凝土越密实，钢筋越不易锈蚀，反之，则钢筋锈蚀较快。

（4）由于混凝土养护不当或保护层厚度不够以及在荷载作用下混凝土产生的裂缝，也是引起混凝土内部钢筋锈蚀的主要原因。

5.4.3　防止钢材锈蚀的措施

1. 保护层法

通常的方法是采用在表面施加保护层，使钢材与周围介质隔离。保护层可分为金属保护层和非金属保护层两类。

（1）非金属保护层。常用的是在钢材表面刷漆，常用底漆有红丹、环氧富锌漆、铁红环氧底漆等，面漆有调和漆、醇酸磁漆、酚醛磁漆等，该方法简单易行，但不耐久。此外，还可以采用塑料保护层、沥青保护层、搪瓷保护层等。

（2）金属保护层。是用耐蚀性较好的金属，以电镀或喷镀的方法覆盖在钢材表面，如镀锌、镀锡、镀铬等。薄壁钢材可采用热浸镀锌或镀锌后加涂塑料涂层等措施。

2. 制成合金

钢材的组织及化学成分是引起锈蚀的内因。通过调整钢的基本组织或加入某些合金元素、可有效地提高钢材的抗腐蚀能力。例如，在钢中加入一定量的合金元素铬、镍、钛等，制成不锈钢，可以提高耐锈蚀能力。

总而言之，混凝土配筋的防锈措施，根据结构的性质和所处环境条件等考虑混凝土的质量要求，主要是保证混凝土的密实度（控制最大水比和最小水泥用量、加强振捣）、保证足够的保护层厚度、限制氯盐外加剂的掺和量和保证混凝土一定的碱度等；还可掺用阻锈剂（如亚硝酸钠等）。国外有采用钢筋镀锌、镀镍等方法。对于预应力钢筋，一般含碳量较高，又多系经过变形加工或冷加工、因而对锈蚀破坏较敏感，特别是高强度热处理钢筋，容易产生应力锈蚀现象。故重要的预应力承重结构，除禁止掺用氯盐外，应对原材料进行严格检验。

实训 6　钢筋试验

一、钢筋的拉伸试验

（一）试验目的

检测钢材的力学性能，评定钢材质量。

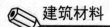

（二）仪器与设备

万能试验机、引伸计、钢板尺、游标卡尺、千分尺、两脚规等。

（三）试件制备

（1）试件的长度：一般可以取（$5d_0+200$）mm 或（$10d_0+200$）mm；也可以根据试验机上、下夹头间最小距离和夹头的长度确定。

（2）8mm～40mm 的钢筋试件一般不经车削加工。如受试验机吨位限制，直径为 22mm～40mm 的钢筋可进行车削加工。制成直径为 20mm 的标准试件。

（3）原始标注长度 l_0 的标记。在试件表面用铅笔画出平行其轴线的直线，在直线上用浅冲眼冲出标注标点，并沿标注长度用油漆划出 10 等分点，以便计算试件的伸长率。长试件的标距为 $10d_0$，短试件为 $5d_0$。

（四）试验步骤

1. 试件原始尺寸的测定

（1）测量标注长度 L_0，精确到 0.1mm。

（2）横截面积 S_0 测定。

①未经过车削加工的试样，要按重量法求出横截面积 S_0：

$$S_0 = \frac{Q}{\rho L} \tag{14-1}$$

式中：S_0——试件的横截面积，cm^2。

Q——试件的重量，g。

L——试件的长度，cm。

ρ——钢筋密度，$7.85g/cm^3$。

②经过车削加工的标准圆形试件横截面直径应在标距的两端及中间处两个相互垂直的方向上各测一次，取算术平均值，选用 3 处测得的横截面积中最小值，横截面积按下式（14-2）计算：

$$S_0 = \frac{1}{4}\pi d_0^2 \tag{14-2}$$

式中：s_o——试件的横截面积，mm^2。

d_o——圆形试件原始横断面直径，mm。

2. 屈服点荷载、抗拉极限荷载测定

（1）指针方法。

①调整试验机测力度盘的指针，使对准零点，并拨动副指针，使与主指针重叠。

②将试件固定在试验机夹头内，开动试验机进行拉伸。拉伸速度为：屈服前，应力增加速度每秒钟为 10MPa；屈服后，试验机活动夹头在荷载下的移动速度为不大于 $0.5L_c / \min, L_c = l_0 + 2h_1$。

③拉伸中，测力度盘的指针停止转动时的恒定荷载，或指针第一回转时的最小荷载，即为求的屈服点荷载 Ps。

④向试件连续施荷直至拉断由测力度盘读出最大荷载，即为求的抗拉极限荷载 Pb。

（2）微机处理法。

①关闭送油阀门，按上夹具和下夹具按钮，试件固定在试验机夹头内。

②调出拉伸试验程序，调出要标志的屈服荷载和抗拉荷载，让微机数据记录归零，开动送油阀门装置，控制送油速度。

③微机自动记录荷载与变形图，或者应力应变图或或者屈服强度和抗拉强度，微机自动分析。

3．伸长率的测定

将已拉断试件的两端在断裂处对齐，尽量使其轴线位于一条直线上。如拉断处由于各种原因形成缝隙，则此缝隙应计入试件拉断后的标距部分长度内。此时标距内的长度 11 测定方法有两种。

（1）直测法。如拉断处到临近标距端点的距离大于 $1/3l_0$ 时，可用卡尺直接量出已被拉长的标距长度 11。

（2）移位法。如拉断处到临近标距端点的距离小于或等于 $1/3l_0$ 时，可按下述移位法计算标距 11。

长断上，从拉断 O 点取基本等于短段格数，得 B 点。接着取等于长断所余格数，如果格数为偶数，取其一般，得 C 点；如果为奇数，取等于长断所余格数减 1 与一半加 1 之和，得 C 与 C1 点；移位后 11 分别为 AO+OB+2BC 或 AO+OB+BC+BC$_1$。

（五）试验结果

（1）屈服强度按下式（14-3）计算：

$$\sigma_s = \frac{P_s}{S_o} \tag{14-3}$$

式中：P_s——屈服时的荷载，N。

S_0——试件原始横截面积，mm²。

（2）抗拉强度按下式（14-4）计算：

$$\sigma_b = \frac{P_b}{S_o} \tag{14-4}$$

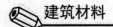

式中：σ_b——屈服强度，MPa。

$\quad$ P_b——荷载，N。

$\quad$ S_0——试原件横截面面积，mm^2。

（3）伸长率按下式（14-5）计算，精确至1%。

$$\sigma_{10}(\sigma_5) = \frac{l_1 - l_0}{l_0} \times 100\% \qquad (14\text{-}5)$$

式中：$\sigma_{10}(\sigma_5)$——分别表示 $10d_0$ 和 $5d_0$ 时的伸长率。

$\quad$ l_0——原始标距长度，$l_0 = 10d_0$ 或 $l_0 = 5d_0$，mm；

$\quad$ l_1——试件拉断后直接量出或按位移法确定的标距部分长度，mm（测量精确至0.1mm）。

当试验结果有一项不合格时，应另取双倍数量的试样重做试验，如仍有不合格项目，则该批钢材判为拉伸性能不合格。如试件在标距端点上或标距处断裂，则试验结果无效，应重新试验。

二、钢筋的冷弯试验

（一）试验目的

通过检验钢筋的工艺性能评定钢筋的质量，从而确定其可加工性能，并显示其缺陷。

（二）仪器与设备

万能试验机、压力机、特殊试验机或圆口老虎钳和弯钩机等。

（三）试件制备

（1）试件不经车削，长度（5a＋150a）mm，a 为试件的的直径或厚度。

（2）试件的弯曲表面不得有刻痕。

（3）试样加工时，应去除剪切或火焰切割等形成的影响区域。

（4）当钢筋直径小于35mm，不需加工，直接试验；若试验机能量允许时，直径不大于50mm 的试件。

（5）直径大于35mm 时，应加工成直径25mm 的试件。加工时应保留一侧原表面,，弯曲试验时，原表面应位于弯曲的外侧。

（四）试验步骤

（1）试验前，测量试验尺寸是否合格。

（2）如图 5-7 所示，调整试验机平台上支辊距离为 L_1，$L_1 = (d+2.5a) \pm 0.5a$，并且在试验过程中不允许有变化。d 为冷弯冲头直径，d＝na，a 为钢筋直径；n 为自然数，其值大小根据钢筋级别确定。

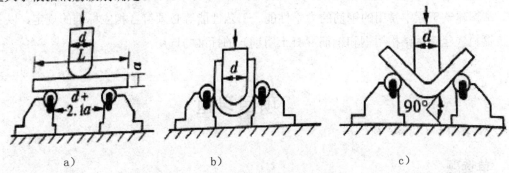

图 5-7　钢筋冷弯试验装置

a）装好的试件；b）弯曲 180°；c）弯曲 90°

（3）将试件如图 5-7a）所示，安放好后，平稳地加荷，钢筋弯曲至规定角度（90°或 180°）后，停止冷弯，如图 5-7b）和图 5-7c）所示。

（4）卸载，关闭试验机，取下试件进行结果评定。

（五）试验结果

按以下 5 种试验结果评定方法进行，若无裂纹、裂缝或断裂，则评定试件合格。

（1）完好。试件弯曲处的外表面金属基本上无肉眼可见因弯曲变形产生的缺陷时，称为完好。

（2）微裂纹。试件弯曲外表面金属出现细小裂纹，其长度不大于 2mm，宽度不大于 0.2mm，称为微裂缝。

（3）裂纹。试件弯曲外表面金属出现裂纹，其长度大于 2mm，而小于或等于 5mm，宽度大于 0.2mm，而小于或等于 0.5mm 时，称为裂纹。

（4）裂缝。试件弯曲外表面金属基本上出现明显开裂，其长度大于 5mm，宽度大于 0.5mm，称为裂缝。

（5）裂断。试件弯曲外表面出现沿宽度贯穿的开裂，其深度超过试件厚度的 1/3 时，称为裂断。

在微裂纹、裂纹、裂缝中规定的长度和宽度，只要有一项达到某规定范围，即应该按级评定。

项目小结

建筑钢材是建筑工程中常用的建筑材料之一，主要包括各种型钢、钢筋、钢丝和钢绞线等。通过本项目的学习，要掌握建筑钢材的力学性质，包括拉伸性能，冷弯性能、冲击韧性和硬度；了解建筑钢材所用的钢种包括碳素结构钢（非合金钢）、低合金高强度结构钢。掌握建筑工程中常用的钢筋的力学性能、工艺性能等必须符合相应标准的规定，以及建筑钢材（包括钢结构用钢和钢筋混凝土用钢）的标准与选用。

项目习题

一、单选题

1. 随着含碳量的增加，钢材的强度提高，其塑性和韧性（   ）。

A. 降低   B. 不变   C. 增加   D. 变化不大

2. 普通碳素结构钢按（   ）分为 A、B、C、D 四个质量等级。

A. 碳的含量由多到少   B. 硫、磷杂质的含量由少到多

C. 硅、锰的含量由多到少   D. 硫、磷杂质的含量由多到少

3. 以下对于钢材来说有害的元素是（   ）。

A. Si、Mn   B. S、P   C. Al、Ti   D. V、Nb

4. 建筑结构钢合理的屈强比一般为（   ）。

A. 0.50～0.65   B. 0.70～0.75   C. 0.80～0.85   D. 0.60～0.75

5. 钢材按划分为沸腾钢、半镇静钢及镇静钢（   ）。

A. 化学成分   B. 脱氧程度   C. 加工工艺   D. 用途

6. 钢材拉伸过程中的第二阶段是（   ）。

A. 颈缩阶段   B. 强化阶段   C. 屈服阶段   D. 弹性阶段

7. 从安全第一考虑，钢材的屈强比宜选择（   ）。

A. 较大值   B. 较小值   C. 中间值   D. 不能确定

8. 对于承受荷载作用的结构用钢，应注意选择（   ）的钢材。

A. 冷弯性能好   B. 屈服强度高   C. 冲击韧性好   D. 焊接性能好

9. HRB335 表示（   ）钢筋。

A. 冷轧带肋   B. 预热处理钢筋   C. 热轧光面   D. 热轧带肋

10．预应力混凝土用钢绞线是由（　　　）根圆形截面钢丝绞捻而成的。

A．5　　　　　　　B．6　　　　　　　C．7　　　　　　　D．8

二、多选题

1．评定钢材冷弯性能的指标有（　　　）。

A．试件弯曲的角度　　　　　　　B．弯曲压头直径

C．试件的伸长率　　　　　　　　D．弯曲压头直径对试件厚度（或直径）的比值 D/a

2．提高钢材的拉伸试验，可以检测钢材的下列技术指标（　　　）。

A．冲击韧性　　　　　B．抗拉强度　　　　C．屈服点　　　　D．伸长率

三、填空题

1．材料承受冲击载荷的能力叫_____。

2．镇静钢是用_____、_____、_____元素来脱氧的。

3．钢按含碳量可分为_____、_____、_____三类。

4．合金钢按用途可分为_____、_____、_____三类。

5．衡量钢材强度的两个重要指标是_____和_____。

6．钢材热处理的工艺有_____、正火、_____、_____。

7．冷弯检验是按规定的_____和_____进行弯曲后，检查试件弯曲处外面及侧面不发生断裂、裂缝或起层，即认为冷弯性能合格。

四、判断题

1．钢筋进行冷拉处理，是为了提高其加工性能。（　　　）

2．A_5 是表示钢筋拉伸至变形达 5% 时的伸长率。（　　　）

3．钢材屈强比越大，表示结构使用安全度越高。（　　　）

4．钢筋冷拉后可提高其屈服强度和极限杭拉强度，而时效只能提高其屈服点。（　　　）

5．碳素结构钢的牌号越大，其强度越高，塑性越好。（　　　）

6．对于同一钢材，其 δ_5 大于 δ_{10}。（　　　）

7．适当提高含碳量，有利于提高钢材的机械性能。（　　　）

8．钢材的冷弯性能（a＝90°，a＝2d）优于（a＝90°，a＝3d）。（　　　）

9．钢材的伸长率表明钢材的塑性变形能力，伸长率越大，钢材的塑性越好。（　　　）

10．钢材冷拉是指在常温下将钢材拉断，以伸长率作为性能指标。（　　　）

11．钢材在焊接时长生裂纹，原因之一是钢材中含磷较高所致。（　　　）

12．钢材的腐蚀主要是化学腐蚀，其结果是钢材表面生成氧化铁等而失去金属光泽。

（　　）

13. 钢筋牌号 HRB335 中 335 指钢筋的极限强度。（　　）

14. 钢材防锈的根本方法是防止潮湿和隔绝空气。（　　）

15. 钢材的强度和硬度随含碳量的提高而提高。（　　）

五、简答题

1. 为什么说屈服点（σ_s）、抗拉强度（σ_b）和伸长率（δ）是建筑工程用钢的重要技术性能指标？

2. 何谓钢的冷加工强化及时效处理？冷拉并时效处理后的钢筋性能有何变化？

3. 什么是屈强比，对选用钢材有何意义？

4. 何谓冷脆性和脆性转变温度？它们对选用钢材有何意义？

5. 什么是低合金结构钢，与碳素钢结构相比有何特点？

6. 根据哪些原则选用钢结构用钢？

7. 热轧钢筋分为几个等级？各级钢筋有什么特性和用途？

8. 什么是热处理钢筋、冷轧带肋钢筋、预应力混凝土用钢丝和钢绞线？它们各有哪些特性和用途？

9. 钢材是怎么锈蚀的？如何防止钢筋锈蚀？

六、计算题

1. 一钢材试件，直径为 25mm，原标距为 125mm，做拉伸试验，当屈服点荷载为 201.0KN，达到最大荷载为 250.3KN，拉断后测的标距长为 138mm，求该钢筋的屈服点、抗拉强度及拉断后的伸长率。

2. 某热轧钢筋试件，直径为 18mm，做拉伸试验，屈服点荷载为 95KN，拉断时荷载为 150KN，拉断后，测得试件断后标距伸长量为 $\triangle L = 27mm$，试求该钢筋的屈服强度、抗拉强度和断后伸长率 δ_5。

项目6 防水材料

【项目导读】

防水材料是能够防止建筑物遭受雨水、地下水、环境水侵入或透过的材料，是建筑工程中不可缺少的主要建筑材料之一。通过本章学习，应了解常见防水材料的特点与用途，熟悉沥青的分类、组成和技术性质，掌握常用防水卷材、防水涂料和防水密封材料的类型、性能和应用。

【项目目标】

➢ 掌握石油沥青的技术性质及其在防水工程中的应用

➢ 掌握 SBS、APP 等改性沥青防水卷材的性能及应用

➢ 了解防水涂料的技术特性及工程应用

➢ 了解建筑密封材料的分类、技术性能和应用

防水材料是指能够防止雨水、地下水与其他水渗透的重要组成材料。防水是建筑物的一项主要功能，防水材料是实现这一功能的物质基础。防水材料的主要作用是防潮、防漏、防渗，避免水和盐分对建筑物侵蚀，保护建筑构件。防水材料在高楼上的应用，用于外墙防水。防水材料分为两类，一类按材质分，可分为沥青类防水材料、改性沥青类防水材料、高分子类防水材料；另一类按外形状分，可分为防水卷材、防水涂料、密封材料（密封膏或密封胶条）。用于工程上的防水材料很多，其中以沥青及沥青防水制品为主要防水材料。防水材料质量的好坏直接影响到人们的居住环境、生活条件及建筑物的寿命。

6.1 沥 青

沥青是一种有机胶凝材料，它是由一些极其复杂的高分子碳氢化合物及其非金属（氧、氮、硫等）衍生物所组成的混合物。常温下呈黑色或黑褐色的固体、半固体或液体状态，能溶于汽油、二硫化碳等有机溶剂，但几乎不溶于水，而且本身构造致密，具有良好的粘结力，不导电、不吸水，耐酸、耐碱、耐腐蚀等性能，属憎水材料。因此，被广泛地应用于铺筑路面、防渗墙、地下防潮、防水和屋面防水等工程中。

工程上使用的沥青材料主要为石油沥青和煤沥青，石油沥青的技术性质优于煤沥青，故应用最广。

6.1.1 石油沥青

石油沥青是由石油原油或石油衍生物经过常压或减压蒸馏，提炼出汽油、煤油、柴油、润滑油等轻质油分后的残渣，经加工制成的一种产品。由于其化学成分复杂，不同的组分决定着石油沥青的成分和性能。石油沥青的生产过程如下：

（1）将石油沥青经常压蒸馏和减压蒸馏后，在蒸馏塔底所剩的黑色粘稠物称为渣油，当渣油技术性质能达到某标号沥青的要求，即得到直馏沥青。

（2）渣油经过再减压蒸馏工艺，进一步提出各种重质油品，可得到不同稠度的直馏沥青。

（3）渣油经过不同深度的氧化后，可以得到不同稠度的氧化沥青或半氧化沥青。

（4）将渣油用溶剂法处理，使蜡质溶解，沥青脱出，称为溶剂沥青。

1. 石油沥青的组分

通常将沥青分为油分、树脂质和沥青质三组分组成。此外，沥青中常含有一定量的固体石蜡。

（1）油分。为沥青中最轻的组分，呈淡黄至红褐色，密度为 $0.7\ g/cm^3 \sim 1g/cm^3$。它能溶于大多数有机溶剂，如丙酮、苯、三氯甲烷等，但不溶于酒精。在石油沥青中，含量为 $40\% \sim 60\%$。油分使石油沥青具有流动性。

（2）树脂质。为密度略大于 $1g/cm^3$ 的黑褐色或红褐色粘稠物质。能溶于汽油、三氯甲烷和苯等有机溶剂，但在丙酮和酒精中溶解度很低。在石油沥青中含量为 $15\% \sim 30\%$。它可增加石油沥青的粘结力和延伸性。

（3）沥青质。为密度大于 $1g/cm^3$ 的固体物质，黑色。不溶于汽油、酒精，但能溶于二硫化碳和三氯甲烷中。在石油沥青中含量为 $10\% \sim 30\%$。它决定石油沥青的温度稳定性和粘性。

（4）固体石蜡。它会降低沥青的粘结性、塑性、温度稳定性和耐热性。由于存在于沥青油分中的蜡是有害成分，故常采用氯盐处理或高温吹氧、溶剂脱蜡等方法处理。

石油沥青中的各组分是不稳定的。在阳光、空气、水等外界因素作用下，各组分之间会不断演变，油分、树脂质会逐渐减少，沥青质逐渐增多，这一演变过程称为沥青的老化。沥青老化后，其流动性、塑性变差，脆性增大，使沥青失去防水、防腐效能。

2. 石油沥青的技术性质

石油沥青的技术性质主要有以下几个。

（1）粘滞性（或称粘性）。粘滞性是指沥青材料在外力的作用下，沥青粒子产生相互位移时抵抗变形的性能。

液态石油沥青的粘滞性用粘度表示。半固体或固体的石油沥青用针入度表示，它是反映了石油沥青抵抗剪切变形的能力。

沥青的标准粘度（简称"粘度"）是液体沥青在一定温度（25℃或60℃）条件下，经规定直径（3.5mm或10mm）的孔，漏下50mL所需的秒数。其测定示意图如图6-1所示。

粘度常以符号 $C\frac{d}{t}$ 表示，其中d为孔径（mm），t为试验时沥青的温度（℃）。$C\frac{d}{t}$ 代表在规定的d和t条件下所测得的粘度值。流出的时间越长，粘度越大。

沥青的针入度是在规定温度（25℃）和时间（5秒）内，附加一定重量（100 g）的标准针垂直贯入试样的深度，以0.1mm来表示。P25℃，100g，5秒 的含义是针入度试验温度为25℃，标准针质量和贯入时间为100g和5秒。针入度测定示意图如图6-2所示。针入度范围在5°～200°之间。针入度值大，说明沥青流动性大，粘性差。

针入度是沥青划分牌号的主要技术指标。按针入度可将石油沥青划分为以下几个牌号：按照现行的《公路沥青路面施工技术规范》（JTGF40-2004）规定，道路石油沥青牌号有160、130、110、90、70、50、30等七个标号，主要在道路工程中作胶凝材料；按照《建筑石油沥青》（GB/T494-2010）规定，建筑石油沥青牌号有40、30、10等号，主要用于制造油纸、油毡、防水涂料和嵌缝膏等，使用在防水及防腐工程中；普通石油沥青牌号有75、65、55等号，由于含蜡量较高，粘结力差，一般不用于建筑工程中。

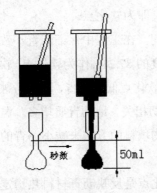

图6-1 粘度测定示意图

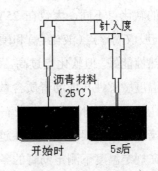

图6-2 针入度测定示意图

（2）塑性。指沥青材料在外力拉伸作用下发生塑性变形的能力。以沥青的延度指标来反映沥青的延性。

沥青的延度是按标准试验方法制成"8"形标准试件，试件中间最狭处断面积为 1cm²，在规定温度（一般为 25℃）和规定速度（5cm/min）的条件下在延伸仪上进行拉伸，延伸度以试件拉细而断裂时的长度（cm）表示。沥青的延伸度越大，沥青的塑性越好。延伸度测定示意图如图 6-3 所示。

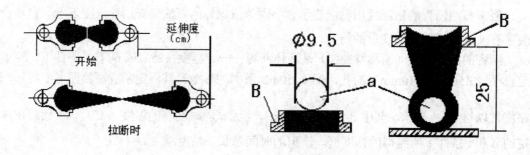

图 6-3　延伸度测定示意图　　　　　图 6-4　软化点测定示意图

a 钢球；B-钢球定位环

（3）温度敏感性。温度敏感性是指石油沥青的粘滞性和塑性随温度升降而变化的性能。随温度的升高，沥青的粘滞性降低，塑性增加，这样变化的程度越大，则表示沥青的温度敏感性越大。

温度敏感性常用软化点来表示。软化点是指沥青材料由固态转变为具有一定流动性膏体的温度。软化点可采用环球法测定，如图 6-4 所示。它是将沥青试样注入规定尺寸的金属环（内径（15.9±0.1）mm，高（6.4±0.1）mm）内，上置规定尺寸和重量的钢球（直径 9.53mm，质量（3.5±0.05）g），放于水（或甘油）中，以（5±0.5）℃/min 的速度加热，至沥青下垂量达规定距离 25.4mm 时的温度（℃）即为软化点。

不同沥青的软化点不同，大致在 25℃～100℃之间。在工程中保证沥青不致温度升高而产生流动，一般取滴落点（液化点）和硬化点之间温度的 87.21%作为软化点。软化点高，说明沥青的耐热性能好，但软化点过高，又不易加工；软化点低的沥青，夏季易融化发软。

石油沥青温度敏感性与地沥青质含量和蜡含量密切相关。地沥青质增多，温度敏感性降低。工程上往往用加入滑石粉、石灰石粉或其他矿物填料的方法来减小沥青的温度敏感性。沥青中含蜡量多时，其温度敏感性越大。

针入度是在规定温度下测定沥青的条件粘度；软化点是反映沥青材料热稳定性的一个指标，也是条件粘度的一种量度；延度是反映沥青材料塑性的一个指标。针入度、延度、软化点是评价粘稠石油沥青路用性能最常用的经验指标，所以通称"三大指标"。

（4）大气稳定性。大气稳定性是指石油沥青在热、阳光、氧气和潮湿等因素的长期综合作用下抵抗老化的性能，它反映的是沥青的耐久性。沥青在上述的这些因素综合作用下，逐渐失去粘性、塑性，而变脆变硬的现象称为沥青的老化。大气稳定性可以用沥青的蒸发减量及针入度变化来表示，即：

$$蒸发损失百分比 = \frac{蒸发前的质量 - 蒸发后的质量}{蒸发前的质量} \times 100\% \tag{6-1}$$

$$蒸发后针入度比 = \frac{蒸发后的针入比}{蒸发前的针入比} \times 100\% \tag{6-2}$$

蒸发损失率越小，针入度比越大，则表示沥青的大气稳定性越好。大气稳定性的好坏，反映了沥青的使用寿命的长短。大气稳定性好的沥青，耐老化，使用寿命长。

3. 石油沥青的分类及选用标准

（1）分类。石油沥青按技术性质划分为多种牌号，按应用不同可分为道路石油沥青和建筑石油沥青两类，其技术指标如表 6-1 所示。

表 6-1 道路石油沥青、建筑石油沥青的技术标准

项目	道路石油沥青GB/T15180-2010							建筑石油沥青GB/T494-2010	
	200	180	140	100 甲	100 乙	60 甲	60 乙	30	10
针入度（25℃,100g），0.1mm	201～300	161～200	121～160	91～120	81～120	51～80	41～80	36～50	10～25
延伸度（25℃）/cm≥		100	100	90	60	70	40	3.5	1.5
软化点（环球法）℃≥	30～45	35～45	38～48	42～52	42～52	45～55	45～55	60	95
溶解度（三氯乙烯，四氯化碳或苯/%≥	99	99	99	99	99	99	99	99.5	99.5
蒸发损失（160℃，5h）/℃≤	1	1	1	1	1	1	1	1	1

（2）选用标准。原则上在满足沥青三项常规（粘度、塑性、温度稳定性）等主要性能要求的前提下，应尽量选用牌号较大的沥青，以保证其具有一定的耐久性。在选用沥青材料时，还应根据工程类别及当地气候条件，所处工作部位来选用不同牌号的沥青。

道路石油沥青道路沥青的针入度和延度较大，但软化点较低，此类沥青较软，在常温下的弹性较好，可用来拌制沥青砂浆和沥青混凝土，用于道路路面或车间地面等工程。建筑石油沥青在常温下较硬，软化点较高，在使用中不易发生软化流淌流等现象，主要用作制造防水材料、防水涂料和沥青嵌缝膏。广泛用于建筑屋面工程和地下防水、沟槽防水、防腐蚀及管道防腐等工程。

【案例分析】某建筑物的屋面防水拟采用多层油毡防水方案。已知这一地区年极端最高温度为 42℃，屋面坡度为 12％，问应选用哪一标号的石油沥青胶？配制该沥青胶时，最好选用哪种牌号的石油沥青。

【原因分析】选用建筑石油沥青牌号为 30，在夏日太阳直射，屋面沥青防水层得温度高于环境气温 25℃～30℃。为避免夏季流淌，所选沥青得软化点应高于屋面温度 20℃～25℃，所以选用建筑石油沥青牌号为 30。

6.1.2　煤沥青

煤沥青是炼焦或生产煤气的副产品。烟煤干馏时所挥发的物质冷凝为煤焦油，煤焦油经分馏加工，提取出各种油质后的产品即为煤沥青，也称煤焦油沥青或柏油。

煤沥青分为低温、中温、高温煤沥青三大类。建筑中主要使用半固体的低温煤沥青。煤沥青和石油沥青相比，煤沥青密度较大，塑性较差，温度敏感性较大，在低温下易变脆硬、老化快，于矿质材料表面结合紧密，防腐能力强，有毒和臭味等。因此，煤沥青适用于地下防水工程及防腐工程中。

1. 煤沥青的主要性能表现

煤沥青的主要性能表现如下：

（1）因含有蒽、萘、酚等有毒物质，有很强的防腐能力，可以用作木材的防腐处理、地下防水层的防腐处理等。

（2）因含表面活性物质较多，故具有良好的粘结力，可以与矿物表面很好的粘结在一起。

（3）因含可溶性树脂多，由固态变为液态的温度间隔小，受热易软化，受冷易脆裂，故其温度稳定性差。

（4）含挥发性和化学稳定性差的成分较多，在热、光、氧气等长期综合作用下，煤沥青的组成变化较大，易硬脆，故大气稳定性差。

（5）含有较多的游离碳、塑性差，在使用过程中容易开裂。

（6）煤沥青中的酚易容易水，所以其防水性相对较差。

2. 鉴别方法

由于煤沥青和石油沥青相似，使用时必须加以区别，鉴别方法如表 6-2 所示。

表 6-2 石油沥青与煤沥青的鉴别方法

鉴别方法	石油沥青	煤沥青
密度（g/cm³）	接近 1.0	1.25～1.28
燃烧	烟少、无色、有松香味、无毒	烟多、黄色、臭味大、有毒
锤击	声哑、有弹性感、韧性好	声脆、韧性差
颜色	呈辉亮褐色	浓黑色
溶解	易溶于煤油或汽油中、呈棕黑色	难溶于煤油或汽油中、呈黄绿色
温度稳定性	较好	较差
大气稳定性	较高	较低
防水性	较好	较差（含酚、能溶于水）
抗腐蚀性	差	强

【案例分析】某工地运来两种外观相似的沥青，可不知是什么种类，只知一种是石油沥青，另一种是煤沥青，为了不造成错用，请用两种方法鉴别？

【原因分析】（1）可通过测量密度，密度大得为煤沥青；（2）燃烧有臭味的是煤沥青。

6.1.3 改性沥青

为改善沥青的防水性能，提高其低温下的柔韧性、塑性、变形性和高温下的热稳定性和机械强度，必须对沥青进行氧化、乳化、催化或掺入橡胶、树脂、矿物质等措施，对沥青材料加以改性，使沥青的性质得到不同程度的改善。经改性后的沥青称之为改性沥青。改性沥青可分为以下几种类型：

（1）矿物填料改性沥青。在沥青中掺入矿物填充料，用以增加沥青的粘结力和耐热性，减少沥青的温度敏感性，主要适用于生产沥青玛蹄脂。

（2）树脂改性沥青。用树脂改性沥青，可以改善沥青的耐寒性、耐热性、粘结性和不透水性。

（3）橡胶改性沥青。该沥青有很好的混溶性，用橡胶改性沥青，能使沥青具有橡胶的很多优点，如高温变形性小，低温柔韧性好，有较高的强度、延伸率和耐老化性等。

（4）橡胶和树脂共混改性沥青。同时用橡胶和树脂来改性石油沥青，可使沥青兼具橡胶和树脂的特性。

6.1.4 沥青的保管

沥青在储运过程中，应防止混入杂物，若已经混入杂物，应设法清除，或在加热时进行过滤；现场临时存放，场地应平整、干净，地势高，不积水，最好设有棚盖，以防日晒、雨淋；筒装沥青应立方稳妥，口应封严，以防流失和进水；放置地点应远离火源，周围不要有易燃物；不同品种、不同牌号的沥青应分别存放，并做好标记，切忌混杂。

6.2 沥青防水制品

沥青的使用方法很多，可以融化后热用，也可以加熔剂稀释或使其乳化后冷用，涂刷涂层，可以制成沥青胶用来粘贴防水卷材，也可以制成沥青防水制品及配置沥青混凝土。

6.2.1 沥青防水卷材

防水卷材是一种具有宽度和厚度并可卷曲的片状防水材料，是建筑防水材料的重要品种之一，它占整个建筑防水材料的80%左右。目前，所用的防水卷材仍以沥青防水卷材为主，被广泛应用在地下、水工、工业及其他建筑和构筑物中，特别是屋面工程中仍被普遍采用。沥青防水卷材是在原纸或纤维织物等基胎上浸涂沥青后，在表面撒布粉状或片状隔离材料制成的一种防水卷材。沥青防水卷材作为传统的防水卷材，除了具有原料来源丰富、价格低廉等优点，用于建筑物屋面、墙面等防水部位，还具有良好的黏弹性；能够抗酸、碱、盐溶液的侵蚀。

1. 石油沥青油纸（简称油纸）

石油沥青油纸是用低软化点石油沥青浸渍原纸（生产油毡的专用纸，主要成分为棉纤维，外加20%～30%的废纸）而成的一种无涂盖层的防水卷材。石油沥青油纸主要用于多层（粘贴式）防水层下层、隔蒸汽层、防潮层等。

2. 石油沥青油毡（简称油毡）

是采用高软化点沥青涂盖油纸的两面，再涂或撒隔离材料所制成的一种纸胎防水材料。油毡按所选用的隔离材料分为粉状油毡和片状油毡两个品种，表示为粉毡和片毡。油毡分为200号、350号和500号三个标号，并按浸渍材料总量和物理性质分为合格品、一等品和优等品三个等级。

6.2.2 高聚物改性沥青防水卷材

高聚物改性沥青防水卷材是以合成高分子聚合物改性沥青为涂盖层，纤维织物或纤维毡为胎体，粉状、粒状、片状或薄膜材料为覆盖材料制成的可卷曲片状防水材料。它克服了传统沥青卷材温度稳定性差、延伸率低的不足，具有高温不流淌、低温不脆裂、拉伸强度较高、延伸率较大等优异性能。高聚物改性沥青防水卷材可分橡胶型、塑料型和橡塑混合型三类。

1. SBS 橡胶改性沥青防水卷材

SBS 橡胶改性沥青防水卷材是采用玻纤毡、聚酯毡为胎体，苯乙烯—丁二烯—苯乙烯（SBS）热塑性弹性体作改性剂，涂盖在经沥青浸渍后的胎体两面，上表面撒布矿物质粒、片料或覆盖聚乙烯膜，下表面撒布细砂或覆盖聚乙烯膜所制成的新型中、高档防水卷材，是弹性体橡胶改性沥青防水卷材中的代表性品种。

胎基材料主要为聚酯胎（PY）和玻纤胎（G）两类。按上表面隔离材料分为聚乙烯膜（PE）、细砂（S）及矿物粒（片）料（M）三种。按物理力学性能分为 I 型和 II 型。

SBS 改性沥青防水卷材最大的特点是低温柔韧性能好，同时也具有较好的耐高温性、较高的弹性及延伸率（延伸率可达 150%），较理想的耐疲劳性。广泛用于各类建筑防水、防潮工程，尤其适用于寒冷地区和结构变形频繁的建筑物防水。

2. APP 改性沥青防水卷材

APP 改性沥青防水卷材是用无规聚丙烯（APP）改性沥青浸渍胎基（玻纤或聚酯胎），以砂粒或聚乙烯薄膜为防粘隔离层的防水卷材。

APP 改性沥青卷材的性能与 SBS 改性沥青性接近，具有优良的综合性质，尤其是耐热性能好，130℃的高温下不流淌、耐紫外线能力比其它改性沥青卷材均强，所以非常适宜用于高温地区或阳光辐射强烈地区，广泛用于各式屋面、地下室、游泳池、水桥梁、隧道等建筑工程的防水防潮。

3. 再生橡胶改性沥青防水卷材

用废旧橡胶粉作改性剂，掺入石油沥青中，再加入适量的助剂，经辊炼、压延、硫化而成的无胎体防水卷材。其特点是自重轻，延伸性、低温柔韧性、耐腐蚀性均较普通油毡好，且价格低廉。适用于屋面或地下接缝等防水工程，尤其是于基层沉降较大或沉降不均匀的建筑物变形缝处的防水。

4. 焦油沥青耐低温防水卷材

用焦油沥青为基料，聚氯乙烯或旧聚氯乙烯，或其他树脂，如氯化聚氯乙烯作改性剂，加上适量的助剂，如增塑剂，稳定剂等，经共熔、辊炼、压延而成的无胎体防水卷材。由于改性剂的加入，卷材的耐老化性能、防水性能都得到提高，在-15℃时仍有柔性。

5. 铝箔橡胶改性沥青防水卷材

铝箔橡胶改性沥青防水卷材是以橡胶和聚氯乙烯复合改性石油沥青作为浸渍涂盖材料，聚酯毡、麻布或玻纤维毡为胎体，聚乙烯膜为底面隔离材料，软质银白色铝箔为表面保护层的防水材料。铝箔橡胶改性沥青防水卷材具有弹塑混合型改性沥青防水卷材的一切优点。具有很好的水密性、气密性、耐候性和阳光反射性，能降低室内温度，增强耐老能力，耐高低温性能好，且强度、延伸率及弹塑性较好。铝箔橡胶改性沥青防水卷材适用于工业与民用建筑层面的单层外露防水层，也可用于管道及桥梁防水等。

6.2.3 合成高分子防水卷材

合成高分子卷材是以合成橡胶、合成树脂或两者的共混体为基料，加入适量的化学助剂和填料，经混炼、压延或挤出等工序加工而成的可卷曲的片状防水材料，其抗拉强度、延伸性、耐高低温性、耐腐蚀、耐老化及防水性都很优良，是值得推广的高档防水卷材。多用于要求有良好防水性能的屋面、地下防水工程。

1. 三元乙丙（EPDM）橡胶防水卷材

三元乙丙橡胶防水卷材是以三元乙丙橡胶为主体原料，掺入适量的丁基橡胶、硫化剂、软化剂、补强剂等，经密炼、拉片、过滤、压延或挤出成型、硫化等工序加工而成。其耐老化性能优异，使用寿命一般长达 40 余年，弹性和拉伸性能极佳，拉伸强度可达 7MPa以上，断裂伸长率可大于 450%。因此，对基层伸缩变形或开裂的适应性强，耐高低温性能优良，−45℃左右不脆裂，耐热温度达 160℃，既能在低温条件下进行施工作业，又能在严寒或酷热的条件长期使用。

2. 聚氯乙烯（PVC）防水卷材

聚氯乙烯防水卷材是以聚氯乙烯树脂为主要原料，并加入一定量的改性剂、增塑剂等助剂和填充料，经混炼、造粒、挤出压延、冷却、分卷包装等工序制成的柔性防水卷材。具有抗渗性能好、抗撕裂强度较高、低温柔性较好的特点，与三元乙丙橡胶防水卷材相比，

PVC 卷材的综合防水性能略差，但其原料丰富，价格较为便宜。适用于新建或修缮工程的屋面防水，也可用于水池、地下室、堤坝、水渠等防水抗渗工程。

3. 氯化聚乙烯—橡胶共混防水卷材

氯化聚乙烯—橡胶共混防水卷材是以氯化聚乙稀树脂和合成橡胶共混物为主体，加入适量的硫化剂、促进剂、稳定剂、软化剂和填充料等，经过素炼、混炼、过滤、压延或挤出成型、硫化、分卷包装等工序制成的防水卷材。此类防水卷材兼有塑料和橡胶的特点，具有优异的耐老化性、高弹性、高延伸性及优的耐低温性，对地基沉降、混凝土收缩的适应强，它的物理性能接近三元乙丙橡胶防水卷材，由于原料丰富，其价格低于三元乙丙橡胶防水卷材。氯化聚乙烯—橡胶共混防水卷材可用于各种建材的屋面、地下及地下水池及冰库等工程，尤其宜用于很冷地区和变形较大的防水工程以及单层外露防水工程。

6.3　防水涂料

防水涂料是将在高温下呈粘稠液状态的物质，涂布在基体表面，经溶剂或水份挥发，或各组分间的化学变化，形成具有一定弹性的连续薄膜，使基层表面与水隔绝，并能抵抗一定的水压力，从而起到防水和防潮作用。防水涂料的特点主要有以下几个方面：

（1）常温下呈液态，固化后在基体表面形成完整连续的防水薄膜。

（2）防水膜重量轻便，使使用与轻型屋面的防水，可以在水平面、立面、阴角和阳角等平整或复杂表面施工。

（3）防水涂料大多采用冷施工，可刷涂、可喷涂，施工方便，少污染，改善了工作环境。

（4）防水涂料易于修补，直接在原防水膜的基础上修补即可。

（5）施工时，防水涂料须采用刷子、刮板等逐层涂刷和涂刮，故防水膜的厚度很难做到像防水卷材那样均匀。

6.3.1　沥青类防水涂料

1. 冷底子油

冷底子油是用建筑石油沥青加入汽油、煤油、轻柴油等溶剂，或用软化点 50~70℃ 的煤沥青加入苯，溶合而配成的沥青涂料。由于施工后形成的涂膜很薄，一般不单独使用，往往用作沥青类卷材施工时打底的基层处理剂，故称冷底子油。

冷底子油粘度小，具有良好的流动性。涂刷砼、砂浆等表面后能很快渗入基底，溶剂挥发沥青颗粒则留在基底的微孔中，使基底表面憎水并具有粘结性，为粘结同类防水材料创造有利条件。

2. 沥青玛碲脂（沥青胶）

沥青玛碲脂是用沥青材料加入粉状或纤维状的填充料均匀混合而成。按溶剂及胶粘工艺不同可分为：热熔沥青玛碲脂和冷玛碲脂。

热熔沥青玛碲脂（热用沥青胶）的配制通常是将沥青加热至150℃～200℃，脱水后与20%～30%的加热干燥的粉状或纤维状填充料（如滑石粉、石灰石粉、白云粉，石棉屑木纤维等）热拌而成，热用施工。填料的作用是为了提高沥青的耐热性、增加韧性、降低低温脆性，因此用玛碲脂粘贴油毡比纯沥青效果好。

冷玛碲脂（冷用沥青胶）是将40%～50%的沥青熔化脱水后，缓慢加入25%～30%的填料，混合均匀制成，在常温下施工。它的浸透力强，采用冷玛碲脂粘贴油毡，不一定要求涂刷冷底子油,它具有施工方便，减少环境污染等优点，目前应用面已逐渐扩大。

3. 水乳型沥青防水涂料

水乳型沥青防水涂料即水性沥青防水涂料，系以乳化沥青为基料的防水涂料，是借助于乳化剂作用，在机械强力搅拌下，将熔化的沥青微粒均匀地分散于溶剂中，使其形成稳定的悬浮体。这类涂料对沥青基本上没有改性或改性作用不大。

水乳型沥青防水涂料主要有石灰乳化沥青、膨润土沥青乳液和水性石棉沥青防水涂料等，主要用于Ⅲ级和Ⅳ级防水等级的工业与民用建筑屋面、地下室和卫生间防水等。

6.3.2 高聚物改性沥青防水涂料

高聚物改性沥青防水涂料，是以沥青为基料，加入适当的高分子聚合物制成的一种水乳型或溶剂型防水涂料。常见的高分子聚合物有再生橡胶、合成橡胶和SBS等，作用是用来改善沥青基料的柔韧性、抗裂性、弹性、流动性、耐高低温性、耐腐蚀性和抗老化性等性能。目前，主要的高聚物改性沥青防水涂料品种有水乳型氯丁橡胶沥青防水涂料、SBS橡胶改性沥青防水涂料和再生橡胶改性沥青防水涂料等，该类材料适用于建筑屋面、地面、混凝土地下室和卫生间的饭防水层处理。

1. 氯丁橡胶沥青防水涂料

氯丁橡胶沥青防水涂料是以氯丁橡胶和石油沥青为基料制成的一种防水材料。根据制作方法不同可分为溶剂型和水乳型两大类。

溶剂型氯丁橡胶沥青防水材料的制作过程是：把氯丁橡胶溶于一定量的有机溶剂（甲基苯、二甲苯）中，然后再掺入液体状态的石油沥青，再加入各种填充料、和助剂等混合。形成的一种胶体溶剂。其主要成膜物质是氯丁橡胶和石油沥青，粘结性比较好，但易燃、有毒、价格高，目前有逐渐被水乳型氯丁橡胶沥青防水材料取代的趋势。

水乳型氯丁橡胶沥青防水涂料，是把阳离子型石油沥青乳胶相混合而得到的。

2. 水乳性再生橡胶防水材料

水乳型再生橡胶沥青防水涂料是以阴离子型再生胶乳和沥青乳液混合而成，为黑色黏稠乳状液。它和溶剂型再生橡胶沥青防水涂料一样能在各种复杂表面形成无接缝防水膜，有一定的柔韧性和耐久性，以水作为分散介质，具有无毒、无味、不燃的优点，安全可靠，不污染环境，可在常温下冷施工作业，并可在稍潮湿而无积水的表面施工，而且材料来源广、价格较低廉。它也属于薄型涂料，依次涂刷成膜较薄，要经多次涂刷才能达到要求厚度。水乳型再生橡胶沥青防水涂料适用于工业与民用建筑保温和非保温屋面及地下室、洞体、冷库、地面等防水、防潮和隔气，也可以用于旧油毡屋面的翻修和刚性自防水屋面的维修，对混凝土表面的碳化和风化有良好的保护作用。

施工时，为达到良好的防水效果，水乳型再生橡胶沥青防水涂料一般要加衬玻璃纤维布或合成纤维加筋毡构成防水层，再配以嵌缝密封材料。

3. SBS 橡胶改性沥青防水材料

SBS 橡胶改性沥青防水材料是以沥青、橡胶、合成塑胶、SBS 及活性剂等高分子材料组成的一种水乳型沥青防水材料。具有适应范围广，耐候性，抗酸性，抗变形，使用寿命长，拉伸强度高，延伸率大，对基层收缩和开裂变形适应性强等优点。防水防腐性能优越，防水防腐寿命达 50 年，被喻为"防水防腐之王"。适用于民用建筑物，屋顶，天沟，阳台，外墙，卫生间，厨房，地下室，水池，下水道，矿井，隧道，管道，桥梁灌缝，地下地上金属管道，高低温管道，保温管内外壁等防水，防潮，防腐蚀等工程。

6.3.2 合成高分子防水涂料

合成高分子防水涂料主要包括聚氨酯防水涂料、丙烯酸酯防水涂料和聚氯乙烯防水涂料。

1. 聚氨酯防水涂料

聚氨酯防水涂料，又称聚氨酯涂膜防水材料，可以分为双组分型和单组分型两种，常使用前者。聚氨酯防水涂料是反应型防水涂料，固体时体积收缩很小，可能形成较厚的防水涂膜，是目前我国使用最多的防水涂料，该类涂料的特性是富有弹性，耐高温低温、抗老化能力强，粘结性好、抗裂强度高，耐酸碱、耐磨、绝缘，色彩多样、富有装饰性，对基体的伸缩开裂变化有较强适应能力，施工简单方便。

2. 丙烯酸酯防水涂料

丙烯酸酯防水涂料是以丙烯酸酯共聚乳液为基料，加入颜料和助剂等制成的一种水乳型防水涂料，是近几年发展较快的一种新型防水涂料，涂刷或喷涂后形成的涂膜具有一定的柔韧性。

目前，我国使用较多的是 AAS（丙烯酸丁酯—丙烯腈—苯乙烯）防水涂料，它对阳光的反射率高达 70%，具有防水、防碱、防污染、抗老化和抗裂抗冻等性能，可以起到防水和绝热双重功效，多用于各类建筑工程的防水防腐处理。

3. 聚氯乙烯防水涂料

聚氯乙烯防水涂料是以聚氯乙烯和煤焦油为基料，加入适量乳化剂。增塑剂等制成的一种水乳型防水涂料。该类防水涂料的弹性和塑性都很好，防腐蚀，抗老化，造价低。施工时，一般集玻纤布、聚酯无纺布等胎体使用，多用于地下室、厕浴间、屋面、桥洞和金属管道等的防水防腐工程。

6.4 新型防水材料

6.4.1 多彩玻纤胎沥青瓦

多彩玻纤胎沥青瓦属于对传统沥青防水卷材和新型高聚物防水卷材的发展，是以玻璃纤维毡为胎基，经浸涂优质石油沥青，一面覆盖彩色矿物颗粒，另一面撒以隔离材料制成的瓦状屋面防水片材。本产品可减轻屋面负荷 20%~30%，具有形状颜色多样、立体感强、美观、质轻、便于运输、便于安装和防水性好等特点。双层多彩沥青瓦为坡顶屋面防水最佳选择。

6.4.2 聚乙烯丙纶防水卷材

聚乙烯丙纶防水卷材的特点主要有拉伸强度高、延伸率达，对基层伸缩或开裂变形的适应力强；具有良好的水蒸气扩散性，留在基层的湿气易于排出；耐耐根系穿刺、耐老化，使用寿命长（屋面可达 25 年、地下可达 50 年）；可用于箭镞各个部位。

聚乙烯丙纶防水卷材适用于各类工业用建筑屋面、地下室、厨房、厕浴间的防水防渗工程，水池、渠道、桥洞、等的防水防渗程。

该类卷材在施工时，应注意施工温度应在 5℃~35℃，相对温度应小于 80%；雨雪雾大风天气及基面潮湿的情况不能进行施工操作；在包装和运输时，应禁止接近火源。

6.4.3　JS 复合防水涂料

JS 复合防水涂料属于环保型产品，是丙烯酸防水涂料的一个品种，近几年发展很快。其特点是无毒，无污染，使用安全，可以在干燥或潮湿的多种材质基面上直接施工，涂层强度高，弹性好，耐水性优异，可以与多种基层粘结牢固，可以在立面、平面和斜面上直接施工，不流淌，操作简单，也可以直接增加颜料形成彩色涂层，起到防水和美化装饰双重效果。

6.4.4　水泥基防水涂料

水泥基防水涂料可以分为两种：一种是涂层覆盖防水材料，另一类是水泥基渗透防水材料。前者是涂料与水混合后，在基体表面形成致密的防水层；后者是涂料直接喷涂与水泥沙浆或混凝土表面，在渗透到内部，与水泥中的碱性物质发生化学反应后，生成不容于水的凝胶体，构成防水层。

6.4.5　高分子表面增强自粘沥青防水卷材

高分子表面增强自粘沥青防水卷材是主要采用合成高分子复合片材为表面材料，以自粘改性沥青为基料复合而成的一种新型高分子防水卷材，具有高分子防水卷材和自粘防水卷材的双重防水性能。该类卷材实用于工业和民用建筑的屋面、地下室、桥梁和军事设施等的防水、防渗、防潮工程。

6.5　建筑密封材料

为提高建筑物整体的防水、抗渗性能，对于工程中出现的施工缝、构件连接缝、变形缝等各种接缝，必须填充具有一定的弹性、粘结性、能够使接缝保持水密、气密性能的材料，这就是建筑密封材料。

建筑密封材料分为具有一定形状和尺寸的定型密封材料（如止水条、止水带等），以及各种膏糊状的不定型密封材料（如腻子、胶泥、各类密封膏等）。

6.5.1 建筑防水沥青嵌缝油膏

建筑防水沥青嵌缝油膏（简称油膏）是以石油沥青为基料，加入改性材料及填充料混合制成的冷用膏状材料。此类密封材料其价格较低，以塑性性能为主，具有一定的延伸性和耐久性，但弹性差。其性能指标应符合 JC/J207-2011《建筑防水沥青嵌缝油膏》。

主要用于各种混凝土屋面板、墙板等建筑构件节点的防水密封。使用沥青油膏嵌缝时，缝内应洁净干燥，先涂刷冷底子油一道，待其干燥后即嵌填注油膏。

6.5.2 聚氯乙烯建筑防水接缝材料

聚氯乙烯建筑防水接缝材料是以聚氯乙烯树脂为基料，加以适量的改性材料及其他添加剂配制而成的（简称 PVC 接缝材料）。按施工工艺可分为热塑型（通常指 PVC 胶泥）和热熔型（通常指塑料油膏）两类。

聚氯乙烯建筑防水接缝材料具有良好的弹性、延伸性及耐老化性，与混凝土基面有较好的粘结性，能适应屋面振动、沉降、伸缩等引起的变形要求。

6.5.3 聚氨酯建筑密封膏

聚氨酯建筑密封膏是以异氰酸基（-NCO）为基料和含有活性氢化物的固化剂组成的一种双组分反应型弹性密封材料。

这种密封膏能够在常温下固化，并有着优异的弹性性能、耐热耐寒性能和耐久性，与混凝土、木材、金属、塑料等多种材料有着很好的粘结力。

6.5.4 聚硫建筑密封膏

聚硫建筑密封膏是由液态聚硫橡胶为主剂和金属过氧化物等硫化剂反应，在常温下形成的弹性密封材料。其性能应符合《聚硫建筑密封膏》（JC/T483-2006）的要求。

这种密封材料能形成类似于橡胶的高弹性密封口，能承受持续和明显的循环位移，使用温度范围宽，在-40℃～90℃的温度范围内能保持它的各项性能指标，与金属与非金属材质均具有良好的粘结力。

6.5.5 硅酮建筑密封膏

硅酮建筑密封膏是以聚硅氧烷为主要成分的单组分和双组分室温固化型弹性建筑密封材料。硅酮建筑密封膏属高档密封膏，它具有优异的耐热、耐寒性和耐候性能，与各种材料有着较好的粘结性，耐伸缩疲劳性强，耐水性好。

实训7 沥青性能试验

一、石油沥青针入度试验

（一）试验目的

测定石油沥青的针入度，以确定沥青的黏滞性，评定沥青的质量。

（二）仪器与设备

（1）沥青针入度仪，如图6-5所示。

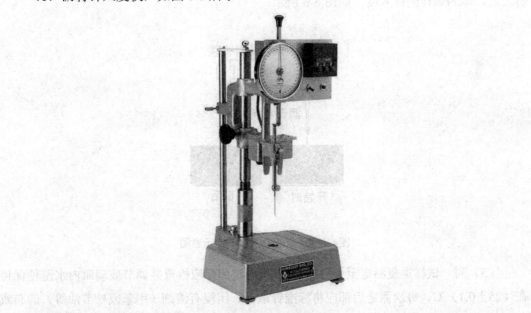

图6-5 沥青针入度仪

（2）标准针、试样皿、温度计（0～50度、分度0.5度）。
（3）恒温水浴、平底玻璃皿、计时器。

（三）试样制备

将沥青加热至120℃～180℃温度下脱水，用筛过滤，注入试样皿内，注入深度应比预计针入度大10mm，置于10℃～30℃的空气中冷却1～2小时，冷却时应防止灰尘落入。然后将试样皿移入规定温度（25±0.5）℃的恒温水浴中，恒温1～2小时。浴中水面应高出试样表面25mm以上。

（四）试验步骤

（1）调节针入度计使之水平，检查指针、连杆和导轨。已确认无水和其他杂物，无明显摩擦，装好标准针，放好砝码。

（2）从恒温水浴中取出试样皿，放入水温为（25±0.1）℃的平底玻璃皿中，试样表面上的水层高度应不小于10mm。将平底玻璃皿置于针入度计的平台上。

（3）慢慢放下针连杆，使针尖刚好与试样表面接触时固定。拉下齿条，使与针连杆顶端相接触，调节指针或刻度盘使指针指零。然后用手紧压按钮，同时启动秒表，使标准针自由下落穿入沥青试样，经5秒后，停压按钮，使指针停止下沉。

（4）再拉下齿条使之与标准连杆顶端接触。这时刻度盘指针所指示的读数或与初始值之差，即为试样的针入度，如图6-6所示。

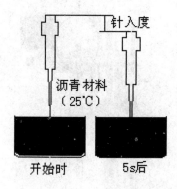

图6-6　沥青的针入度测定示意图

（5）同一试样重复测定至少3次，每次测定前都应检查并调节玻璃皿内水温使保持在（25±0.1）℃，每次测定后都应将标准针取下，用浸有溶剂（甲苯或松节油等）的布或棉花擦净，再用干布或棉花擦干。各测点之间及测点与试样皿内壁的距离不应小于10mm。

（五）试验结果

取3次针入度测定值的平均值作为该试样的针入度（0.1mm），试验结果取整数数值，3次针入度测定值相差不应大于表6-3所示的数值。

表6-3　石油沥青针入度测定值的最大允许差值单位：0.1mm

针入度	0～49	50～149	150～249	250～350
最大差值	2	3	4	5

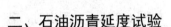

二、石油沥青延度试验

（一）试验目的

测定石油沥青的延度，以确定沥青的塑性，评定沥青质量。

（二）仪器与设备

（1）延度仪。由长方形水槽和传动装置组成，由丝杆带动滑板以每分钟（50±5）mm的速度拉伸试样，滑板上的指针在标尺上显示移动距离。

（2）试件模具。由黄铜制造，由两个弧形端模和两个侧模组成，形状及尺寸如图 6-7 所示。

图 6-7 延度仪模具

（3）恒温水浴、温度计、隔离剂（以质量计，由两份甘油和一份滑石粉调制而成）、支撑板（黄铜板）。

（三）试样制备

将隔离剂（甘油：滑石粉＝2∶1）均匀的涂于金属（或玻璃）底板或两侧模的内侧面（端模勿涂），将试模组装在底板上。将加热熔化并脱水的沥青经过过滤后，以细流状缓慢自试模一端至另一端注入，经往返几次而注满，并略高于试模。然后在 15℃～30℃ 环境中冷却 30 分钟后，放入（25±0.5）℃的水浴中，保持 30min 再取出，用热刀将高出试模的沥青刮去，使沥青面与模面齐平。沥青的刮法应自模的中间刮向两边，试样表面应平整光滑，最后移入（25±0.1）℃水浴中恒温 1～1.5 小时。

（四）试验步骤

（1）检查延度仪滑板移动速度是否符合要求，调节水槽中水位（水面高于试样表面不小于 25mm）及水温（25±0.5）℃。

（2）从恒温水浴中取出试件，去掉底板与侧模，将其两端模孔分别套在水槽内滑板及横端板的金属小柱子，再检查水温，并保持在（25±0.5）℃。

（3）将滑板指针对零，开动延伸仪，观察沥青拉伸情况，如图 6-8 所示。测定时，若发现沥青细丝浮于水面或沉入槽底时，则应分别向水中加乙醇或食盐水，以调整水的密度与试样密度相近为止，然后再继续进行测定。

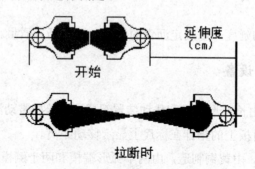

图 6-8　延伸度测定示意图

（五）试验结果

取平行测定的 3 个试件延度的平均值作为该试样的延度值。若 3 个测定值与其平均值之差不在其平均值的 5%以内，但其中两个较高值的 5%以内，而最低值不在平均值 5%之内，则弃去最低值，取 2 个较高值的算术平均值作为测定结果。

三、石油沥青软化点试验

（一）试验目的

测定石油沥青的软化点，以确定沥青的耐热性，评定沥青质量。

（二）仪器与设备

（1）软化点测定仪，包括 800ml 烧杯、测定架、试样环、套环、钢球、温度计等。

（2）电炉或其他可加温的加热器、金属板或玻璃板、筛（筛孔为 0.3mm～0.5mm 的金属网）等。

（三）试样制备

将黄铜环置于涂有隔离剂的金属板或玻璃板上，将已加热熔化、脱水且过滤后的沥青试样注入铜环内至略高出环面为止（若估计软化点在 120℃以上时，应将黄铜环与金属板预热至 80℃～100℃）。试样在 15℃～30℃的空气中冷却 30 分钟后，用热刀刮去高出环面的沥青，使与环面齐平。

（四）试验步骤

（1）烧杯内注入新煮沸并冷却至约 5℃的蒸馏水（估计软化点不高于 80℃的试样），或注入预热至 32℃的甘油（估计软化点高于 80℃的试样），使液面略低于缓环架连接杆上的深度标记。

（2）将装有试样的铜环置于环架上层板的圆孔中，放入套环，把整个环架放入烧杯内，调整液面至深度标记，环架上任何部分均不得有气泡。将温度计由上层板中心孔垂直插入，使水银球与铜环下面齐平，恒温 15 分钟，水温保持（5±0.5）℃、甘油温度保持（32±1）℃。

（3）将烧杯移至放有石棉网的电炉上，然后将钢球放在试样上（须使各环的平面在全部加热时间内完全处于水平状态）立即加热，使烧杯内水或甘油温度在 3 分钟后保持升温速度为（5±0.5）℃/min，否则重做。

（4）观察试样受热软化情况，当其软化下坠至与环架下层板面接触（即 25.4mm）时，记下此时的温度，即为试样的软化点（精确至 0.5℃），如图 6-9 所示。

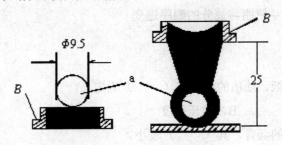

图 6-9　软化点测定示意图

a-钢球；B-钢球定位环

（五）试验结果

（1）取平行测定的两个试样软化点的算术平均值作为测定的结果，并同时报告浴槽中使用加热介质的种类。

（2）试验的重复性与再现性要求。重复性：重复测定两次结果的差值不得大于 1.2℃；再现性：同一试样由两个试验室各自提供的试验结果之差不应超过 2.0℃。

项目小结

本章介绍了石油沥青的组分、结构和技术性质，并介绍了改性石油沥青及沥青防水制品的种类、技术性质和工程应用，对于工程建设具有重要的社会意义和经济效益。

项目习题

一、单选题

1. 石油沥青的组分（油分、树脂及地沥青质）长期在大气中将会转化，其转化顺序是（　　）。

A. 按油分→树脂→地沥青质的顺序递变

B. 按地沥青质→树脂→油分的顺序递变

C. 固定不变

D. 不断减少

2. 石油沥青油纸、油毡的标号按（　　）确定。

A. 抗拉强度　　　　　B. 抗压强度　　　　　C. 质量　　　　　D. 耐热度

3. 软化点较高的沥青，其（　　）较小。

A. 黏性　　　　　B. 温度敏感性　　　　　C. 塑性　　　　　D. 大气稳定性

4. 沥青的黏性用（　　）表示。

A. 针入度　　　　　B. 延伸度　　　　　C. 软化点　　　　　D. 溶解度

5. 同产源、不同品种的沥青（　　）进行掺配。

A. 可以　　　　　　　　　　B. 不可以

C. 不清楚　　　　　　　　　D. 视具体情况而定

6. 石油沥青的三大技术指标是（　　）。

A. 黏性、塑性和强度　　　　　B. 流动性、黏聚性和保水性

C. 流动性、塑性和强度　　　　D. 黏性、塑性和温度敏感性

二、多选题

1. 根据用途不同，沥青分为（　　）。

A. 道路石油沥青　B. 建筑石油沥青　C. 普通石油沥青　D. 焦油沥青

2. 石油沥青牌号越小，则（　　）。

A. 针入度越大 B. 针入度越小　　　C. 塑性越差　　　D. 软化点越高

3. 沥青改性的方法有（　　）。

A. 掺像胶　　　　B. 掺树脂　　　　C. 掺矿物填充料 D. 掺高化子化合物

4. 下列属于高聚物改性沥青防水卷材的是（　　）。

A. 石油沥青油毡　　　　　　　　　B. 丁基橡胶防水卷材

C. SBS 防水卷材　　　　　　　　　D. APP 防水卷材

三、填空题

1. 沥青老化后，在物理力学性质方面，表现为针入度_____，延度_____，软化点_____，绝对粘度_____，脆点_____等。

2. 石油沥青的三大技术指标是_____、_____、，它们分别表示石油沥青的_____、和_____。

3. 石油沥青的组分主要包括_____、_____和_____三种。

4. 石油沥青中树脂越_____，其塑性越_____，其延伸性指标越_____。

5. 防水涂料根据构成涂料的主要成分的不同，可分为下列四类：即_____、_____、_____和_____。

四、判断题

1. 建筑石油沥青的牌号是按针入度指数划分的。（　　）

2. 建筑工程常用的是石油沥青。（　　）

3. 沥青胶又称冷底子油是粘贴沥青防水卷材或高聚物改性沥青防水卷材的胶粘剂。（　　）

4. 用于沥青油毡、改性沥青卷材的基层处理剂，习惯上叫做沥青马蹄脂。（　　）

5. 具有溶胶结构的沥青，流动性和塑性较好，开裂后自愈能力较强。（　　）

6. 石油沥青比煤油沥青的毒性大，防腐能力也更强。（　　）

7. 合成高分子防水卷材属于低档防水卷材。（　　）

8. 因氧化聚乙烯防水卷材具有热塑性特性，所以可用热风焊施工，粘接力强，不污染环境。（　　）

9. 选用石油沥青时，在满足要求的前提下，尽量选用牌号小的，以保证有较长使用年限。（　　）

10. 地沥青质是乳化沥青组成中的关键成分，它是表面活性剂。（　　）

五、简答题

1．沥青有哪些组分？石油沥青胶体结构有何特点？溶胶结构和凝胶结构有何区别？

2．试述石油沥青的粘性、塑性、温度稳定性及大气稳定性的概念和表示方法。

3．请比较煤沥青与石油沥青的性能与应用差别。

4．与传统的沥青防水油毡相比，三元乙丙橡胶防水卷材的主要特点有哪些?适用于哪些防水工程？

5．石油沥青的牌号如何划分?牌号增大，各主要技术性能有何变化？

6．为什么石油沥青使用若干年后会逐渐变得脆硬，甚至开裂？

7．为什么石油沥青与煤沥青不能随意混合？

8．土木工程中选用石油沥青牌号的原则是什么？在地下防潮工程中，如何选择石油沥青的牌号？

六、计算题

某防水工程需石油沥青 30 吨，要求软化点不低于 80℃，现有 60 号和 10 号石油沥青，测得他们的软化点分别是 49℃和 98℃，问这两种牌号的石油沥青如何掺配？

项目7　其他功能材料

【项目导读】

　　了解天然石材和人造石材的区别及它们在建筑装饰中的用途；熟悉各种烧砖、非烧结砖、建筑砌块的性能、特点和应用；了解木材的组织构造、掌握木材的物理力学性质及其强度的影响因素。

【项目目标】

➢ 掌握石材、墙体材料、木材的分类、性能特点、技术要求和应用
➢ 了解石材、墙体材料、木材的选用

7.1　石　材

　　凡是由天然岩石开采的，经加工或者未经过加工的石材，称为天然石材。天然石材作为建筑材料已具有悠久的历史，因其来源广泛，质地坚固，耐久性好，因此被广泛用于水利工程、建筑工程及其他工程中。

7.1.1　岩石的种类

　　天然岩石是各种不同地质作用所产生的天然矿物集合体。按地质形成条件不同，天然岩石可分为岩浆岩、沉积岩、变质岩。

1. 岩浆岩以及工程中常用的岩浆岩石材

　　（1）岩浆岩。岩浆岩又叫火成岩，它是地壳深处熔融态岩浆，向压力低的地方运动，侵入地壳岩层，溢出地表或喷出冷却凝固而成的岩石的总称。由于冷却的温度和压力的条件不同，又分成深成岩、喷出岩和火山岩。常见的深成岩有花岗岩、正长岩等；常见的喷出岩有玄武岩、辉绿石、安山石等；火山岩是火山喷发时，喷到空中的岩浆经急剧冷却后形成的具有玻璃质结构矿物，具有化学不稳定性。

（2）常用的岩浆岩石材。花岗岩的主要矿物成分是正长石、石英，次要的矿物有云母、角闪石等。其为致密全结晶质均粒状结构，块状构造，表观密度大，孔隙率和吸水率小，抗酸侵蚀性强，表面经琢磨后色泽美观，可作为装饰材料，在工程中常用于基础、基座、闸坝、桥墩、路面等。玄武岩的主要矿物成分是斜长石和辉石，多呈斑状结构，颜色深暗，密度大，抗压强度因构造的不同而波动较大，一般为 100 MPa～150MPa，材质硬脆，不容易加工。玄武岩主要用来敷设路面，铺砌堤岸边坡等，也是铸石原料和配置高强混凝土的较好的骨料。辉绿石的主要矿物成分和玄武岩相同，具有较高的耐酸性，可作为耐酸混凝土骨料。其熔点为 1400℃～1500℃，可作为铸石的原料，铸出的材料结构均匀、密实、抗酸性能好，常用于化工设备的耐酸结构中。火山喷发时所形成的火山灰、浮石以及火山凝灰岩均为多孔结构，表观密度小，强度比较低，导热系数小，可用做砌墙材料和轻混凝土骨料。

2. 沉积岩以及工程中常用的沉积岩石材

（1）沉积岩。沉积岩是地表的岩石经过风化、破碎、溶解、冲刷、搬运等自然力的作用，逐渐沉积而成的岩石。它们的特点是具有较多的孔隙、明显的层理及力学性质的方向性。常见的有石灰石、砂岩、石膏等。

（2）常见的沉积岩石材。石灰岩的主要矿物成分是方解石，常含有白云石、石英、黏土矿物等。其特点是结构层理分明，构造细密，密度为 2.6 g/cm³～2.8g/cm³，抗压强度一般为 60 MPa～80MPa，并且具有较高的耐水性和抗冻性。由于石灰石分布广，开采加工容易，所以广泛用于工程建设中。

砂岩是由粒径 0.05mm～2mm 的砂粒（多为耐风化的石英、正长石、白云母等矿物及部分岩石碎屑）经天然胶结物质胶结变硬的沉积岩。其性能与胶结物质的种类及胶结的密实程度有关。

3. 变质岩以及工程中常用的变质岩石材

（1）变质岩。变质岩是沉积岩、岩浆岩又经过地壳运动，在压力、温度、化学变化等因素的作用下发生质变而形成的新的岩石。常见的变质岩有片麻岩、大理岩、石英岩等。

（2）常见的变质岩石材。片麻岩是由花岗岩变质而成的。矿物成分与花岗岩类似，片麻状构造，各个方向上物理力学性质不同。

大理岩是由石灰岩、白云岩变质而成的，俗称大理石，主要的矿物成分为方解石、白云石等。大理岩构造致密，抗压强度高（70 MPa～110MPa）、硬度不大，易于开采、加工和磨光。

石英岩是由硅质砂岩变质而成的。砂岩变质后形成坚硬致密的变晶结构，强度高（最高达 400 MPa），硬度大，加工难，耐久性强，可用于各类砌筑工程、重要建筑物的贴面、铺筑道路及作为混凝土骨料。

7.1.2　石材的主要技术性质

1. 表观密度与强度等级

石材按表观密度大小分重石和轻石两类，表观密度大于 1800 kg/m³ 的为重石，表观密度小于 1800 kg/m³ 的为轻石。重石用于建筑的基础、贴面、地面、不采暖房屋外墙、桥梁及水工建筑物等，轻石主要用于采暖房屋外墙。

石材的强度等级可分为 MU100、MU80、MU60、MU50、MU30、MU20、MU15 和 MU10。石材的强度等级可用边长为 70 mm 立方体试块的抗压强度表示。抗压强度取三个试件破坏强度的平均值。试块也可采用表 7-1 所示的其他尺寸的立方体，但应对其试验结果乘以相应的换算系数后才可作为石材的强度等级。

表 7-1　石材强度等级换算系数

立方体边长（mm）	200	150	100	70	50
换算系数	1.43	1.28	1.14	1	0.86

2. 抗冻性

石材的抗冻指标是用冻融循环次数表示的，在规定的冻融循环次数（15 次、20 次或 50 次）内，无贯穿裂缝，质量损失不超过 5%，强度降低不大于 25%时，则抗冻性合格。石材的抗冻主要取决于矿物成分、结构及其构造，应根据使用条件，选用相应的抗冻指标。

3. 耐水性

石材的耐水性根据软化系数分为高、中、低三等。高耐水性的石材，软化系数大于 0.9；中耐水性的石材，软化系数为 0.7～0.9；低耐水性的石材，软化系数为 0.6～0.7。软化系数低于 0.6 的石材一般不允许用于重要的工程。

7.1.3　砌筑石材

工程中常用的砌筑石材分为毛石和料石两类。

1. 毛石

毛石是由爆破直接获得的石块，按平整度又分为乱毛石和平毛石两类。

（1）乱毛石。乱毛石形状不规则，一般在一个方向上的尺寸达 300～400mm，质量为 20～30kg。常用于砌筑基础、勒角、墙身、堤坝、挡土墙等，也可以用做毛石混凝土骨料。

（2）平毛石。平毛石是由乱毛石经略加工而成的，形状较乱毛石平整，其形状基本有六个面，但表面粗糙，中部厚度不小于 200mm。常用于砌筑基础、勒角、墙角、桥墩、涵洞等。

2. 料石

料石也叫条石，是由人工或机械开采出的较规则的六面体石块，略经凿琢而成，按其加工后的外形规则程度分为毛料石、粗料石、半细料石和细料石四种。

（1）毛料石。毛料石外形大致方正，一般不加工或仅稍加修整，高度不应小于 200mm，叠砌面凹入深度不大于 25mm。

（2）粗料石。粗料石截面的宽度、高度不小于 200mm，且不小于长度的 1/4，叠砌面凹入深度不大于 20mm。

（3）半细料石。半细料石的规格同粗料石，但叠砌面凹入深度不应大于 15mm。

（4）细料石。经过细加工，外形规则，规格尺寸同粗料石，叠砌面凹入深度不大于 10mm。

7.2　砌墙砖

砖石是最古老、传统的建筑材料，砖石结构的应用已有几千年历史，砌墙砖是我国所使用的主要墙体材料之一。砌墙砖一般分为烧结砖和非烧结砖两类，其中烧结砖是性能非常优越的既古老又现代的墙体材料，烧结砖可以在各种地区以单一材料满足建筑节能 50%～65%的要求，它在墙体材料中占有举足轻重的地位。

7.2.1　烧结普通砖

烧结普通砖是以黏土、页岩、粉煤灰、煤矸石为主要原料，经焙烧而成的普通砖。

1. 烧结普通砖的分类

按所用的主要原料分为烧结黏土砖（N）、烧结页岩砖（Y）、烧结粉煤灰砖（F）和烧结煤矸石砖（M）。

（1）烧结黏土砖。烧结黏土砖又称黏土砖，是以黏土为主要原料，经配料、制坯、干燥、烧结而成的烧结普通砖。当焙烧过程中砖窑内为氧化气氛时，黏土中所含铁的化合物成分被氧化成高价氧化铁（Fe_2O_3），从而得到红砖。此时，如果减少窑内空气的供给，同时加入少量水分，在砖窑形成还原气氛，使坯体继续在这种环境下燃烧，高价氧化铁（Fe_2O_3）还原成青灰色的低价氧化铁（FeO），即可制得青砖。一般认为青砖较红砖结实，耐碱性好、耐久性好，但青砖只能在土窑中制得，价格较贵。

（2）烧结页岩砖。烧结页岩砖是页岩经过破碎、粉磨、配料、成型、干燥和焙烧等工业制成的砖。由于页岩磨细的程度不及黏土，一般制坯所需要的用水量比黏土少，所以砖坯干燥的速度快、成品的体积收缩小。作为一种新型建筑节能墙体材料，烧结页岩砖既可以用于砌筑承重墙，又具有良好的热工性能，减少施工过程中的损耗，提高工作效率。

（3）烧结粉煤灰砖。烧结粉煤灰砖是由电厂排出的粉煤灰作为烧砖的主要原料，可以部分代替黏土。在烧制过程中，为改善粉煤灰的可塑性可适量掺入黏土。烧结粉煤灰砖一般呈淡红色或深红色，可代替黏土砖用于一般的工业与民用建筑。

（4）烧结煤矸石砖。烧结煤矸石砖是以煤矿的废料煤矸石为原料，经粉碎后，根据其含碳量及可塑性进行适当配料而制成的。由于煤矸石是采煤的副产品，所以在烧制过程中一般不需要额外加煤，不但消耗了大量的废渣，同时节约了能源。烧结煤矸石砖的颜色较普通砖深，色泽均匀，声音清脆。烧结煤矸石砖可以完全代替普通黏土砖用于一般的工业与民用建筑。

2. 烧结普通砖的质量等级和规格

根据《烧结普通砖》（GB 5101-2003）的规定，烧结普通砖的抗压强度分为 MU30、MU25、MU20、MU15、MU10 等五个强度等级。同时，强度、抗风化性能和放射性物质合格的砖，根据砖的尺寸偏差、外观质量、泛霜和石灰爆裂的程度将其分为优等品（A）、一等品（B）和合格品（C）。其中，优等品的砖适合用于清水墙和装饰墙，而一等品和合格品的砖用于混水墙，中等泛霜的砖不能用于潮湿的部位。

烧结普通砖为直角六面体，如图 7-1 所示。其公称尺寸为 240mm×115mm×53mm，加上 10mm 厚的砌筑灰缝，则 4 块砖长、8 块砖宽、16 块砖厚形成一个长、宽、高分别为 1 m 的立方体。1m³ 的砌筑体需砖数为 4×8×16＝512（块），这方便工程量计算。

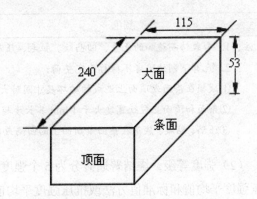

图 7-1　砖的尺寸及各部分名称（单位：mm）

3. 烧结普通砖的主要技术要求

（1）外观要求。烧结普通砖的外观标准直接影响砖体的外观和强度，所以规范中对尺寸偏差、两条面的高度差、弯曲程度、裂纹、颜色情况都给出相应的规定，要求各等级烧结普通砖的尺寸允许偏差和外观质量应符合的标准如表 7-2 和表 7-3 所示。

表 7-2　烧结普通砖的尺寸允许偏差（GB5101-2003）　　　　　　（单位：mm）

公称尺寸	优等品		一等品		合格品	
	样本平均偏差	样本极差，≤	样本平均偏差	样本极差，≤	样本平均偏差	样本极差，≤
240（长）	±2.0	6	±2.5	7	±3.0	8
115（宽）	±1.5	6	±2.0	6	±2.5	7
53（高）	±1.5	4	±1.5	5	±2.0	6

表 7-3　烧结普通砖的外观质量（GB5101-2003）　　　　　　（单位：mm）

项目		优等品	一等品	合格品
两条面高度差，≤		2	3	4
弯曲，≤		2	3	4
杂质凸出高度，≤		2	3	4
缺棱掉角的三个破坏尺寸，≤		5	20	30
裂纹长度，≤	大面上宽度方向及其延伸至条面的长度	30	60	80
	大面上长度方向及其延伸至顶面的长度或条、顶面上水平裂纹的长度	50	80	100
完整面不得少于			两条面和两顶面	一条面和一顶面
颜色		基本一致		

注：1. 为装饰而施加的色差、凹凸纹、拉毛、压花等不算做缺陷

　　2. 凡有下列缺陷者不得称为完整面：

　　①缺损在条面或顶面上造成的破坏尺寸同时大于 10mm×10mm

　　②条面和顶面上裂纹宽度大于 1 mm 其长度超过 30mm

　　③压陷、黏底、焦花在条面或顶面上的凹陷或凸出超过 2mm，区域尺寸同时大于 10 mm×10mm

（2）强度等级。烧结普通砖分为 5 个强度等级，通过抗压强度试验，计算 10 块砖的抗压强度平均值和标准值方法或抗压强度平均值和最小值方法，从而评定该砖的强度等级。各等级应满足的各强度指标如表 7-4 所示。

表 7-4 烧结普通砖的强度等级（GB5101-2003）   单位：MPa

强度等级	抗压强度平均值$\overline{f}$, ⩾	变异系数 δ≤0.21	变异系数 δ＞0.21
		强度标准值f_k, ⩾	单块最小抗压强度值f_{min}, ⩾
MU30	30.0	22.0	25.0
MU25	25.0	18.0	22.0
MU20	20.0	14.0	16.0
MU15	15.0	10.0	12.0
MU10	10.0	6.5	7.5

表 7-4 中的变异系数 δ 和强度标准值 fk 可参照式（7-1）～式（7-3）计算

$$\delta = \frac{S}{\overline{f}} \tag{7-1}$$

$$S = \sqrt{\frac{1}{9}\sum_{i=1}^{10}\left(f_i - \overline{f}\right)^2} \tag{7-2}$$

$$f_k = \overline{f} - 1.8S \tag{7-3}$$

式中：δ——砖强度变异系数。

　　S——10 块砖样的抗压强度标准差，MPa。

　　f_i——单块砖样抗压强度测定值，MPa。

　　$\overline{f}$——10 块砖样抗压强度平均值，MPa。

　　f_k——抗压强度标准值，MPa。

【例题】有一批烧结普通砖经抽样检验，其抗压强度分别为 14.3、10.4、19.2、17.3、18.3、15.2、11.3、16.7、17.1、13.6MPa，试确定该批砖的强度等级。

【解】$fk = \overline{f} - 1.8s$ s

$$S = \sqrt{\frac{1}{9}\sum_{i=1}^{10}\left(f_i - \overline{f}\right)^2}, \quad \delta = s/f$$

根据统计计算得：$\overline{f} = 15.3$Mpa；$s = 2.93$Mpa；

$$f_k = \overline{f} - 1.8S$$

$$= 15.3 - 1.8 \times 2.93 = 10.02 \text{ Mpa}$$

从而可确定这批砖的等级为 MU10。

（3）耐久性。

①抗风化性能。抗风化性能是烧结普通砖抵抗自然风化作用的能力，指砖在干湿变化、温度变化、冻融变化等物理因素作用下，不被破坏并保持原有性质的能力。它是烧结普通砖耐久性的重要指标。由于自然风化程度与地区有关，通常按照风化指数将我国各省（自治区、直辖市）划分为严重风化区和非严重风化区，如表 7-5 所示。

表 7-5　风化区的划分（GB5101-2003）

严重风化区		非严重风化区	
1. 黑龙江省	11. 河北省	1. 山东省	11. 福建省
2. 吉林省	12. 北京市	2. 河南省	12. 台湾省
3. 内蒙古自治区	13. 天津市	3. 安徽省	13. 广东省
4. 新疆维吾尔自治区		4. 江苏省	14. 广西壮族自治区
5. 宁夏回族自治区		5. 湖北省	15. 海南省
6. 甘肃省		6. 江西省	16. 云南省
7. 青海省		7. 浙江省	17. 西藏自治区
8. 山西省		8. 四川省	18. 上海市
9. 辽宁省		9. 贵州省	19. 重庆市
10. 陕西省		10. 湖南省	

风化指数是指日气温从正温降至负温或从负温升至正温的每年平均天数与每年从霜冻之日起至消失霜冻之日止这一期间降雨总量（以 mm 计）的平均值的乘积。风化指数不小于 12700 为严重风化区，风化指数小于 12700 为非严重风化区。严重风化区的砖必须进行冻融试验。冻融试验时取 5 块吸水饱和试件进行 15 次冻融循环，之后每块砖样不允许出现裂纹、分层、掉皮、缺棱等冻坏现象，且每块砖样的质量损失不得大于 2%。其他地区的砖如果其抗风化性能达到的要求如表 7-6 所示，可不再进行冻融试验，但是若有一项指标达不到要求，则必须进行冻融试验。

表 7-6　烧结普通砖的抗风化性能（GB5101-2003）

砖种类	严重风化区				非严重风化区			
	5h 沸煮吸水率（%），≤		饱和系数，≤		5h 沸煮吸水率（%），≤		饱和系数，≤	
	平均值	单块最大值	平均值	单块最大值	平均值	单块最大值	平均值	单块最大值
黏土砖	18	20	0.85	0.87	19	20	0.88	0.90
粉煤灰砖	21	23			23	35		
页岩砖	16	18	0.74	0.77	18	20	0.78	0.80
煤矸石砖								

注：粉煤灰掺入量（体积比）小于30%时，按照黏土砖规定判别

②泛霜。泛霜是一种砖或砖砌体外部的直观现象，呈白色粉末、白色絮状物，严重时呈鱼鳞状的剥离、脱落、粉化。砖块的泛霜是由于砖内含有可溶性硫酸盐，遇水溶解，随着砖体吸收水分的不断增加，溶解度由大变小。当外部环境发生变化时，砖内盐形成晶体，积聚在砖的表面呈白色，称为泛霜。煤矸石空心砖的白霜是以 $MgSO_4$ 为主，白霜不仅影响建筑物的美观，而且由于结晶膨胀会使砖体分层和松散，直接关系到建筑物的寿命。因此，国家标准严格规定烧结制品中，优等品不允许出现泛霜，一等品不允许出现中等泛霜，合格品不允许出现严重泛霜。

③石灰爆裂。当烧制砖块时原料中夹杂着石灰质物质，焙烧过程中生成生石灰，砖块在使用过程中吸水使生石灰转变成熟石灰，其体积会增大一倍左右，从而导致砖块爆裂，称为石灰爆裂。石灰爆裂程度直接影响烧结砖的使用，较轻的造成砖块表面破坏及墙体面层脱落，严重的会直接破坏砖块和墙体结构，造成砖块和墙体强度损失，甚至崩溃，因此国家标准对烧结砖石灰爆裂作了如下严格控制：优等品不允许出现最大破坏尺寸大于2mm的爆裂区域；一等品的最大破坏尺寸大于 2mm 且小于 10mm 的爆裂区域，每组砖样不能多于 15 处，不允许出现最大破坏尺寸大于 10mm 的爆裂区域；合格品的最大破坏尺寸大于 2mm 且小于 15mm 的爆裂区域，每组砖样不得多于 15 处，其中大于 10mm 的不多于 7 处，不允许出现最大爆裂尺寸大于 15mm 的爆裂区域。

④烧结普通砖的应用。烧结普通砖具有一定的强度及良好的绝热性和耐久性，且原料广泛，工艺简单，因而可作为墙体材料用于制造基础、柱、拱、铺砌地面等，有时也用于小型水利工程，如闸墩、涵管、渡槽、挡土墙等。但需要注意的是，由于砖的吸水率大，一般为15%～20%，在砌筑之前必须将砖进行吸水润湿，否则会降低砌筑砂浆的黏结强度。但是随着建筑业的快速发展，传统烧结黏土砖的弊端日益突出，烧结黏土砖的生产毁田且取土量大、能耗高、自重大、施工中工人劳动强度大、工效低。为了保护土地资源和生态环境，有效节约能源，至 2003 年 6 月 1 日，全国 170 个城市取缔烧结黏土砖的使用，并于 2005 年全面停止生产、经营、使用黏土砖，取而代之的是广泛推广使用利用工业废料制成的新兴墙体材料。

7.2.2 烧结多孔砖

烧结多孔砖是以黏土、页岩、煤矸石或粉煤灰为主要原料，经焙烧而成的，空洞率不小于 25%，孔的尺寸小而数量多，主要用于六层以下建筑物承重部位的砖，简称多孔砖。

1. 烧结多孔砖的分类

烧结多孔砖的分类与烧结普通砖类似，也是按主要原料进行划分的，如黏土砖（N）、

建筑材料

页岩砖（Y）、煤矸石砖（M）、粉煤灰砖（F）。

2. 烧结多孔砖的规格与质量等级

目前，烧结多孔砖分为 P 型砖和 M 型砖，其外形为直角六面体，长、宽、高尺寸 P 型砖为 240mm×115mm×90mm、M 型砖为 190mm×190mm×90mm，如图 7-2 和图 7-3 所示。

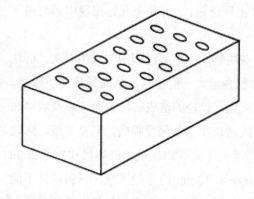

图 7-2 P 型砖

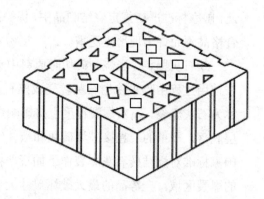

图 7-3 M 型砖

根据《烧结多孔砖》（GB 13544-2000）的规定，烧结多孔砖根据抗压强度分为 MU30、MU25、MU20、MU15、MU10 等五个强度等级。

强度与抗风化性能合格的烧结多孔砖，根据尺寸偏差、外观质量、孔形及空洞排列、泛霜、石灰爆裂等分为优等品（A）、一等品（B）和合格品（C）三个质量等级。

3. 烧结多孔砖的主要技术要求

（1）尺寸允许偏差和外观要求。烧结多孔砖的尺寸允许偏差应如符合的规定如表 7-7 所示，外观质量如表 7-8 所示。

表 7-7　烧结多孔砖的尺寸偏差（GB13544-2000）　　　单位：mm

公称尺寸	优等品		一等品		合格品	
	样本平均偏差	样本极差，≤	样本平均偏差	样本极差，≤	样本平均偏差	样本极差，≤
290，240	±2.0	6	±2.5	7	±3.0	8
190，180 175，140，115	±1.5	5	±2.0	6	±2.5	7
90	±1.5	4	±1.7	5	±2.0	6

表 7-8　烧结多孔砖的外观质量（GB13544-2000）　　　　　　　单位：mm

项目		优等品	一等品	合格品
颜色（一条面和一顶面）		一致	基本一致	
完整面不得少于		一条面和一顶面	一条面和一顶面	
缺棱掉角的三个破坏尺寸不得同时大于		15	20	30
裂纹长度不大于	大面上深入孔壁 15mm 以上，宽度方向及其延伸至条面的长度	60	80	100
	大面上深入孔壁 15mm 以上，宽度方向及其延伸至顶面的长度	60	100	120
	条、顶面上的水平裂纹	80	100	120
杂质在砖面上造成的凸出高度，≤		3	4	5

注：1. 为装饰而施加的色差、凹凸纹、拉毛、压花等不算做缺陷

2. 凡有下列缺陷者不得称为完整面：

①缺损在条面或顶面上造成的破坏尺寸同时大于 20 mm×20 mm

②条面和顶面上裂纹宽度大于 1 mm，其长度超过 70 mm

③压陷、黏底、焦花在条面或顶面上的凹陷或凸出超过 2 mm，区域尺寸同时大于 20 mm×20 mm

（2）强度等级和耐久性。烧结多孔砖的强度等级和评定方法与烧结普通砖完全相同，其具体指标参照如表 7-4 所示。烧结多孔砖耐久性包括泛霜、石灰爆裂和抗风化性能，这些指标的规定与烧结普通砖完全相同。

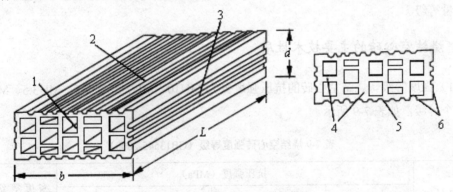

图 7-4　烧结空心砖示意图

1-顶面；2-大面；3-条面；4-肋；5-凹线槽；6-壁

L-长度；b-宽度；d-高度

7.2.3　烧结空心砖

烧结空心砖是以黏土、页岩、煤矸石为主要原料经焙烧而成的空洞率大于 40%，孔的

尺寸大而数量少的砖。

1. 烧结空心砖的分类

烧结空心砖的分类与烧结普通砖类似，按主要原料进行划分，如黏土砖（N）、页岩砖（Y）、煤矸石砖（M）和粉煤灰砖（F）。

烧结空心砖尺寸应满足长度 L≤390mm，宽度 b≤240mm，高度 d≤140mm，壁厚≥10mm，肋厚≥7mm。为方便砌筑，在大面和条面上应设深 1~2mm 的凹线槽，如图 7-4 所示。

由于空洞垂直于顶面，平行于大面且使用时大面受压，所以烧结空心砖多用做非承重墙，如多层建筑的内隔墙和框架结构的填充墙等。

2. 烧结空心砖的规格和质量等级

根据《烧结空心砖和空心砌块》（GB 13545-2003）的规定，烧结空心砖的外形为直角六面体，其长、宽、高均应符合 390mm、290mm、240mm、190mm、180mm、175mm、140mm、115mm、90mm 等尺寸组合，如 290mm×190mm×90mm、190mm×190mm×90mm 和 240mm×180mm×115mm 等。

每个密度级别强度、密度、抗风化性能和放射性物质合格的砖，根据空洞及其排数、尺寸偏差、外观质量、强度等级和物理性能分为优等品（A）、一等品（B）和合格品（C）三个质量等级。

3. 烧结空心砖的主要技术性质

（1）强度等级。烧结空心砖的抗压强度分为 MU10、MU7.5、MU5、MU3.5、MU2.5 等五个等级，如表 7-9 所示。

表 7-9 烧结空心砖强度等级（GB13545-2003）

强度等级	抗压强度（MPa）			密度等级范围
	抗压强度平均值f，≥	变异系数 δ≤0.21	变异系数 δ>0.21	
		强度标准值f_k，≥	单块最小抗压强度值f_{min}，≥	
MU10	10	7.0	8.0	≤1 100
MU.5	7.5	5.0	5.8	
MU5	5	3.5	4.0	
MU3.5	3.5	2.5	2.8	
MU2.5	2.5	1.6	1.8	≤800

（2）密度等级。根据表观密度不同，烧结空心砖分为 800、900、1000、1100 四个密度级别如表 7-10 所示。

表 7-10　烧结空心砖的密度等级（GB13545-2003）

密度等级	5 块密度平均值（Kg/m³）	密度等级	5 块密度平均值（Kg/m³）
800	≤800	1 000	901～1 0001 001～1 100
900	801～900	1 100	

7.2.4　烧结多孔砖和烧结空心砖的应用

现在国内建筑施工主要采用烧结多孔砖和烧结空心砖作为实心黏土砖的替代产品，烧结空心砖主要应用于非承重的建筑内隔墙和填充墙，烧结多孔砖主要应用于砖混结构承重墙体。用烧结多孔砖和烧结空心砖代替实心砖可使建筑物自重减轻 1/3 左右，节约原料 20%～30%，节省燃料 10%～20%，且烧成率高，造价降低 20%，施工效率提高 40%，保温隔热性能和吸声性能有较大提高。在相同的热工性能要求下，用烧结空心砖砌筑的墙体厚度可减薄半砖左右。一些较发达国家烧结空心砖占砖总产量的 70%～90%，我国目前也正在大力推广而且发展很快。

7.3　砌　块

砌块是利用混凝土、工业废料（炉渣、粉煤灰等）或地方材料制成的人造块材，外形尺寸比砖大，通常外形为直角六面体，长度大于 365mm 或宽度大于 240mm 或高度大于 115mm，且高度不大于长度或宽度的 6 倍，长度不超过高度的 3 倍。

砌块有设备简单、砌筑速度快的优点，符合建筑工业化发展中墙体改革的要求。由于其尺寸较大，施工效率较高，故在土木工程中应用广泛，尤其是采用混凝土制作的各种砌块，具有节约黏土资源、能耗低、利用工业废料、强度高、耐久性好等优点，已成为我国增长最快、产量最多、应用最广的砌块材料。

砌块按产品规格分为小型砌块（115mm＜h＜380mm）、中型砌块（380mm＜h＜980mm）、大型砌块（h＞980mm），使用以中、小型砌块居多；按外观形状可以分为实心砌块（空心率小于 25%）和空心砌块（空心率大于 25%），空心砌块又分单排方孔、单排圆孔和多排扁孔三种形式，其中多排扁孔砌块对保温较有利；按原材料分为普通混凝土小型空心砌块、轻骨料混凝土小型空心砌块、蒸压加气混凝土砌块、粉煤灰砌块和石膏砌块等；按砌块在组砌中的位置与作用可以分为主砌块和各种辅助砌块；按用途分为承重砌块和非承重砌块等。

7.3.1 普通混凝土小型空心砌块

普通混凝土小型空心砌块（代号 NHB）是以水泥为胶结材料，砂、碎石或卵石为骨料，加水搅拌，振动加压成型，养护而成的并有一定空心率的砌筑块材。

1. 普通混凝土小型空心砌块的等级

普通混凝土小型空心砌块按强度等级分为 MU3.5、MU5、MU7.5、MU10、MU15、MU20，产品强度等级应符合的规定如表 7-11 所示；按其尺寸偏差，外观质量分为优等品（A）、一等品（B）及合格品（C）。

表 7-11 普通混凝土小型空心砌块等级（GB/T8239-2014）　　　　　单位：MPa

强度等级	砌块抗压强度		强度等级	砌块抗压强度	
	平均值，≥	单块最小值，≥		平均值，≥	单块最小值，≥
MU3.5	3.5	2.8	MU10	10.0	8.0
MU5	5.0	4.0	MU15	15.0	12.0
MU7.5	7.5	6.0	MU20	20.0	16.0

2. 普通混凝土小型空心砌块的规格和外观质量

普通混凝土小型空心砌块的主规格尺寸（长×宽×高）为 390 mm×190 mm×190 mm，其他规格尺寸可由供需双方协商，即可组成墙用砌块基本系列。砌块各部位的名称如图 7-5 所示。其中，最小外壁厚度应不小于 30 mm，最小肋厚应不小于 25 mm，空心率应不小于 25%，其尺寸允许偏差应符合的规定如表 7-12 所示。

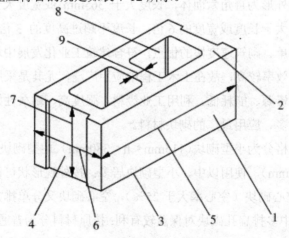

图 7-5 普通混凝土小型空心砌块

1-条面；2-坐浆面；3-铺浆面；4-顶面；5-长度；6-宽度；7-高度；8-壁；9-肋

表 7-12　普通混凝土小型空心砌块的尺寸偏差（GB/T8239-2014）　　单位：mm

项目名称	优等品（A）	一等品（B）	合格品（C）
长度	±2	±3	±3
宽度	±2	±3	±3
高度	±2	±3	+3、−4

普通混凝土小型空心砌块的外观质量包括弯曲程度、缺棱掉角的情况以及裂纹延伸的投影尺寸累计等三方面，产品外观质量应符合的要求如表 7-13 所示。

表 7-13　普通混凝土小型空心砌块的外观质量（GB/T8239-2014）

项目名称		优等品（A）	一等品（B）	合格品（C）
弯曲程度（mm），≤		2	2	3
缺棱掉角	个数（个），≤	0	2	2
	三个方向投影尺寸最小值（mm），≤	0	20	30
裂纹延伸的投影尺寸累计（mm），≤		0	20	30

3. 普通混凝土小型空心砌块的相对含水率和抗冻性

GB/T 8239-2014 要求普通混凝土小型空心砌块的相对含水率为：潮湿地区≤45%，中等潮湿地区≤40%，干燥地区≤35%。对于非采暖地区抗冻性不作规定，采暖地区强度损失≤25%、质量损失≤5%，其中一般环境抗冻性等级应达到 F15，干湿交替环境抗冻性等级应达到 F25。

普通混凝土小型空心砌块具有节能、节地、减少环境污染、保持生态平衡的优点，符合我国建筑节能政策和资源可持续发展战略，已被列入国家墙体材料革新和建筑节能工作重点发展的墙体材料之一。

7.3.2　轻骨料混凝土小型空心砌块

轻骨料混凝土小型空心砌块（代号 LHB）是指用轻骨料混凝土制成的主规格高度大于 115mm 而小于 380mm 的空心砌块。轻骨料是指堆积密度不大于 1100kg/m³ 的轻粗骨料和堆积密度不大于 1200kg/m³ 的轻细骨料的总称，常用的骨料有浮石、煤渣、煤矸石、粉煤灰等。轻骨料混凝土小型空心砌块多用于非承重结构，属于小型砌筑块材。

1. 轻骨料混凝土小型空心砌块的类别、等级

（1）类别。轻骨料混凝土小型空心砌块按砌块孔的排数分为五类，有实心（0）、单排孔（1）、双排孔（2）、三排孔（3）和四排孔（4）。

（2）等级。轻骨料混凝土小型空心砌块按其强度可分为 1.5 MPa、2.5 MPa、3.5 MPa、5 MPa、7.5 MPa、10 MPa 等六个等级，产品强度应符合表 7-14 的规定。轻骨料混凝土小型空心砌块按其密度可分为 500、600、700、800、900、1000、1200、1400 等八个等级，其中实心砌块的密度等级不应大于 800。轻骨料混凝土小型空心砌块按尺寸允许偏差和外观质量分为一等品（B）和合格品（C）两个等级，其标准如表 7-14 所示。

表 7-14　轻骨料混凝土小型空心砌块的强度等级（GB/T15229-2011）　　单位：MPa

强度等级	砌块抗压强度		密度等级范围
	平均值，≥	单块最小值，≥	
1.5	1.5	1.2	≤600
2.5	2.5	2.0	≤800
3.5	3.5	2.8	≤1 200
5.0	5.0	4.0	
7.5	7.5	6.0	≤1 400
10	10	8.0	

2. 轻骨料混凝土小型空心砌块的应用

轻骨料混凝土小型空心砌块以其节省耕地、质量轻、保湿性能好、施工方便、砌筑工效高、综合工程造价低等优点，在我国已经被列为取代黏土实心砖的首选新型墙体材料，广泛应用于多层和高层建筑的填充墙、内隔墙和底层别墅式住宅。

7.3.3　蒸压加气混凝土砌块

蒸压加气混凝土砌块（简称加气混凝土砌块，代号 ACB）是由硅质材料（砂）和钙质材料（水泥石灰），加入适量调节剂、发泡剂，按一定比例配合，经混合搅拌、浇筑、发泡、坯体静停、切割、高温高压蒸养等工序制成的。因产品本身具有无数微小封闭、独立、分布不均匀的气孔结构，具有轻质、高强、耐久、隔热、保湿、吸声、隔声、防水、防火、抗震、施工快捷、可加工性强等多种功能，是一种优良的新型墙体材料。

1. 蒸压加气混凝土砌块的规格、等级

（1）规格。蒸压加气混凝土砌块的规格尺寸应符合的规定如表 7-15 所示。

表 7-15　蒸压加气混凝土砌块的规格尺寸（GB11968-2006）　　单位：mm

长度	宽度	高度
600	100、120、125、150、180、200、240、250、300	200、240、250、300

（2）等级。蒸压加气混凝土砌块按抗压强度分为 A1、A2、A2.5、A3.5、A5、A7.5、A10 等七个强度等级，各等级的立方体抗压强度值应符合的规定如表 7-16 所示。

表 7-16　蒸压加气混凝土砌块的立方体抗压强度（GB11968-2006）　　单位：MPa

强度等级	立方体抗压强度		强度等级	立方体抗压强度	
	平均值，≥	单块最小值，≥		平均值，≥	单块最小值，≥
A1	1.0	0.8	A5	5.0	4.0
A2	2.0	1.6	A7.5	7.5	6.0
A2.5	2.5	2.0	A10	10.0	8.0
A3.5	3.5	2.8			

2. 蒸压加气混凝土砌块应用

蒸压加气混凝土砌块质量轻，表观密度约为黏土砖的 1/3，适用于低层建筑的承重墙、多层建筑的间隔墙和高层框架结构的填充墙，也可用于一般工业建筑的围护墙。其作为保湿隔热材料也可用于复合墙板和屋面结构中，广泛应用于工业与民用建筑、多层和高层建筑及建筑物夹层等，可减轻建筑物自重，增加建筑物的使用面积，降低综合造价，同时由于墙体轻、结构自重减小，大大提高了建筑自身的抗震能力。因此，蒸压加气混凝土砌块是建筑工程中使用的最佳砌块之一。

【案例分析】某工程用蒸压加气混凝土砌块砌筑外墙，该蒸压加气混凝土砌块出釜一周后即砌筑，工程完工一个月后，墙体出现裂纹，试分析原因。

【原因分析】该外墙属于框架结构的非承重墙，所用的蒸压加气混凝土砌块出釜仅一周，其收缩率仍很大，在砌筑完工干燥过程中继续产生收缩，墙体在沿着砌块与砌块交接处就易产生裂缝。

7.4 木　材

木材是重要的建筑材料之一，由树木的树干加工而成。它具有很多优良性能，如轻质高强，有较高的弹性、韧性，耐冲击、振动，易于加工，但构造上各向异性、易燃、易虫蛀、易腐朽、受水及疵病影响性能波动大。目前，主要用作装饰、装修和制作家具的材料。

树木总的分为针叶树（如杉木、红松、白松、黄花松等）、阔叶树（如榆木、水曲柳、柞木等）两大类。针叶树叶子呈针状，树干通直高达，纹理顺直，强度较高，变形较小，耐腐蚀性较强，木质教软易于加工，故又称软木，是建筑上常用的木材，建筑工程常将松、杉、柏用于承重结构。阔叶树树干通直部分较短，一般较重，强度高，变形大，易开裂，材质坚硬加工较困难，故又称硬木，用于建筑中尺寸较小的装饰构件，做室内装修、家具及胶合板。

7.4.1 木材的组织构造

1. 木材的宏观构造

木材的宏观构造用肉眼和放大镜就能观察到，通常从树干的三个切面上来进行剖析，即横切面（垂直于树轴的面）、径切面（通过树轴的切面）和弦切面（和树轴平行与年轮相切的切面），如图 7-6 所示。在宏观下，树木可分为树皮、木质部和髓心三个部分。而木材主要使用木质部。

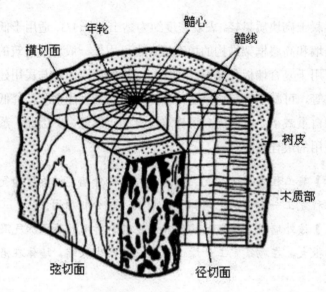

图 7-6 木材的宏观构造

树木是由树皮、木质部和髓心等部分组成的。一般树的树皮在建筑工程上使用价值不大，木质部是木材的主体，也是建筑材料使用的主要部分，研究木材的构造主要是指木质部的构造。在木质部中，靠近髓心的部分颜色较深，称为心材。心材含水量较少，不易翘曲变形，抗蚀性较强；外面部分颜色较浅，称为边材。边材含水量高，易干燥，也易被湿润，所以容易翘曲变形，抗蚀性也不如心材。

横切面上可以看到深浅相间的同心圆，称为年轮。年轮中浅色部分是树木在春季生长的，由于生长快，细胞大而排列疏松，细胞壁较薄，颜色较浅，称为春材（早材）；深色部分是树木在夏季生长的，由于生长迟缓，细胞小，细胞壁较厚，组织紧密坚实，颜色较深，称为夏材（晚材）。每一年轮内就是树木一年的生长部分。年轮中夏材所占的比例越大，木材的强度越高。

树干的中心称为髓心，其质松软，强度低，易腐朽。从髓心向外的辐射线称为髓线，它与周围联结差，干燥时易沿此开裂，年轮和髓线组成了木材美丽的天然纹理。

2. 木材的微观构造

在显微镜下观察，可以看到木材是由无数管状细胞紧密结合而成，如图 7-7 所示。它们大部分为纵向排列，少数横向排列（如髓线）。每个细胞又由细胞壁和细胞腔两部分组成，细胞壁又是由细纤维组成，所以木材的细胞壁越厚，细胞腔越小，木材越密实，其表观密度和强度也越大，但胀缩变形也大。

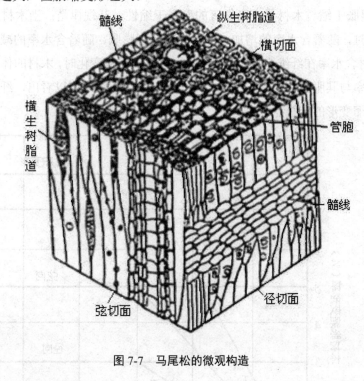

图 7-7 马尾松的微观构造

7.4.2 木材的物理力学性质

1. 木材的物理性质

（1）含水率。木材的含水量以含水率表示，即木材中水分质量占干燥木材质量的百分比。木材中的水分以三种形式存在：自由水、吸附水、化合水。

自由水是存在于细胞腔及细胞间隙中。木材干燥时，它首先蒸发，影响木材的表观密度、燃烧性和抗腐蚀性。吸附水是存在于细胞壁中。木材受潮时，细胞壁首先吸水。吸附水的含量是影响木材涨缩的主要因素。化合水是木材化学组成中的结合水，占总量 1～2%，常忽略不计。

①木材的纤维饱和点。木材中自由水为零，而细胞壁吸附水尚未饱和时，这时的木材含水率称为纤维饱和点。它是木材的物理力学性质随含水率变化而变化的转折点。纤维饱和点随树种而异，一般为 25%～35%，平均 30%。

②木材的平衡含水率。木材中所含的水分是随着环境的温度和湿度的变化而改变的，当木材长时间处于一定温度和湿度的环境中时，木材中的含水量最后会达到与周围环境湿度相平衡，这时木材的含水率称为平衡含水率。木材的平衡含水率是木材进行干燥时的重要指标，木材的平衡含水率随其所在地区不同而异，一般北方为 12%左右，长江流域为 15%左右，南方地区则更高些。

（2）湿胀干缩。木材具有很显著的湿胀干缩性，其规律是：当木材的含水率在纤维饱和点以下时，随着含水率的增加，木材产生体积膨胀，随着含水率的减小，木材体积收缩；而当木材含水率在纤维饱和点以上，只是自由水增减变化时，木材的体积不发生变化。木材的含水率与其胀缩变形率的关系如图 7-8 所示。从图中可以看出，纤维饱和点是木材发生湿胀干缩变形的转折点。

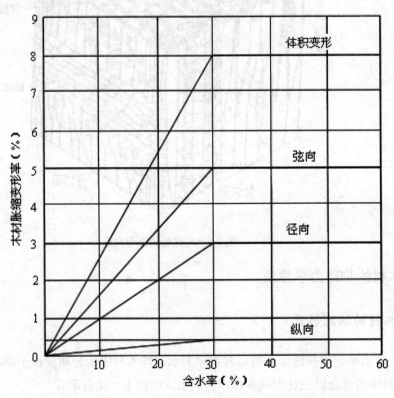

图 7-8　木材含水率与胀缩变形率的关系图

由于木材为非匀质构造，故其胀缩变形各向不同，其中以弦向最大，径向次之，纵向（即顺纤维方向）最小。木材干燥时，弦向干缩 6%～12%，径向干缩为 3%～6%，纵向仅为 0.1%～0.35%。图 7-9 展示出木材干燥后其横截面上各部位的不同变化情况。

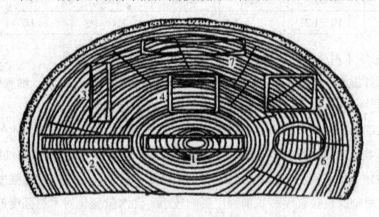

图 7-9　木材干燥后横截面形状的改变示意图

1-通过髓心的径锯板呈凸形；2-边材径锯板收缩较均匀；

3-板面与年轮成 40°角发生翘曲；4-两边与年轮平行的正方形变长方形；

5-与年轮成对角线的正方形变菱形；6-圆形变椭圆形；7—弦锯板呈翘曲

木材的湿胀干缩对木材的使用有严重影响，干缩使木材结构构件连接处产生缝隙而致接合松弛、拼缝不严、翘曲开裂，湿胀则造成凸起变形，强度降低。为了避免这种情况，工程上最常用的方法是预先将木材进行干燥至使用情况下的平衡含水率，或采用径向切板的方法，另外也可使用油漆涂刷防潮层等方法来降低木材的湿胀变形。

（3）密度、表观密度。各种木材的分子构造基本相同，因而木材的密度基本相等，平均约为 1.55g/cm^3。木材细胞组织中的细胞壁中存在大量微小的孔隙，使得木材的表观密度较小，一般只有 300 kg/m^3～800kg/m^3，孔隙率很大，可达 50%～80%。

木材的表观密度除与组织构造有关外，含水率对其影响也很大，使用时通常以含水率 15%的表观密度为标准。

2. 木材的力学性质

（1）强度。在建筑结构中，木材常用的强度有抗拉、抗压、抗弯和抗剪强度。由于木材的构造各向不同，致使各向强度有差异，为此木材的强度有顺纹强度和横纹强度之分。木材的顺纹强度比其横纹强度要大得多，所以工程上均充分利用它们的顺纹强度。从理论上讲，木材强度中以顺纹抗拉强度为最大，其次是抗弯强度和顺纹抗压强度，但实际上是木材的顺纹抗压强度最高。

当以顺纹抗压强度为 1 时，木材理论上各强度大小关系如表 7-17 所示。

表 7-17　　木材的相对强度（顺纹抗压强度为 1）

抗压强度		抗拉强度		抗剪强度		抗弯强度
顺纹	横纹	顺纹	横纹	顺纹	横纹	1.2
1	1/10～1/3	2	1/20～1/3	1/7～1/3	1/2	

（2）影响木材强度的主要因素。

①木材纤维组织的影响。木材受力时，主要靠细胞壁承受外力，细胞壁越均匀密实，强度就越高；当晚材率高时，木材的强度高，表观密度也大。

②含水率的影响。当含水率在纤维饱和点以上变化时，仅仅是自由水的增减，对木材强度没有影响；当含水率在纤维饱和点以下变化时，随含水率的降低，细胞壁趋于紧密，木材强度增加。含水率的变化对各强度的影响是不一样的，对顺纹抗压强度和抗弯强度的影响较大，对顺纹抗拉强度和抗剪强度影响较小。含水量变化对木材强度的影响（以松木为例）如图 7-10 所示。

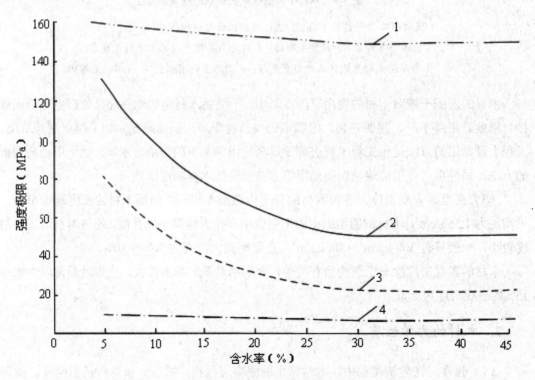

图 7-10　含水量对木材强度的影响
1-顺纹受拉；2-弯曲；3-顺纹受压；4-顺纹受剪

我国木材试验标准规定，测定木材强度时，应以其标准含水率（即含水率为 12%）时的强度测值为准，对于其他含水率时的强度测值，应换算成标准含水率时的强度值。其换算经验公式如式（7-4）所示：

$$f_{12}=f_w\left[1+\alpha\left(W_h-12\right)\right] \tag{7-4}$$

式中：f_{12}——含水率为 12% 时的强度，MPa；

　　　f_w——含水率为 Wh 时的强度，MPa；

　　　W_h——木材的含水率；

　　　α——校正系数，随作用力和树种不同而异，如顺纹抗压时所有树种均为 0.05，顺纹抗拉时阔叶树为 0.015、针叶树为 0，抗弯时所有树种为 0.04，顺纹抗剪时所有树种为 0.03。

③负荷时间的影响。木材对长期荷载的抵抗能力与对暂时荷载不同。木材在外力长期作用下，只有当其应力远低于强度极限的某一定范围以下时，才可避免木材因长期负荷而破坏。这是由于木材在外力作用下产生等速蠕滑，经过长时间以后，最后达到急剧产生大量连续变形所致。木材在长期荷载作用下不致引起破坏的最大强度，称为持久强度。木材的持久强度比其极限强度小得多，一般为极限强度的 50%～60%。一切木结构都处于某一种负荷的长期作用下，因此在设计木结构时，应考虑负荷时间对木材强度的影响。

④温度的影响。木材随环境温度的升高强度会降低。当温度由 25℃升到 50℃时，针叶树抗拉强度降低 10%～15%，抗压强度降低 20%～40%。当木材长期处于 60℃～100℃时，会引起水分和所含挥发物的蒸发而呈暗褐色，强度下降，变形增大。温度超过 140℃时，木材中的纤维素发生热裂解，色渐变黑，强度明显下降。因此，长期处于高温的建筑物，不宜采用木结构。

⑤木材的疵病。木材在生长、采伐及保存过程中，会产生内部和外部的缺陷，这些缺陷称为疵病。木材的疵病主要有木节、斜纹、腐朽及虫害等，这些疵病将影响木材的力学性质，但同一疵病对木材不同强度的影响不尽相同。

一些建筑上常用木材的表观密度及力学性质如表 7-18 所示。

表 7-18　几种常见木材的表观密度及力学性质

树种	产地	表观密度（g/cm³）	强度（MPa）			
			顺纹抗压强度	抗弯强度	顺纹抗拉强度	顺纹抗剪强度（径面）
杉木	湖南	0.371	37.8	63.8	77.2	4.2
红松	东北	0.440	33.4	65.3	98.1	6.3
马尾松	湖南	0.519	44.4	91.0	104.9	7.5
落叶松	东北	0.614	57.6	118.3	129.9	8.5
鱼鳞云杉	东北	0.417	35.2	69.9	96.7	6.2
冷杉	四川	0.433	35.2	70.0	97.3	4.9
冷杉	湖北	0.600	54.3	100.5	117.1	6.2
柏木	东北	0.777	55.6	124.0	155.4	11.8

木节分为活节、死节、松软节、腐朽节等几种，活节影响较小。木节使木材顺纹抗拉

强度显著降低，对顺纹抗压强度影响较小。在木材受横纹抗压和剪切时，木节反而增加其强度。

斜纹为木纤维与树轴成一定夹角，斜纹使木材严重降低其顺纹抗拉强度，抗弯强度次之，对顺纹抗压强度影响较小。裂纹、腐朽、虫害等疵病，会造成木材构造的不连续性或破坏其组织，因此严重影响木材的力学性质，有时甚至能使木材完全失去使用价值。

【案例分析】某客厅采用白松实木地板装修，使用一段时间后多处磨损，请分析原因。

【原因分析】白松属针叶树木，其木质软、硬度低、耐磨性差。虽受潮后不易变形，但用于走动频繁的客厅则不妥，可考虑改用质量好的复合木地板，其板面坚硬耐磨，使用寿命长。

【例题】一块松木试件长期置于相对湿度为 60%、温度为 20℃的空气中，其平衡含水率为 12.8%，测得顺纹抗压强度为 49.4MPa，问此木材在标准含水率情况下抗压强度为多少？

【解】木材在标准含水率情况下抗压强度为：

f12＝fw［1＋α（Wh－12）］

　　＝49.4×[1 + 0.05×（12.8－12）]

　　＝51.4MPa

7.4.3　木材的防腐与防火

1. 木材的腐朽与防腐

（1）木材的腐朽。木材的腐朽为真菌侵害所致。真菌分霉菌、变色菌和腐朽菌三种，前两种真菌对木材影响较小，但腐朽菌影响很大。腐朽菌寄生在木材的细胞壁中，它能分泌出一种酵素，把细胞壁物质分解成简单的养分，供自身摄取生存，从而致使木材产生腐朽，并遭彻底破坏。真菌在木材中生存和繁殖必须具备三个条件，即：适量的水分、空气（氧气）和适宜的温度。当温度低于 5℃时，真菌停止繁殖，而高于 60℃时，真菌则死亡。

（2）木材防腐措施。根据木材产生腐朽的原因，通常防止木材腐朽的措施有以下两种：

①破坏真菌生存的条件。破坏真菌生存条件最常用的办法是使木结构、木制品和储存的木材处于经常保持通风干燥的状态，并对木结构和木制品表面进行油漆处理，油漆涂层既使木材隔绝了空气，又隔绝了水分。

②把木材变成有毒的物质。将化学防腐剂注入木材中，使真菌无法寄生。木材防腐剂种类很多，一般分水溶性防腐剂、油质防腐剂和膏状防腐剂三类。水溶性防腐剂常用品种

有氯化锌、氟化钠、硅氟酸钠、硼铬合剂、硼酚合剂、铜铬合剂、氟砷铬合剂等。水溶性防腐剂多用于室内木结构的防腐处理。油质防腐剂常用的有煤焦油、混合防腐油、强化防腐油等。油质防腐剂色深、有恶臭，常用于室外木构件的防腐。膏状防腐剂由粉状防腐剂、油质防腐剂、填料和胶结料（煤沥青、水玻璃等）按一定比例混合配制而成，用于室外木材防腐。

2.　木材的防火

（1）木材的可燃性。木材是国家建设和人民生活中重要物质资源之一。木材属木质纤维材料，易燃烧，它是具有火灾危险性的有机可燃物。

（2）木材燃烧及阻燃机理。木材在热的作用下要发生热分解反应，随着温度升高，热分解加快。当温度高至 220℃以上达木材燃点时，木材燃烧放出大量可燃气体，这些可燃气体中有着大量高能量的活化基，活化基氧化燃烧后继续放出新的活化基，如此形成一种燃烧链反应，于是火焰在链状反应中得到迅速传播，使火越烧越旺，此称气相燃烧。在实际火灾中，木材燃烧温度可高达 800℃～1300℃。所谓木材的防火，就是将木材经过具有阻燃性能的化学物质处理后，变成难燃的材料，以达到遇小火能自熄，遇大火能延缓或阻滞燃烧蔓延，从而赢得扑救的时间。

（3）木材的防火措施。根据燃烧机理，阻止和延缓木材燃烧的途径，通常可有以下几种：

①抑制木材在高温下的热分解。实践证明，某些含磷化合物能降低木材的热稳定性，使其在较低温度下即发生分解，从而减少可燃气体的生成，抑制气相燃烧。

②阻滞热传递。通过实践发现，一些盐类、特别是含有结晶水的盐类，具有阻燃作用。例如含结晶水的硼化物、含水氧化铝和氢氧化镁等，遇热后则吸收热量而放出水蒸气，从而减少了热量传递。磷酸盐遇热缩聚成强酸，使木材迅速脱水炭化，而木炭的导热系数仅为木材的 1/2～1/3，从而有效地抑制了热的传递。同时，磷酸盐在高温下形成的玻璃状液体物质覆盖在木材表面，也起到了隔热层作用。

③稀释木材燃烧面周围空气中的氧气和热分解产生的可燃气体，增加隔氧作用。如采用含结晶水的硼化物和含水氧化铝等，遇热放出的水蒸汽，能稀释氧气及可燃气体的浓度，从而抑止了木材的气相燃烧，而磷酸盐和硼化物等在高温下形成玻璃状覆盖层，则阻滞了木材的固相燃烧。

7.4.4　木材的应用

工程中木材按其加工程度和用途分为原条、原木、锯材、枕木四类。此外还有各类人造板材。

1. 原条

原条是已经除去皮（也有不去皮的）、根、树梢而未加工成规定材品的木材。这主要用于脚手架或供进一步加工。

2. 原木

原木是将原条按一定尺寸切取的木料，可分为直接使用原木和加工原木。直接使用原木可用于屋架、檩、椽、木桩、坑木等；加工原木可用于加工锯材、胶合板等。

3. 锯材

锯材按其厚度、宽度可分为薄板（厚度小于 18mm）、中板（厚度 19mm～35mm）、厚板（厚度 36mm～65mm）、特厚板（厚度大于 66mm）。锯材有特等锯材和普通锯材之分。根据《针叶树锯材》（GB/T153-2009）和《阔叶树锯材分等》（GB481.72-84）的规定，普通锯材分为一、二、三等。

4. 人造板材

木材经加工成型和制作构件时，会留下大量的碎块废屑，将这些废脚料或含有一定纤维量的其他作物作原料，采用一般物理和化学方法加工而成的即为人造板材。这类板材与天然木材相比，板面宽，表面平整光洁，没有节子，不翘曲、开裂，经加工处理后还具有防水、防火、防腐、防酸性能。常用人造板材有胶合板、纤维板、刨花板。

（1）胶合板。胶合板是用原木旋切成薄片，经干燥处理后，再用胶粘剂按奇数层数，以各层纤维相互垂直的方向，黏合、热压而成的人造板材，一般为3～13层，工程中常用的是三合板和五合。一般可分为阔叶树普通胶合板和松木普通胶合板两种。胶合板厚度为 2.4mm、3mm、3.5mm、4mm、5.5mm、6mm，自 6mm 起按 1mm 递增。胶合板具有材质均匀、强度高，无明显纤维饱和点存在，吸湿性小，不翘曲开裂，无疵病，面幅大，使用方便，装饰性好等优点。

（2）纤维板。纤维板是以植物纤维为原料经破碎、浸泡、研磨成浆，然后经热压成型、干燥等工序制成的一种人造板材。纤维板所选原料可以是木材采伐或加工的剩余物（如板皮、刨花、树枝），也可以是稻草、麦秸、玉米秆、竹材等。纤维板利用率高，且材质均匀，各向同性，弯曲强度高，不易胀缩和翘曲开裂，完全避免了木材的各种缺陷。纤维板按其体积密度分为硬质纤维板（体积密度＞800kg/m^3）、中密度纤维板（体积密度 500 kg/m^3～800kg/m^3）和软质纤维板（体积密度＜500kg/m^3）三种。

硬质纤维板的强度高、耐磨、不易变形，可代替木板用于墙面、天花板、地板、家具等。中密度纤维板表面光滑、材质细密、性能稳定、边缘牢固，且板材表面的再装饰性能好。主要用于隔断、隔墙、地面、高档家具等。软质纤维板结构松软，强度较低，但吸音性和保温性好，主要用于吊顶等。

（3）刨花板。刨花板是利用木材的边角余料，经切碎、干燥、拌胶（或未施胶）热压而成的一种人造板材。其规格尺寸为：长度 915mm、1220mm、1525mm、1830mm、2135mm；宽度 915mm、1000mm、1220mm；厚度 6mm、8mm、13mm、16mm、19mm、22mm、25mm、30mm 等。刨花板表观密度小，性质均匀，具有隔声、绝热、防蛀、耐火等优点。但易吸湿，强度不高，可用于保温、隔音、室内装饰材料。

项目小结

天然石材按地质条件不同分为岩浆岩、沉积岩和变质岩。其来源广泛，质地坚固，耐久性好，被广泛用于工程中。

砌墙砖分为烧结砖和非烧结砖两大类。其中烧结砖包括烧结普通砖、烧结多孔砖和烧结空心砖。常用砌块有混凝土砌块、轻骨料混凝土砌块、蒸压加气砌块等。砌筑墙体时采用砌块可以提高施工速度，改善墙体的使用功能。墙体材料质量验收主要对其尺寸、外观及强度进行检测。

木材是由树木的树干加工而成，简要介绍了木材的分类及木材的宏观构造和微观构造。详细地论述了木材的物理性质和力学性质。应深刻领会木材的各向异性、湿胀干缩性、含水率对木材性质的影响，影响木材强度大小的因素等。此外，还应了解木材在建筑工程中的主要用途及木材的腐朽原因及防腐途径。

项目习题

一、单选题

1. 沉积岩大都呈（　　）构造。

A. 块状　　　　　　B. 多孔　　　　　　C. 层状　　　　　　D. 粉状

2. 天然大理石板一般不宜用于室外，主要原因是由于其（　　）。

A. 强度不够　　　　B. 硬度不够　　　　C. 抗风化性能差　　　D. 抗腐蚀性能差

3. 大理石贴面板宜使用在（　　）。

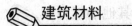

A. 室内墙、地面　　B. 外墙、地面　C. 屋面　　　　D. 各建筑部位皆可

4. 下面四种岩石中，耐火性最差的是（　　）。

A. 石灰岩　　　B. 大理岩　　　　C. 玄武岩　　　　D. 花岗岩

5. 大理石岩、石英岩、片麻岩属（　　）。

A. 岩浆岩　　　　　B. 沉积岩　　　　C. 变质岩　　　　D. 火山岩

6. 红砖是在（　　）条件下焙烧的。

A. 氧化气氛　　　　　　　　　　B. 先氧化气氛，后还原气氛

C. 还原气氛　　　　　　　　　　D. 先还原气氛，后氧化气氛

7. 烧结多孔砖的强度等级是按（　　）确定的。

A. 抗压强度　　　B. 抗折强度　　　C. A+B　　　　D. A+抗折荷载

8. 木材在不同受力下的强度，按其大小可排成如下顺序（　　）。

A. 抗弯＞抗压＞抗拉＞抗剪　　　　B. 抗压＞抗弯＞抗拉＞抗剪

C. 抗拉＞抗弯＞抗压＞抗剪　　　　D. 抗拉＞抗压＞抗弯＞抗剪

9. （　　）是木材物理、力学性质发生变化的转折点。

A. 纤维饱和点　　B. 平衡含水率　C. 饱和含水率　　D. 抗压强度

10. （　　）是木材的主体。

A. 木质部　　　　B. 髓心　　　　　C. 年轮　　　　　D. 树皮

二、多选题

1. 下列岩石属于沉积岩的是（　　）。

A. 石灰岩　　　B. 页岩　　　　　C. 砂岩　　　　　D. 石英岩

2. 花岗岩与大理石相比（　　）。

A. 硬度大　　　　　B. 抗风化能力强　C. 耐酸性好　　　D. 耐磨性好

3. 料石按表面加工的平整程度分为（　　）。

A. 粗料石　　　B. 细料石　　　　C. 半细料石　　　D. 毛料石

三、填空题

1. 按地质分类法，天然岩石分为＿＿＿＿＿、＿＿＿＿＿和＿＿＿＿＿三大类。其中岩浆岩按形成条件不同又分为＿＿＿＿＿、＿＿＿＿＿和＿＿＿＿＿。

2. 建筑工程中的花岗岩属于＿＿＿＿＿岩，大理石属于＿＿＿＿＿岩，石灰石属于＿＿＿＿＿岩。

3. 毛石有＿＿＿＿＿和＿＿＿＿＿之分。

4. 料石有＿＿＿＿＿、＿＿＿＿＿、＿＿＿＿＿和＿＿＿＿＿之分。

5．烧结砖材料不同可分为_____、_____、_____。

6．普通烧结砖的规格为_____。

7．_____是木材的最大缺点。

8．木材中_____发生变化时，木材的物理力学性质也随之变化。

9．木材的性质取决于木材的_____。

10．木材按树种分为两大类_____和_____。

四、判断题

1．片石既是毛石。（　　）

2．片石形状随不规则，但它有大致平行的两个面。（　　）

3．用标准砖砌筑 $1m^3$，需要 521 块。（　　）

4．易燃是木材最大的缺点，因为它使木材失去了可用性。（　　）

5．纤维饱和点是木材强度和体积随含水率发生变化的转折点。（　　）

6．木材的自由水处于细胞腔和细胞之间的间隙中。（　　）

7．木材愈致密，体积密度和强度愈大，胀缩愈小。（　　）

8．化学结合水是构成木质的组分，不予考虑。（　　）

9．花岗石板材既可用于室内装饰又可用于室外装饰。（　　）

10．石材按其抗压强度共分为 MU100、MU80、MU60、MU50、MU40、MU30、MU20、MU15 和 MU10 九个强度等级。（　　）

11．火山岩为玻璃体结构且构造致密。（　　）

12．岩石中云母含量越多，则其强度越高。（　　）

13．大理石板材既可用于室内装饰又可用于室外装饰。（　　）

14．汉白玉是一种白色花岗石，因此可用作室外装饰和雕塑。（　　）

15．岩浆岩分部最广。（　　）

五、简答题

1．天然石材有哪些优势和不足？

2．天然石材的强度等级是如何划分的？

3．为什么天然大理石一般不宜作为城市建筑物外部的饰面材料？

4．评价普通粘土砖的使用特性及应用。

5．烧结普通砖、烧结多孔砖和烧结空心砖各自的强度等级、质量等级是如何划分的？各自的规格尺寸是多少？主要适用范围如何？

6．何谓木材平衡含水率、纤维饱和点含水率？并说明区别这些概念意义何在？

7. 试述木材含水率的变化对其强度、变形、导热、表观密度和耐久性等性能的影响。

8. 为什么木材多用来做承受顺纹抗压和抗弯的构件，而不宜做受拉构件？

9. 影响木材强度的因素有哪些？

10. 试述木材腐蚀的原因及防腐措施。

项目 8   试验数据统计分析的一般方法

【项目导读】

在建筑施工中，要对大量的原材料和半成品进行试验，取得大量数据，对这些数据进行科学的分析，能更好地评价原材料或工程质量，提出改进工程质量，节约原材料的的意见，现简要介绍常用的数理统计方法。

【项目目标】

➢ 对试验取得的数据会进行科学分析
➢ 掌握常用的数理统计方法

8.1   平 均 值

8.1.1   算术平均值

这是最常用的一种方法，用来了解一批数据的平均水平，度量这些数据的中间位置。

$$\overline{X} = \frac{X_1 + X_2 + \cdots\cdots X_n}{n} = \frac{\sum X}{n} \tag{8-1}$$

式中：$\overline{X}$ ——算术平均值。

X_1, X_2, $\cdots\cdots X_n$ ——各个试验数据值。

$\sum X$ ——各试验数据的总和。

n ——试验数据个数。

8.1.2   均方根平均值

均方根平均值对数据大小跳动反映较为灵敏，计算公式如下：

$$S = \sqrt{\frac{X_1^2 + X_2^2 + \cdots\cdots X_n^2}{n}} = \sqrt{\frac{\sum X_n^2}{n}} \tag{8-2}$$

式中：S——各试验数据的均方根平均值。

X_1，X_2，……X_n——各个试验数据值。

$\sum X^2$——各试验数据平方的总和。

n——试验数据个数。

8.1.3 加权平均值

加权平均值是各个试验数据和它的对应数的算术平均值。计算水泥平均标号采用加权平均值。计算公式如下：

$$m = \frac{X_1 g_1 + X_2 g_2 + \cdots\cdots X_n g_n}{g_1 + g_2 + \cdots\cdots g_n} = \frac{\sum X_g}{\sum g} \tag{8-3}$$

式中：X——加权平均值。

X_1，X_2，……X_n——各试验数据值。

$\sum X_g$——各试验数据值和它的对应数乘积的总和。

$\sum g$——各对应数的总和。

8.2 误差计算

8.2.1 范围误差

范围误差也叫极差，是试验值中最大值和最小值之差。例如三块砂浆试件抗压强度分别为 5.21，5.63，5.72MPa，则这组试件的极差或范围误差为：5.72-5.21＝0.51MPa

8.2.2 算术平均误差

算术平均误差按式（8-4）计算：

$$\delta = \frac{\left|X_1 - \overline{X}\right| + \left|X_2 - \overline{X}\right| + \left|X_3 - \overline{X}\right| + \cdots\cdots + \left|X_n - \overline{X}\right|}{n} = \frac{\sum\left|X - \overline{X}\right|}{n} \tag{8-4}$$

式中：δ——算术平均误差。

X_1，X_2，……X_n——各试验数据值。

$\overline{X}$——试验数据值的算术平均值。

n——试验数据个数。

| |——绝对值。

【例】三块砂浆试块的抗压强度为 5.21，5.63，5.72 MPa，求算术平均误差。

【解】这组试件的平均抗压强度为 5.52 MPa，其算术平均误差为：

$$\delta = \frac{\left|5.21 - 5.52\right| + \left|5.63 - 5.52\right| + \left|5.72 - 5.52\right|}{3} = 0.2 MPa$$

8.2.3 均方根误差（标准离差、均方差）

只知试件的平均水平是不够的，要了解数据的波动情况，及其带来的危险性，标准离差（均方差）是衡量波动性（离散性大小）的指标。标准离差的计算公式为：

$$S = \sqrt{\frac{\left(X_1 - \overline{X}\right)^2 + \left(X_2 - \overline{X}\right)^2 + \left(X_3 - \overline{X}\right)^2 + \cdots\cdots + \left(X_n - \overline{X}\right)^2}{n-1}} = \sqrt{\frac{\sum\left(X - \overline{X}\right)^2}{n-1}} \tag{8-5}$$

式中：S—标准离差（均方差）。

X_1，X_2，……X_n——各试差数据值。

$\overline{X}$——试验数据值的算术平均值。

n——实验数据个数。

【例 8.2】某厂某月生产 10 个编号的 325 矿渣水泥，28d 抗压强度为 37.3、35.0、38.4、35.8、36.7、37.4、38.1，37.8，36.2，34.8MPa，求标准离差。

【解】10 个编号水泥的算术平均强度为：

$$\overline{X} = \frac{\sum X}{n} = \frac{367.5}{10} = 36.8 \, MPa$$

	X_1	X_2	X_3	X_4	X_5	X_6	X_7	X_8	X_9	X_{10}
	37.5	35.0	38.4	35.8	36.7	37.4	38.1	37.8	36.2	34.8
$X - \overline{X}$	0.5	1.8	1.6	−1.0	−0.1	0.6	1.3	1.0	−0.6	−2.0
$\left(X - \overline{X}\right)^2$	0.25	3.24	2.56	1.0	0.01	0.36	1.69	1.0	0.36	4.0

$$\sum\left(X - \overline{X}\right)^2 = 14.47$$

则标准离差：$S = \sqrt{\dfrac{\sum\left(X - \overline{X}\right)^2}{n-1}} \sqrt{\dfrac{14.47}{9}} = 1.27 \, MPa$

8.3 数值修约规则

试验数据和计算结果都有一定的精度要求，对精度范围以外的数字，应按属《数值修约规则》（GB817—87）进行修约．简单概括为："四舍六入五考虑，五后非零应进一，五后皆零视奇偶，五前为偶应舍去，五前为奇则进一"。

（1）在拟舍弃的数字中，保留数后边（右边）第一个数小于 5（不包括 5）时，则舍去。保留数的末位数字不变。例如：14.2432 修约后为 14.2。

（2）在拟舍弃的数字中保留数后边（右边）第一个数字大子 5（不包括 5）时，则进一。即保留数的末位数字加一。例如：将 26.4843 修约到保留一位小数。修约前 26.4843 修约后 26.5。

（3）在拟舍弃数字中保留数后边（右边）第一个数字等于 5，5 后边的数字并非全部为零时，则进一。即保留数末位数字加一。例如：将 1.0501 修约到保留小数一位。修约前 1.0501 修约后 1.1。

（4）在拟舍弃的数字中，保留数后边（右边）第一个数字等于 5，5 后边的数字全部为零时，保留数的末位数字为奇数时则进一，若保留数的末位数字为偶数（包括"0"）则不进。例如：将下列数字修约到保留—位小数。

修约前 0.3500   修约后 0.4

修约前 0.4500   修约后 0.4

修约前 1.0500   修约后 1.0

（5）所拟舍弃的数字，若为两位以上数字，不得连续进行多次（包括二次）修约。应根据保留数后边（右边）第—个数字的大小，按上述规定—次修约出结果。例如：将 15.4546 修约成整数。修约前 15.4546 修约后 15。

8.4 可疑数据的取舍

在一组条件完全相同的重复试验中，当发现有某个过大或过小的可疑数据时，按数理统计方法给认鉴别并决定取舍。最常用的方法是"三倍标准离差法"。其准则是 $|X_1 - \overline{X}| > 3\sigma$。另外还有规定 $|X_1 - \overline{X}| > 2\sigma$ 时则保留，但需存疑，如发现试件制作，养护，试验过程中有可疑的变异时，该试件强度值应予舍弃。

参考文献

[1] 苏达根. 土木工程材料（第 3 版）[M]. 北京：高等教育出版社，2015.

[2] 曹世晖，汪文萍. 建筑工程材料与检测（第 3 版）[M]. 长沙：中南大学出版社，2016.

[3] 中华人民共和国行业标准. 建筑生石灰（JC/T479-2013）[S]. 北京：中国建材工业出版社，2013.

[4] 中华人民共和国行业标准. 建筑消石灰粉（JC/T481-2013）[S]. 北京：中国建材工业出版社，2013.

[5] 中华人民共和国国家标准. 建筑石膏（GB/T9776-2008）[S]. 北京：中国标准出版社，2008.

[6] 中华人民共和国国家标准. 通用硅酸盐水泥（GB175-2007）[S]. 北京：中国标准出版社，2007.

[7] 中华人民共和国国家标准. 水泥细度检验方法（BG/T1345-2005）[S]. 北京：中国标准出版社，2005.

[8] 中华人民共和国国家标准. 水泥标准稠度用水量、凝结时间、安定性检验方法（BG/T 1346-2011）[S]. 北京：中国标准出版社，2011.

[9] 中华人民共和国国家标准. 水泥胶砂强度的测定方法（ISO 法）（GB/T17671-1999）[S]. 北京：中国标准出版社，1999.

[10] 中华人民共和国国家标准. 建设用卵石、碎石（GB/T14685-2011）[S]. 北京：中国标准出版社，2011.

[11] 中华人民共和国国家标准. 普通混凝土拌合物性能试验方法（GB/T50080-2002）[S]. 北京：中国标准出版社，2002.

[12] 中华人民共和国国家标准. 普通混凝土力学性能试验方法标准（GB/T50081-2002）[S]. 北京：中国标准出版社，2002.

[13] 中华人民共和国行业标准. 普通混凝土配合比设计规程（JGJ55-2011）[S]. 北京：中国建筑工业出版社，2011.

[14] 中华人民共和国水利行业标准. 水工混凝土试验规程（SL352-2006）[S]. 北京：中国水利水电出版社，2006.

[15] 中华人民共和国国家标准. 混凝土强度检验评定标准（GB/T50107-2010）[S]. 北京：中国标准出版社，2010.

[16] 中华人民共和国行业标准. 建筑砂浆基本性能试验方法标准（JGJ/T70-2009）[S]. 北京：中国建筑工业出版社，2009.

[17] 中华人民共和国国家标准. 烧结普通砖（GB5101-2003）[S]. 北京：中国标准出版社，2011.

[18] 中华人民共和国国家标准. 烧结多孔砖和多孔砌块（GB13544-2011）[S]. 北京：中国标准出版社，2011.

[19] 中华人民共和国国家标准. 烧结空心砖和空心砌块（GB13545-2003）[S]. 北京：中国标准出版社，2003.

[20] 中华人民共和国国家标准. 碳素结构钢（GB/T700-2006）[S]. 北京：中国标准出版社，2006.

[21] 中华人民共和国国家标准. 低合金高强度结构钢（GB/T1591-2008）[S]. 北京：中国标准出版社，2008.

[22] 中华人民共和国国家标准. 钢筋混凝土用热轧光圆钢筋（GB1449.1-2013）[S]. 北京：中国标准出版社，2013.

[23] 中华人民共和国国家标准. 钢筋混凝土用热轧带肋钢筋（GB1449.2-2013）[S]. 北京：中国标准出版社，2013.

[24] 中华人民共和国国家标准. 冷轧带肋钢筋（GB13788-2008）[S]. 北京：中国标准出版社，2008.

[26] 中华人民共和国国家标准. 金属材料室温拉伸试验方法（GB/T228-2010）[S]. 北京：中国标准出版社，2010.

[27] 中华人民共和国国家标准. 金属材料弯曲试验方法（GB/T232-2010）[S]. 北京：中国标准出版社，2010.

[28] 中华人民共和国国家标准. 沥青软化点测定法（环球法）（GB/T4507-2014）[S]. 北京：中国标准出版社，2014.